校企合作职业本科教育精品教材

机械制图与 AutoCAD

主审　张玉芝

主编　李秀娜　韩凤起　王红光

时代出版传媒股份有限公司
安徽科学技术出版社

图书在版编目（CIP）数据

机械制图与 AutoCAD / 李秀娜，韩凤起，王红光主编. --合肥：安徽科学技术出版社，2025.1.
ISBN 978-7-5337-9267-1

Ⅰ.TH126

中国国家版本馆 CIP 数据核字第 2025MR2876 号

JIXIE ZHITU YU AutoCAD

机械制图与 AutoCAD   主编 李秀娜 韩凤起 王红光

出 版 人：王筱文　　选题策划：王　利　　责任编辑：吴　夙
责任校对：程苗苗　　责任印制：阮怀平　　装帧设计：北京金企鹅
出版发行：安徽科学技术出版社　　http://www.ahstp.net
（合肥市政务文化新区翡翠路1118号出版传媒广场，邮编：230071）
电话：（0551）63533330
印　　制：北京时代华都印刷有限公司　　电话：（010）61015014
（如发现印装质量问题，影响阅读，请与印刷厂商联系调换）

开本：787×1092　1/16　　印张：16.5　　字数：391千
版次：2025年1月第1版　　印次：2025年1月第1次印刷

ISBN 978-7-5337-9267-1　　　　　　　　　　　　　　定价：49.80元

版权所有，侵权必究

PREFACE 前 言

制造业是我国经济的重要支柱产业，对提升我国的工业实力和综合国力、促进经济增长、推动科技创新等都有着至关重要的作用。作为设计理念的直观表达形式，机械图样在产品的设计、加工、装配、检修等过程中具有重要的指导作用，机械制图已成为制造业技术人员的必备技能之一。随着新一轮科技革命与产业变革的深入推进，CAD 技术与机械制图的深度融合已成为行业发展的必然趋势，CAD 软件已成为机械制图的主要工具。在此背景下，制造业技术人员不仅要熟练掌握机械制图的基础知识与技能，具备精准识读和绘制零件图及装配图的能力，还要熟练运用 CAD 软件进行高效设计和绘图。为满足这一需求，培养适应时代发展的高端技术人才，我们精心编写了本书。

本书主要具有以下特色。

1. 立德树人，德技并修

党的二十大报告指出："育人的根本在于立德。"本书深入贯彻党的二十大精神，秉持"立德树人，德技并修"的教育理念，在项目中设置了"思想启迪"模块。该模块通过相关知识点引出素质教育内容，将德育与知识技能教育有机融合，引导学生树立并践行社会主义核心价值观，培养学生爱岗敬业、严谨细致、精益求精、拼搏进取的工匠精神，助力学生成长为德才兼备的高素质人才。

2. 校企合作，工学结合

在编写本书的过程中，编者深入企业一线，调研机械设计制造行业的发展现状及 CAD 技术的实际应用情况，充分考虑了相关岗位的实际技能需求。本书在内容组织上遵循"理论够用、实用为主"的原则，在保证学科知识系统性、规范性与准确性的同时，强化了对学生读图与绘图实践技能的培养，实现了理论与实践的深度融合。

3. 项目导向，任务驱动

本书采用"项目导向，任务驱动"的编写模式，将全书内容分为若干项目，每个项目又分为若干任务。每个任务均按"任务引入"→"相关知识"→"任务实施"的结构进行编写。

任务引入：根据实际案例设计任务，激发学生的学习兴趣，明确学生的学习目标。

相关知识：系统、科学、精准地介绍相关理论知识和方法技巧，使学生具备完成任务所必需的理论基础。

任务实施：引导学生运用所学知识完成任务，在实践中锤炼学生分析问题、解决问题的能力。

4. 模块丰富，助力学习

本书在介绍相关知识的过程中穿插了"点拨""学以致用""创想天地"等特色模块，旨在帮助学生深入掌握知识要点，拓展学生的创新思维；同时，在关键节点设置了"随堂笔记"模块，引导学生记录学习心得与实践经验，进一步巩固学习成果；在每个项目末尾设置了"学习成果评价"模块，指导教师可从知识、技能与素养三个维度对学生的学习成果进行综合评估，促进学生的全面发展。

5. 例题巩固，学练结合

本书精心设计了大量典型例题，并配有《机械制图与 AutoCAD 习题集》，可通过丰富的练习，帮助学生更好地理解与掌握关键知识点，进一步提升学生的知识运用能力，实现学生学习成果的最大化。

6. 平台支撑，资源丰富

本书配有丰富的数字资源，读者可以借助手机或其他移动设备扫描二维码观看微课视频，也可以登录文旌综合教育平台"文旌课堂"查看和下载本书配套资源，如教学课件和习题答案等。读者在学习过程中有任何疑问，都可以登录该平台寻求帮助。

此外，本书还提供了在线题库，支持"教学作业，一键发布"，教师只需要通过微信或"文旌课堂"App 扫描扉页二维码，即可迅速选题、一键发布、智能批改，并查看学生的作业分析报告，提高教学效率、提升教学体验。学生可在线完成作业，巩固所学知识，提高学习效率。

本书由张玉芝担任主审，李秀娜、韩凤起、王红光担任主编，马浩林、韩彦龙、盛明军、莫伟杰担任副主编，田姗姗、杨正意、刘志雷、王雪纯、梁成成参与编写。由于编者水平有限，书中难免存在疏漏或不当之处，敬请广大读者批评指正。

特别说明：

（1）本书所选案例均来源于真实事件，但为了避免引起误会，部分人物使用了化名。

（2）本书没有注明资料来源的案例均为编者根据真实事件改编。

🔍 **本书配套资源下载网址和联系方式**

🌐 网址：https://www.wenjingketang.com

📞 电话：400-117-9835

📧 邮箱：book@wenjingketang.com

目录

CONTENTS

项目一 机械制图的基本知识和基本技能 ………………………………………… 1

任务一 机械制图国家标准的基本规定 ………………………………………… 2
　任务引入 …………………………………………………………………………… 2
　相关知识 …………………………………………………………………………… 2
　　一、图纸幅面和格式 ………………………………………………………… 2
　　二、比例 ……………………………………………………………………… 5
　　三、字体 ……………………………………………………………………… 6
　　四、图线 ……………………………………………………………………… 7
　　五、尺寸注法 ………………………………………………………………… 8
　任务实施——判断尺寸注法的正误 ……………………………………………… 13

任务二 平面图形的画法 …………………………………………………………… 14
　任务引入 …………………………………………………………………………… 14
　相关知识 …………………………………………………………………………… 14
　　一、常用的尺规绘图工具 …………………………………………………… 14
　　二、常用几何图形的画法 …………………………………………………… 17
　　三、平面图形的分析和绘图方法 …………………………………………… 22
　　四、徒手绘图的方法 ………………………………………………………… 25
　任务实施——练习尺规绘图 ……………………………………………………… 27
　学习成果评价 ……………………………………………………………………… 28

项目二 立体的投影规律及应用 …………………………………………………… 29

任务一 正投影法基础 ……………………………………………………………… 30
　任务引入 …………………………………………………………………………… 30
　相关知识 …………………………………………………………………………… 30
　　一、投影法的基本知识 ……………………………………………………… 30
　　二、三视图 …………………………………………………………………… 32
　　三、点的投影 ………………………………………………………………… 34
　　四、直线的投影 ……………………………………………………………… 37

I

　　五、平面的投影 …………………………………………………………… 42
　任务实施——作出连接直线的投影 ………………………………………… 47
任务二　基本体的画法 ……………………………………………………………… 48
　任务引入 …………………………………………………………………………… 48
　相关知识 …………………………………………………………………………… 49
　　一、平面立体的画法 …………………………………………………………… 49
　　二、回转体的画法 ……………………………………………………………… 53
　　三、基本体的尺寸注法 ………………………………………………………… 59
　任务实施——作出三棱柱及其表面直线的三视图 ……………………………… 61
任务三　立体表面交线的画法 ……………………………………………………… 61
　任务引入 …………………………………………………………………………… 61
　相关知识 …………………………………………………………………………… 62
　　一、截交线的画法 ……………………………………………………………… 62
　　二、相贯线的画法 ……………………………………………………………… 71
　任务实施——作出立体表面交线 ………………………………………………… 77
学习成果评价 ………………………………………………………………………… 79

项目三　组合体与轴测图的画法 …………………………………………… 80

任务一　组合体的画法和识读 ……………………………………………………… 81
　任务引入 …………………………………………………………………………… 81
　相关知识 …………………………………………………………………………… 81
　　一、组合体的形体分析 ………………………………………………………… 81
　　二、组合体的画法和尺寸注法 ………………………………………………… 83
　　三、组合体视图的识读方法 …………………………………………………… 89
　任务实施——设想组合体的立体形体 …………………………………………… 93
任务二　轴测图的画法 ……………………………………………………………… 95
　任务引入 …………………………………………………………………………… 95
　相关知识 …………………………………………………………………………… 95
　　一、轴测图的基本知识 ………………………………………………………… 95
　　二、正等轴测图的画法 ………………………………………………………… 97
　　三、斜二等轴测图的画法 ……………………………………………………… 102
　任务实施——作出立体的正等轴测图 …………………………………………… 104
学习成果评价 ………………………………………………………………………… 106

项目四　机件的表示方法 …………………………………………………… 107

任务一　机件的基本表示方法 ……………………………………………………… 108
　任务引入 …………………………………………………………………………… 108
　相关知识 …………………………………………………………………………… 108
　　一、视图 ………………………………………………………………………… 108

二、剖视图 ·· 112
　　三、断面图 ·· 120
　任务实施——作出剖视图 ··· 124
任务二　机件的其他表示方法 ··· 125
　任务引入 ·· 125
　相关知识 ·· 126
　　一、局部放大图 ·· 126
　　二、简化画法 ··· 127
　　三、机件表示方法的综合应用 ··· 129
　任务实施——作出局部放大图 ··· 132
学习成果评价 ··· 133

项目五　标准件与常用件的画法 ··· 134

任务一　螺纹与螺纹紧固件的画法 ··· 135
　任务引入 ·· 135
　相关知识 ·· 135
　　一、螺纹的基本知识 ·· 135
　　二、螺纹的画法和标注 ··· 138
　　三、螺纹紧固件及其连接的画法 ······································· 142
　任务实施——作出螺栓连接的三视图 ······································ 146
任务二　其他标准件与常用件的画法 ·· 147
　任务引入 ·· 147
　相关知识 ·· 148
　　一、齿轮 ·· 148
　　二、键连接与销连接 ·· 152
　　三、滚动轴承 ··· 155
　　四、弹簧 ·· 159
　任务实施——画出滚动轴承 ·· 163
学习成果评价 ··· 164

项目六　零件图与装配图的画法和识读 ··· 165

任务一　零件图的画法和识读 ·· 166
　任务引入 ·· 166
　相关知识 ·· 166
　　一、零件图的内容与视图选择 ·· 166
　　二、零件上常见工艺结构的表示方法 ································· 174
　　三、零件图的尺寸注法和技术要求 ···································· 178
　　四、零件图的识读与零件测绘 ·· 189
　任务实施——识读零件图 ··· 191

任务二　装配图的画法和识读	193
任务引入	193
相关知识	194
一、装配图的内容	194
二、装配图的表示方法	194
三、装配图的尺寸注法和技术要求	196
四、装配图的零部件序号和明细栏	198
五、装配图的识读与由装配图拆画零件图	199
任务实施——识读装配图	203
学习成果评价	205

项目七　AutoCAD 的基本操作及应用 …… 206

任务一　用 AutoCAD 2022 绘制平面图形	207
任务引入	207
相关知识	207
一、AutoCAD 2022 的基本操作	207
二、AutoCAD 2022 的基本绘图命令	214
三、AutoCAD 2022 的辅助绘图工具	217
任务实施——用 AutoCAD 2022 绘制平面图形	221
任务二　用 AutoCAD 2022 绘制机械图样	224
任务引入	224
相关知识	225
一、AutoCAD 2022 的基本编辑命令	225
二、AutoCAD 2022 的文字注法	232
三、AutoCAD 2022 的尺寸注法	235
任务实施——用 AutoCAD 2022 绘制机械图样	242
学习成果评价	245

附录 …… 246

参考文献 …… 255

项目一 机械制图的基本知识和基本技能

项目导读

机械图样是工程技术人员表达设计意图和设计方案的重要技术文件，它作为技术交流的通用语言，必须遵守统一的规范，即严格按照国家标准《技术制图》和《机械制图》的统一规定绘制，否则将阻碍生产和技术交流，甚至导致混乱。因此，在绘制机械图样前，应首先掌握国家标准《技术制图》与《机械制图》的基本规定，然后学习常用尺规绘图工具的使用方法、常用几何图形的画法、平面图形的分析与绘制方法，以及徒手绘图的方法等。

知识目标

- ◆ 掌握国家标准中关于图纸幅面和格式、比例、字体、图线的基本规定。
- ◆ 了解尺寸注法的基本原则和组成要素，掌握常用的尺寸注法。
- ◆ 掌握常用尺规绘图工具的使用方法和常用几何图形的画法。
- ◆ 掌握平面图形的分析和绘图方法。
- ◆ 掌握徒手绘图的方法。

技能目标

- ◆ 能够正确绘制各类图线和标注尺寸。
- ◆ 能够用尺规绘图工具熟练绘制平面图形。
- ◆ 能够用徒手绘图的方法绘制简单图形。

素质目标

- ◆ 具备严于律己、恪守准则的规则意识。
- ◆ 弘扬勇于探索、敢为人先的创新精神。

机械制图与AutoCAD

任务一 机械制图国家标准的基本规定

任务引入

某大学毕业生张强的职业目标是成为一名优秀的机械工程技术人员,他最近参加了一家机械设计公司的面试,面试官为了检验他对国家标准的掌握情况,让他指出图样(见图1-1)中的错误。请帮他指出该图样中的错误,并改正这些错误。

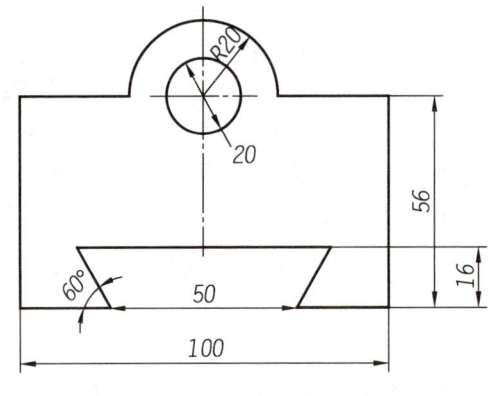

图1-1 图 样

本任务首先介绍国家标准中关于图纸幅面和格式、比例、字体、图线的基本规定,然后介绍尺寸注法的基本知识。

相关知识

《技术制图》和《机械制图》等一系列国家标准,对图样的内容、格式、表示方法和画法等都进行了统一规定,每一名工程技术人员都应自觉贯彻执行。国家标准《技术制图》是基础技术标准,在制图标准中处于最高层次,具有通用性,适用于各类制图。

一、图纸幅面和格式

国家标准GB/T 14689—2008《技术制图 图纸幅面和格式》规定了图纸的幅面尺寸和格式,以及有关的附加符号。在该标准的编号中,"GB/T"表示推荐性国家标准,"14689"为该标准的顺序号,"2008"为该标准的发布年份。

项目一　机械制图的基本知识和基本技能

1. 图纸幅面

图纸幅面简称"图幅",是指由图纸宽度与长度组成的图面,用图纸的短边×长边($B \times L$)表示。图纸的基本幅面共有五种,分别用幅面代号 A0、A1、A2、A3、A4 表示,如表 1-1 所示。

表 1-1　图纸的基本幅面及尺寸　　　　　　　　　　　单位:mm

幅面代号	A0	A1	A2	A3	A4
$B \times L$	841×1 189	594×841	420×594	297×420	210×297
a	25				
c	10			5	
e	20		10		

绘制机械图样时,图纸可以横放,也可以竖放,但应优先选用基本幅面,必要时也允许选用由基本幅面成整数倍增加短边尺寸后所得到的加长幅面,如图 1-2 所示。

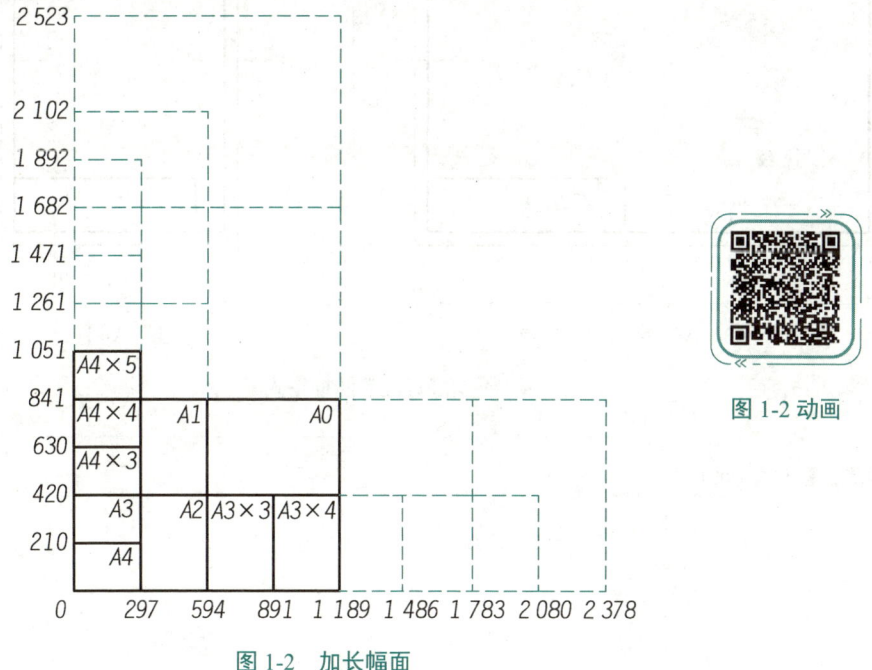

图 1-2 动画

图 1-2　加长幅面

2. 图框格式

图框是指图纸上限定绘图区域的线框。图框在图纸上必须用粗实线画出,其格式分为留装订边(见图 1-3)和不留装订边(见图 1-4)两种,同一产品的图样只能采用一种图框格式。其中,a、c、e 均代表周边尺寸,即图框线到图纸界线的距离,可参见表 1-1。

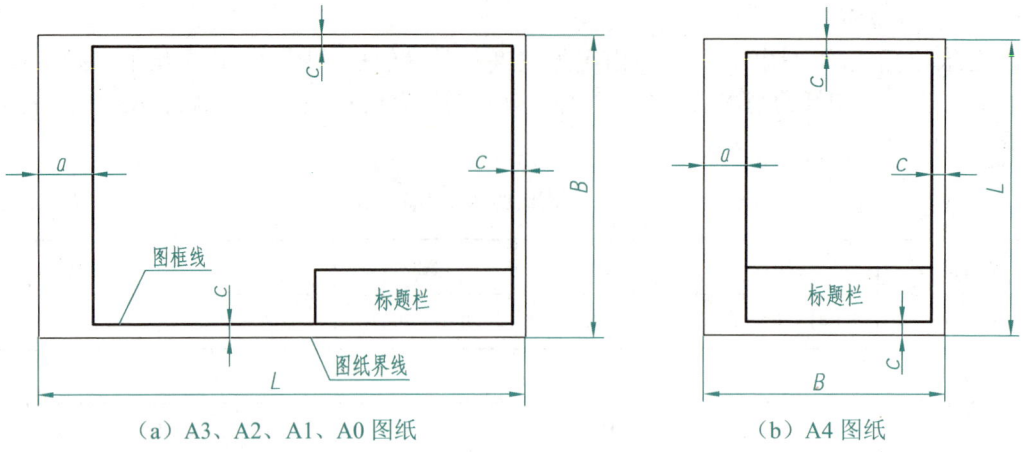

图 1-3　留装订边的图框格式

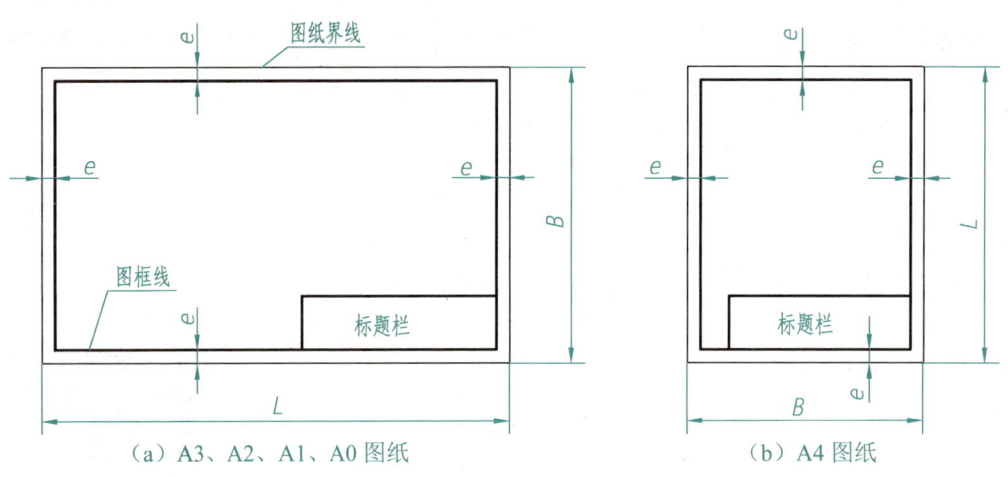

图 1-4　不留装订边的图框格式

3．标题栏

常用的标题栏有两种，一种是国家标准 GB/T 10609.1—2008《技术制图　标题栏》中规定的标题栏，如图 1-5 所示；另一种是学校制图作业中使用的简化标题栏，如图 1-6 所示。每张图纸都必须绘制标题栏，它通常位于图纸的右下角，标题栏中文字的方向为读图方向。

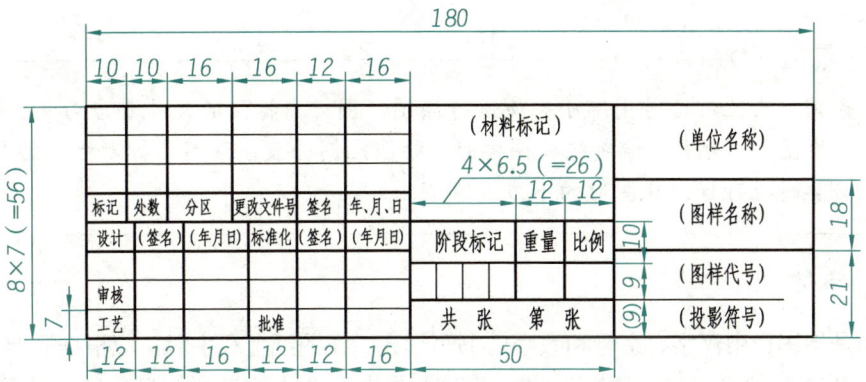

图 1-5　国家标准中规定的标题栏

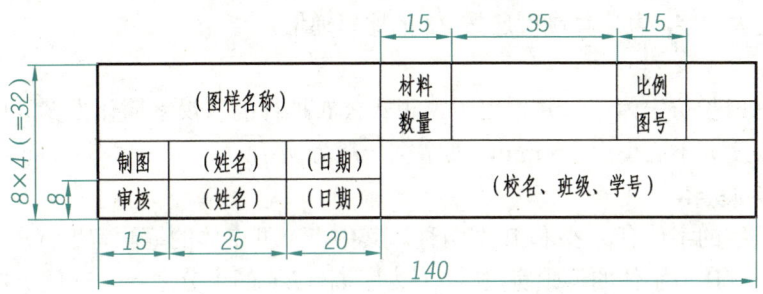

图 1-6　学校制图作业中使用的简化标题栏

二、比例

比例是指图样中图形与实物相应要素的线性尺寸之比。为了在图样上直接反映实物的大小，绘图时应尽量采用原值比例 1∶1。由于各种实物的大小和结构存在差异，绘图时可根据实际需要选取放大比例或缩小比例。GB/T 14690—1993《技术制图　比例》规定，绘制图样时应优先选取表 1-2 中的第一系列比例，必要时也可选取第二系列比例。

表 1-2　比例

种类	第一系列	第二系列
原值比例	1∶1	—
放大比例	5∶1、2∶1 $5\times10^n\colon1$、$2\times10^n\colon1$、$1\times10^n\colon1$	4∶1、2.5∶1 $4\times10^n\colon1$、$2.5\times10^n\colon1$
缩小比例	1∶2、1∶5、1∶10 $1\colon2\times10^n$、$1\colon5\times10^n$、$1\colon1\times10^n$	1∶1.5、1∶2.5、1∶3、1∶4、1∶6 $1\colon1.5\times10^n$、$1\colon2.5\times10^n$、$1\colon3\times10^n$、$1\colon4\times10^n$、$1\colon6\times10^n$

注：n 为正整数。

> **点拨**
>
> 无论用放大比例还是用缩小比例进行绘图，图样中标注的尺寸都应为物体的实际尺寸，与绘图比例无关。绘制机械图样时，绘图比例一般应注写在标题栏中的"比例"栏内，必要时也可标注在图形的下方或右侧。

三、字体

字体是指图样中汉字、字母和数字的书写形式。在图纸上写字时，应根据需要选择合适的字号。GB/T 14691—1993《技术制图 字体》规定，字号用字体的高度（h）表示，通常在其公称尺寸系列 1.8 mm、2.5 mm、3.5 mm、5 mm、7 mm、10 mm、14 mm 和 20 mm 中选取。如需要书写更大的字，其字体高度应按 $\sqrt{2}$ 的比率递增。

1. 汉字

汉字应写成长仿宋体字，并采用国家正式公布推行的《汉字简化方案》中规定的简化字。汉字的高度 h 不应小于 3.5 mm，其字宽一般为 $h/\sqrt{2}$。

2. 字母和数字

字母和数字的字体有 A 型和 B 型两种。其中，A 型字体的笔画宽度（d）为字高（h）的十四分之一，B 型字体的笔画宽度（d）为字高（h）的十分之一。在同一图样上只允许采用一种类型的字体。

字母和数字可以写成直体字或斜体字。斜体字字头向右倾斜，与水平基准线成 75°。当字母和数字用于表示指数、分数、极限偏差等时，一般应采用比基本字体小一号的字体。

在图纸上写字时，必须做到字体工整、笔画清楚、间隔均匀、排列整齐。为了达到这些要求，需要注意以下事项。

（1）用 H 或 HB 铅笔写字，并将铅笔削成圆锥形，笔尖不要太尖或太秃。

（2）根据所选字号用 2H 铅笔打好底格，底格宜浅不宜深，以能看清为准。

（3）字体的笔画宜直不宜曲，起笔和收笔不要追求刀刻效果，要大方简洁。

（4）字体的结构力求匀称、饱满，笔画间的空白要分布均匀。

字体示例如表 1-3 所示。

表 1-3 字体示例

类型		示例
长仿宋体字	7 号	字体工整笔画清楚间隔均匀排列整齐
	5 号	字体工整笔画清楚间隔均匀排列整齐
字母	A 型字体大写斜体 7 号	ABCDEFGHIJKLMNOPQRSTUVWXYZ
	A 型字体小写斜体 7 号	abcdefghijklmnopqrstuvwxyz

续表

类型		示例
数字	A 型字体 斜体 7 号	*1234567890*
	A 型字体 直体 7 号	1234567890
综合应用		$\sqrt{Ra\ 12.5}$ $\phi 86^{+0.038}_{-0.056}$ $\phi 25 \frac{H6}{m5}$ $R73$

四、图线

1. 图线的应用

图纸中各种型式的线统称为图线。GB/T 4457.4—2002《机械制图 图样画法 图线》对机械图样中图线的名称、线型、线宽、应用及画法等均进行了规定。在机械图样中，应用不同的图线，其线型和线宽不同，如表 1-4 所示。其中，图线的线宽有粗、细两种，两者之比为 2∶1。粗线的线宽 d 应根据图样的大小和复杂程度在 0.25 mm、0.35 mm、0.5 mm、0.7 mm、1 mm、1.4 mm 和 2 mm 中选取（优先选取 0.5 mm 或 0.7 mm）。

表 1-4 图线及其应用

图线名称	线型及其尺寸	线宽	主要应用	应用举例
粗实线		d	可见轮廓线、相贯线、螺纹牙顶线、齿顶线等	
细实线		$d/2$	过渡线、尺寸线、尺寸界线、剖面线、零件成形前的弯折线、螺纹牙底线、齿根线、指引线、辅助线等	
虚线		$d/2$	不可见轮廓线	
细点画线		$d/2$	轴线、对称中心线、齿轮分度圆线等	
双点画线		$d/2$	轨迹线、相邻辅助零件的轮廓线、可动零件运动极限位置的轮廓线、剖切面前的结构轮廓线等	
波浪线		$d/2$	断裂处的分界线、剖视图与视图的分界线	

续表

图线名称	线型及其尺寸	线宽	主要应用	应用举例
双折线	(30°, 3)	$d/2$	应用与波浪线相同	
粗虚线	(1, ≈2~6)	d	允许表面处理的表示线	镀铬
粗点画线	(15~30, ≈3)	d	限定范围表示线	35~40 HRC

注：① 在同一图样中，波浪线和双折线一般只采用一种。
② 本书所述"细点画线""粗点画线"均为单点画线，"双点画线"为细双点画线。

2. 图线的画法和注意事项

（1）在同一图样中，同类图线的线宽应基本一致。虚线、细点画线及双点画线的线段长度和间距应大致相等。细点画线和双点画线的首尾两端应以线段开始和结束。

（2）当细点画线、虚线彼此相交或与其他图线相交时，它们都应在线段处相交，不应在间隔处相交，如图1-7所示。

（3）当在较小的图形上绘制虚线、细点画线或双点画线困难时，可用细实线代替。

（4）当虚线在粗实线的延长线上时，粗实线要画到分界点，虚线则应在分界点处留空隙，如图1-7所示。当虚线直线与虚线圆弧相切时，虚线圆弧的线段应画到切点，而虚线直线则需要在切点处留空隙。

（5）绘制细点画线时，细点画线应超出图形轮廓线3~5 mm，且首尾两端应为线段，如图1-7所示。

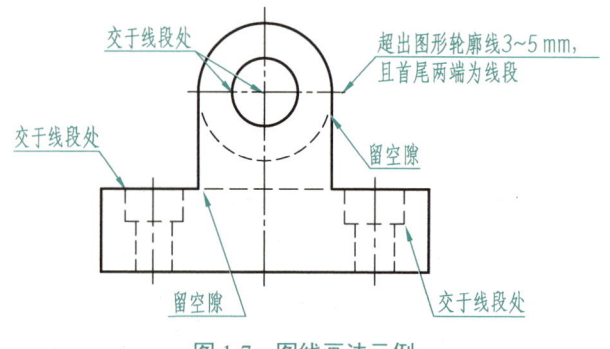

图1-7 图线画法示例

五、尺寸注法

在机械图样中，图形只能表示物体的形状和结构。若要表示物体的大小及各部分之间的相对位置，则需要为其标注尺寸。由此可见，尺寸是机械图样的重要内容之一，是加工、制造零件的主要依据。标注尺寸时,应严格执行 GB/T 4458.4—2003《机械制图 尺寸注法》中的有关规定,具体如下。

1. 尺寸注法的基本原则

(1)机件的真实大小应以机械图样上所标注的尺寸为依据,与图形的大小和绘图的准确度无关。

(2)当机械图样中所标注的尺寸以 mm(毫米)为单位时,不需要标注单位符号或名称。若采用其他单位,则必须标注相应的单位符号,如 m、cm 等。

(3)机械图样中所标注的尺寸应为该图样所示机件的最后完工尺寸,否则应另加说明。

(4)机件每个结构的尺寸一般只标注一次,并且应标注在最能清晰表示该结构的图形上。

2. 尺寸注法的组成要素

一个完整的尺寸应由尺寸界线、尺寸线及尺寸数字三个要素组成,如图 1-8 所示。

1)尺寸界线

尺寸界线表示尺寸度量的范围,用细实线画出,并自图形的轮廓线、轴线或对称中心线处引出,也可将轮廓线、轴线或对称中心线作为尺寸界线。尺寸界线一般应与尺寸线垂直并超出尺寸线 2～3 mm,必要时允许倾斜,如图 1-9 所示。

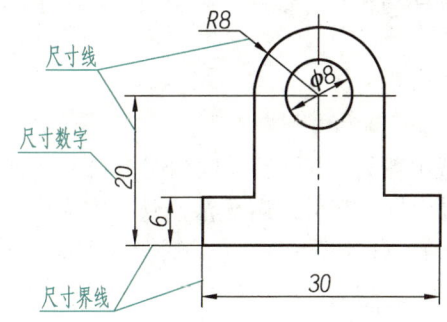

图 1-8 尺寸注法的组成要素

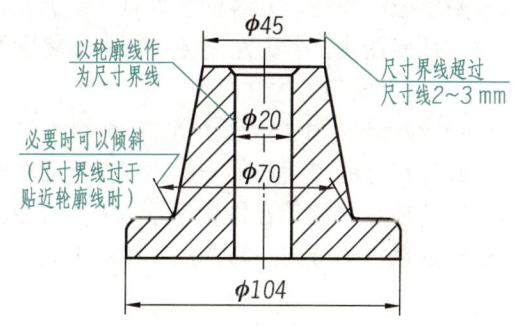

图 1-9 尺寸界线

2)尺寸线

尺寸线表示所标注尺寸的度量方向,用细实线画在两条尺寸界线之间。机械图样上的尺寸线不能用其他图线代替,也不能与其他图线重合或画在其延长线上,如图 1-10 所示。

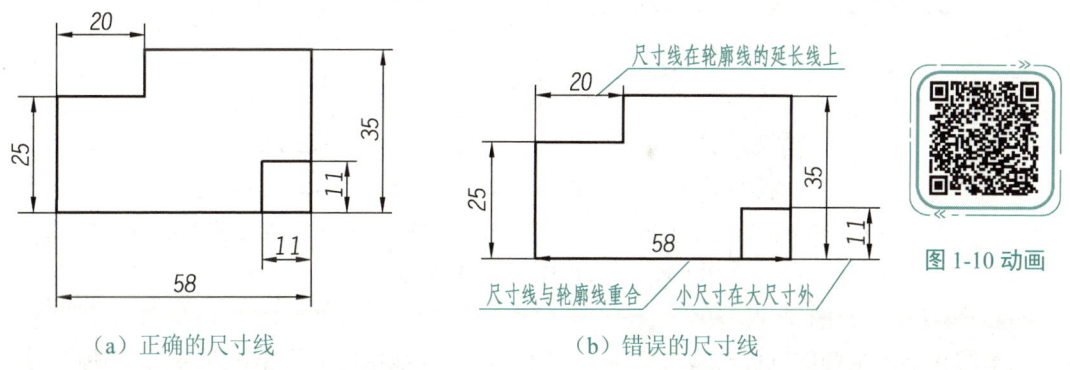

(a)正确的尺寸线　　　　　　　　(b)错误的尺寸线

图 1-10 尺寸线

> **点拨**
>
> 当机械图样上需要标注的尺寸较多时,相互平行的尺寸线应按被标注图形轮廓线的远近顺序由近向远整齐排列,并遵循"小尺寸在内,大尺寸在外"的原则。

尺寸线的终端有箭头和斜线两种形式,同一机械图样只能采用一种形式。机械图样中一般采用箭头作为尺寸线的终端,如图 1-11 所示。

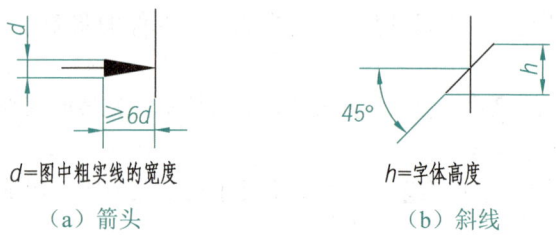

(a)箭头　　　　　　　　(b)斜线

图 1-11　尺寸线终端形式

3)尺寸数字

尺寸数字用于确定所标注结构的尺寸大小。水平尺寸数字应注写在尺寸线上方;铅垂尺寸数字应注写在尺寸线的左方且字头朝左,也允许注写在尺寸线中断处。尺寸数字上不得通过任何图线,若无法避免,则必须将图线断开。

3. 常用的尺寸注法

1)线性尺寸中尺寸数字的注法

线性尺寸的尺寸数字一般注写在尺寸线的上方或中断处,其注写方向如图 1-12(a)所示,同时应尽量避免在图中所示向左倾斜 30°的范围内标注尺寸。若无法避免,则应引出标注,或以水平方向注写在尺寸线的中断处,如图 1-12(b)所示。

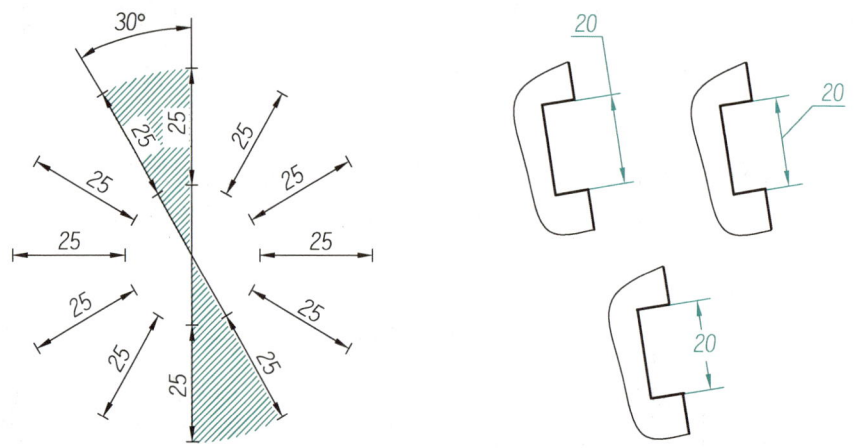

(a)尺寸数字的注写方向　　　(b)向左倾斜 30°范围内的尺寸数字的注法

图 1-12　线性尺寸中尺寸数字的注法

2)半径和直径的尺寸注法

半圆和小于半圆的圆弧一般标注半径尺寸,其尺寸线由圆心引出,箭头指向圆弧,且尺寸数字前需要加注半径符号"R",如图 1-13(a)所示;当圆弧半径太大或无法标出圆心位置时，圆弧半径的标注方法如图 1-13（b）所示。

圆和大于半圆的圆弧需要标注直径尺寸。标注直径尺寸时，尺寸数字前需要加注直径符号"ϕ"，如图 1-13（c）所示。标注球体和球面的直径或半径尺寸时，应在符号"ϕ"或"R"前再加注符号"S"，如图 1-13（d）所示。

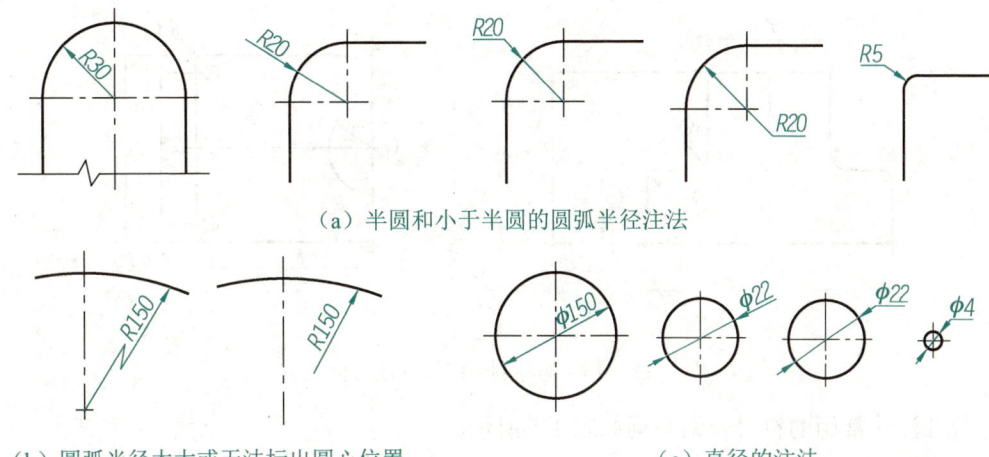

图 1-13 半径和直径的尺寸注法

3）角度的尺寸注法

标注角度时，角的两条边或两条边的延长线可作为尺寸界线，尺寸线应画成圆弧，角度数字一律以水平方向注写。通常情况下，角度数字应注写在尺寸线的中断处或尺寸线旁，必要时也可引出标注，如图 1-14 所示。

4）狭小部位的尺寸注法

当没有足够的空间画尺寸线两端的箭头时，尺寸线的箭头可外移，或用小圆点代替；当没有足够的空间注写尺寸数字时，尺寸数字可写在尺寸线的外面或从尺寸线引出，如图 1-15 所示。

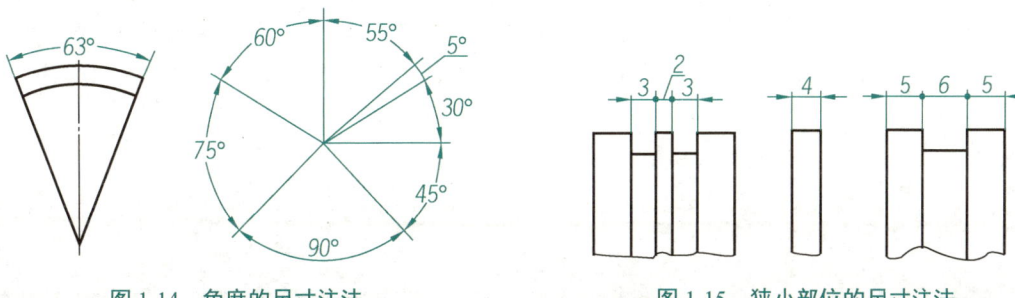

图 1-14 角度的尺寸注法　　　　　图 1-15 狭小部位的尺寸注法

5）对称图形的尺寸注法

当分布在中心线两侧的图形完全相同时，其标注方法如图 1-16（a）所示；当对称机件的图形只绘制出一半或略大于一半时，尺寸线应略超过对称中心线或断开处的边界，此时仅在尺寸线的一端画出箭头，如图 1-16（b）所示。

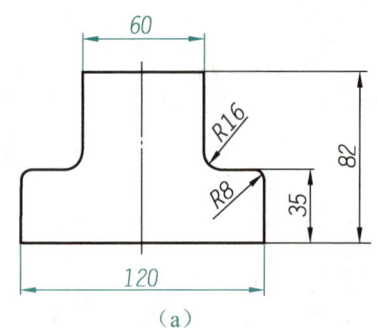
（a）

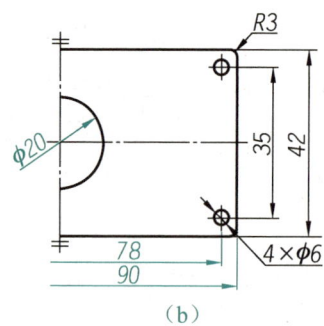
（b）

图 1-16　对称图形的尺寸注法

尺寸注法常用的符号及缩写词如表 1-5 所示。

表 1-5　尺寸注法常用的符号及缩写词

含义	符号或缩写词	含义	符号或缩写词
直径	ϕ	45°倒角	C
半径	R	深度	↓
球直径	$S\phi$	沉孔或锪平	⊔
球半径	SR	埋头孔	∨
厚度	t	均布	EQS
正方形	□		

随堂笔记

任务实施 ——判断尺寸注法的正误

图 1-1 中的错误如图 1-17（a）所示，共有五处，具体如下。

（1）尺寸数字 R20 上不得通过任何图线，若无法避免，必须将图线断开或将尺寸数字从尺寸线引出标注。

（2）尺寸数字 20 表示直径，应在该直径的尺寸数字前加注直径符号"φ"，且尺寸数字应注写在尺寸线延长线的上方。

（3）尺寸数字 60° 表示角度，表示角度的尺寸数字应水平注写。

（4）尺寸数字 50 处的尺寸线不能画在其他图线的延长线上。

（5）尺寸数字 56、16 的标注不符合"小尺寸在内、大尺寸在外"的原则。

正确的尺寸注法如图 1-17（b）所示。

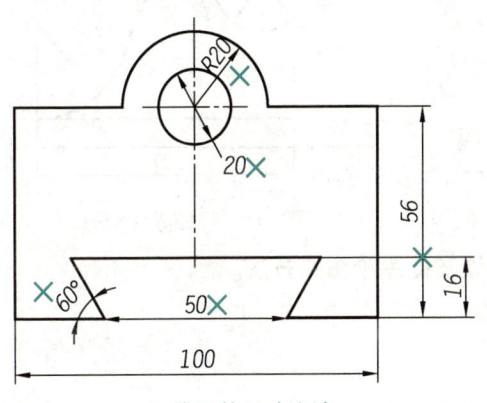

（a）错误的尺寸注法

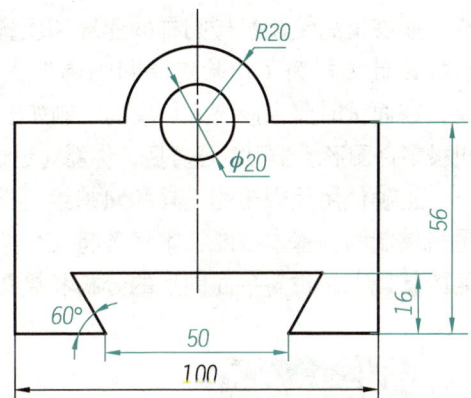

（b）正确的尺寸注法

图 1-17　图样改正

创想天地

常言道"无规矩不成方圆"，而标准就是指导生产活动的"规矩"。标准引领着各个环节高效、精准地运行，确保了最终产品的安全性和可靠性，是提升产业竞争力、实现社会可持续发展的关键所在。请查阅有关资料，了解标准在机械工程领域发挥着怎样的作用，讨论一下在日后的学习和工作中遵守标准的意义。

随堂笔记

任务二 平面图形的画法

任务引入

机械零件的形状和结构虽然不尽相同，但其图样都是由直线、圆、圆弧和其他一些非圆曲线等几何图形组成的平面图形。熟练掌握绘制平面图形的基本技能，能够提高绘制机械图样的速度和质量。因此，某机械设计公司为了检验应聘制图岗位人员的基本技能，在面试时要求应聘人员现场绘制如图1-18所示的机械零件图形。学习本任务后，你能通过这项检验吗？

正确使用尺规绘图工具和熟练绘制常用几何图形是机械制图的基本技能，本任务将在介绍这些基本技能的基础上，讲解平面图形的分析和绘图方法，以及徒手绘图的方法。

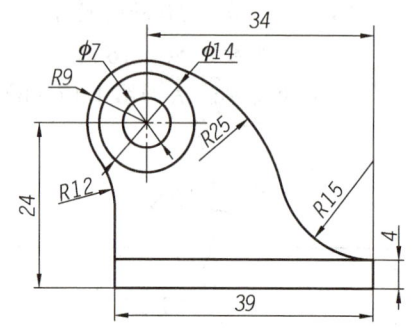

图1-18　机械零件图形

相关知识

一、常用的尺规绘图工具

尺规绘图是指用图纸、绘图铅笔、图板、丁字尺、三角板、圆规、分规等绘图工具与仪器来绘制图样。虽然在工程实践中用计算机辅助设计软件绘图已经普及，但尺规绘图仍然是工程技术人员必备的基本技能，也是学习和掌握绘图基本知识和基本技能的必要途径。

1. 图纸

图纸应洁白、坚韧，用橡皮擦拭不易起毛，且符合国家规定的图幅尺寸要求。绘图时，应使用图纸的正面。识别图纸正反面时，用橡皮用力擦拭几下，不易起毛的一面即为正面。

2. 绘图铅笔

根据铅芯的软硬程度不同，绘图铅笔可分为H、HB和B等不同规格。其中，H代表硬质绘图铅笔，H前的数字越大，表示铅芯越硬，所画图线的颜色越浅；HB代表软硬适中的绘图铅笔；B代表软质铅笔，B前的数字越大，表示铅芯越软，所画图线的颜色越深。在机械制图中，绘制底稿时用2H绘图铅笔，描深加粗图线时用B或2B绘图铅笔，写字和画箭头时用HB绘图铅笔。

为了保证同一图样上同类图线的线宽一致，画粗实线时，绘图铅笔的铅芯应磨削成截面为$d×d$（d为粗线的线宽）的四棱柱形；绘制底稿及写字时，铅芯应削成锥形；画线时，绘图铅笔与画线方向的夹角应为 60°左右，如图 1-19 所示。此外，削绘图铅笔时应从没有规格标记的一端开始，保留有规格标记的一端，以便识别绘图铅笔的规格。

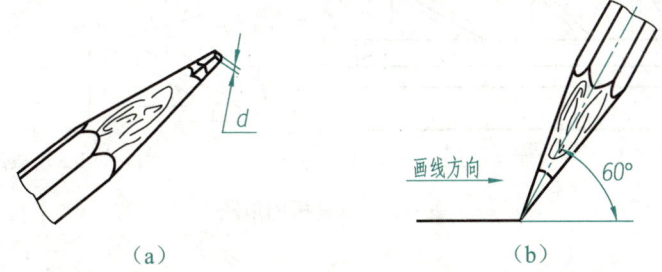

图 1-19　绘图铅笔的削制形状和使用方法

> **点拨**
>
> 通常情况下，绘图铅笔铅芯的软硬程度可根据其粗细来识别：铅芯越粗，说明其越软；反之，铅芯越细，说明其越硬。绘图时，画圆弧的铅芯通常比画直线的铅芯软一些，以保证图线的颜色深度相一致。

3. 图板与丁字尺

图板主要用于铺放和固定图纸，其左短边为工作边，称为导边。丁字尺由尺头和尺身两部分组成，尺头右边和尺身上边为工作边。

绘图时，应先将图纸用胶带固定在图板上，然后将丁字尺的尺头右边紧靠图板的导边，上下滑动丁字尺至画线位置，左手按住丁字尺尺身，即可用绘图铅笔沿尺身上边由左向右画出水平线，如图 1-20 所示。

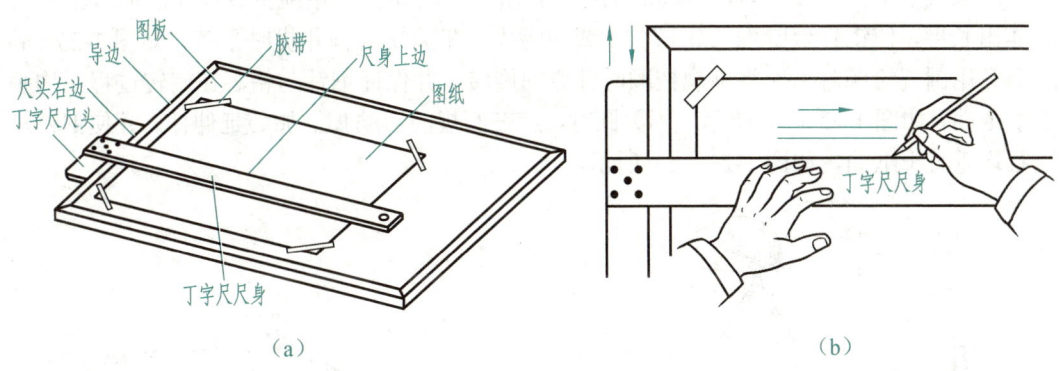

图 1-20　图板与丁字尺配合画线

4. 三角板

一副三角板有两块，一块两个角均为 45°，另一块两个角分别为 30°和 60°。三角板与丁字尺配合使用，可画出与水平线呈多个角度的直线，如图 1-21（a）所示。此外，这两块三角板配合使用，不仅可以画出与已知直线呈 15°及其整数倍角度的直线，还可以画出已知直线的平行线，如图 1-21（b）所示。

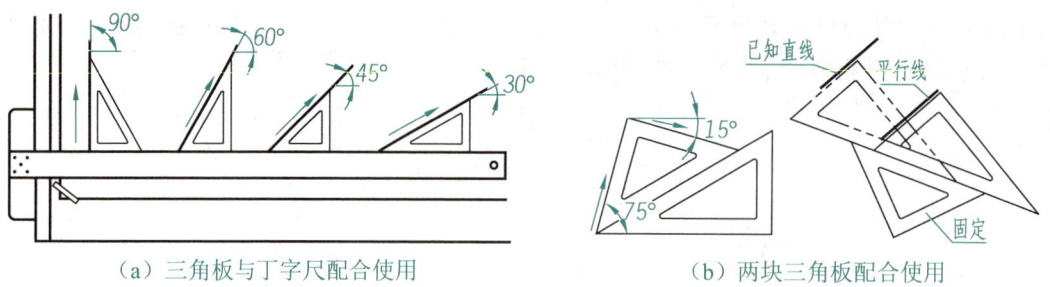

(a)三角板与丁字尺配合使用　　　　　（b)两块三角板配合使用

图 1-21　三角板的用法

5．圆规

圆规是用于画圆和圆弧的工具，它的两脚分别为固定针脚和可以装铅笔插件、鸭嘴笔插件及延伸杆的活动脚，如图 1-22 所示。

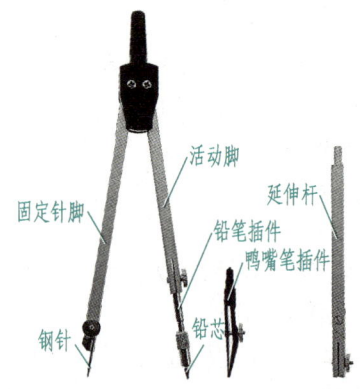

图 1-22　圆规及其附件

用圆规绘图前，应将固定针脚的钢针有台阶的一端朝下，并调整钢针和活动脚上铅芯的伸出长度，使钢针台阶面与铅芯尖（或鸭嘴尖）在圆规两脚并拢时平齐，如图 1-23（a）所示。用圆规绘图时，应将圆规按顺时针方向旋转，并保证钢针与铅芯在旋转过程中均垂直于纸面，如图 1-23（b）所示。画大圆时，应在圆规的活动脚上加装延伸杆，并使钢针与铅芯均垂直于纸面，如图 1-23（c）所示。

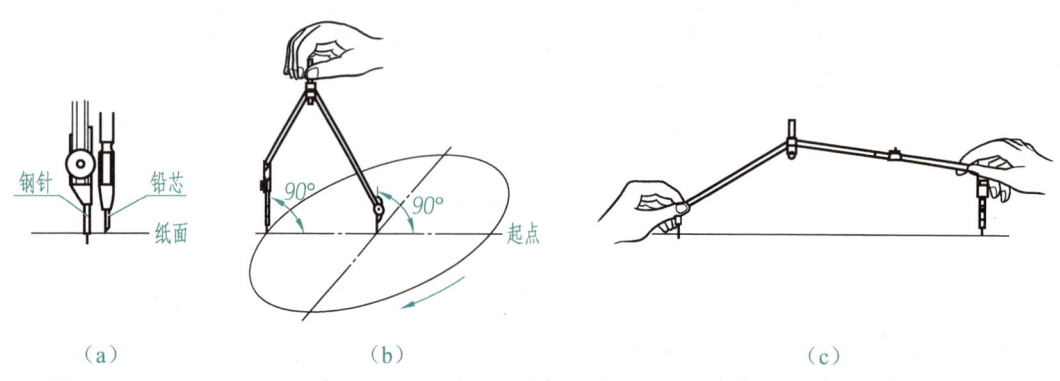

（a）　　　　　　　　　（b）　　　　　　　　　　　（c）

图 1-23　圆规的用法

6. 分规

分规是用于量取尺寸、截取线段和等分线段的工具。使用分规前，应检查分规两脚的针尖在两脚并拢时是否平齐。分规的用法如图 1-24 所示。

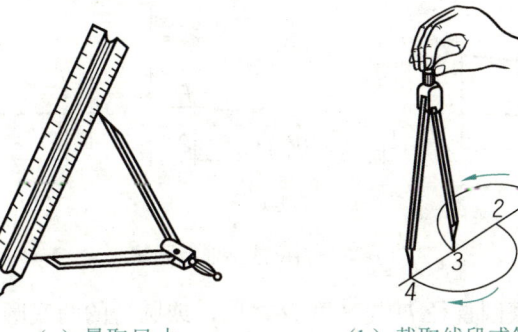

（a）量取尺寸　　　　（b）截取线段或等分线段

图 1-24　分规的用法

二、常用几何图形的画法

平面图形是由若干几何图形组成的，而几何图形是指用几何作图方法画出的直线、圆弧和非圆曲线等。因此，熟练掌握常用几何图形的画法是快速、准确绘制平面图形的基础。

1. 等分线段的画法

画等分线段可采用辅助平行线法。如图 1-25 所示，要将已知线段 AB 进行五等分，作图步骤如下。

（1）过线段 AB 的端点 A，作任意一条与原线段及其延长线不重合的射线 AC。

（2）用直尺或圆规以点 A 为起点，在射线 AC 上以适当长度截取五个等分点。

（3）用直线连接点 5 与点 B，然后过其他各等分点分别作线段 B5 的平行线，这些平行线与线段 AB 的交点即为线段 AB 的等分点。

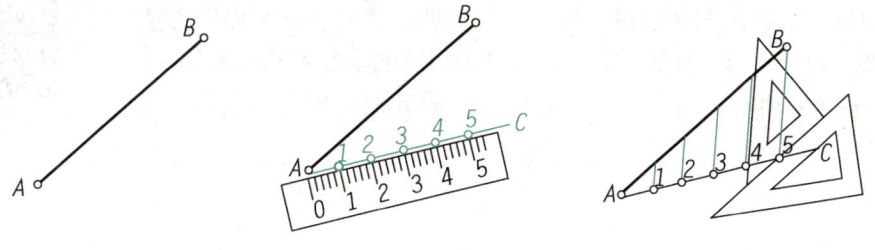

图 1-25　等分线段 AB

2. 斜度与锥度的画法

斜度符号和锥度符号如图 1-26 所示，其中 h 为字体高度，符号线宽为 $h/10$。

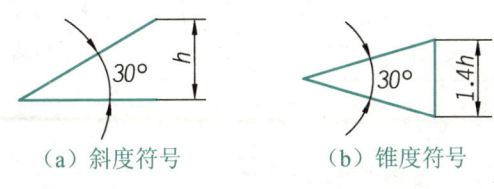

（a）斜度符号　　　　（b）锥度符号

图 1-26　斜度符号和锥度符号

斜度是指直线或平面对另一直线或平面的倾斜程度，其大小用直线或平面与另一直线或平面之间夹角的正切值来表示。在机械图样上，斜度通常以"1：n"的比例形式进行标注，并在比例前加斜度符号，斜度符号中斜线的倾斜方向应与斜度方向相一致，如图1-27所示。

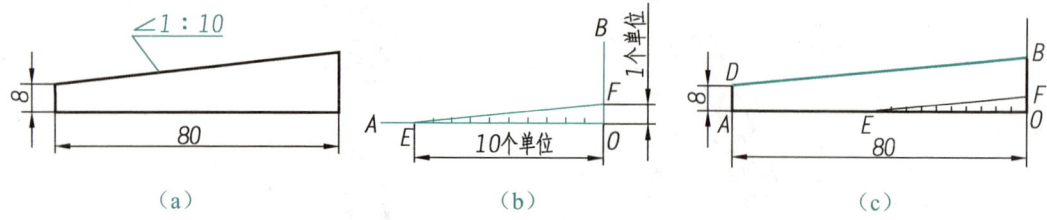

图1-27 斜度的标注及画法

锥度是指正圆锥的底圆直径 D 与高度 H 之比，或圆台的两底圆直径之差（$D-d$）与高度 H 之比。锥度也以"1：n"的比例形式进行标注，并在比例前加锥度符号，锥度符号中斜线的倾斜方向应与锥度方向一致，如图1-28所示。

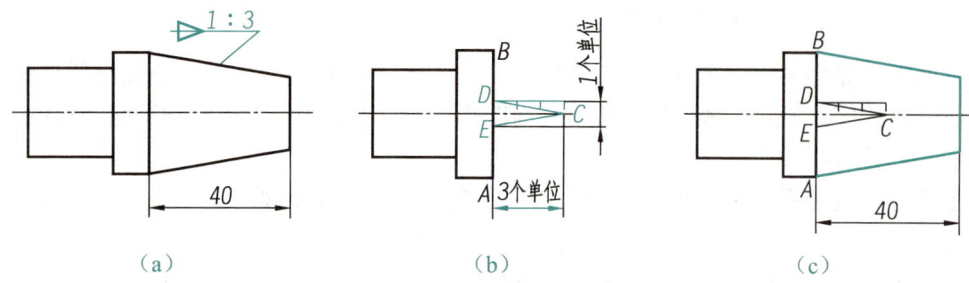

图1-28 锥度的标注及画法

3．等分圆的画法
1）将圆三、四、六等分

三角板与丁字尺配合使用，可将圆三、四、六等分，其作图方法如图1-29（a）～（c）所示。此外，也可利用圆的半径 R 将圆六等分，如图1-29（d）所示；用直线连接圆的六个等分点，可得到圆的内接正六边形。

图1-29 动画

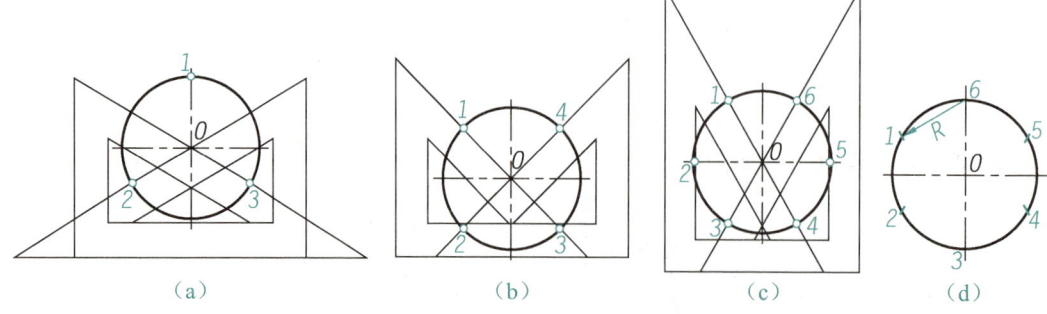

图1-29 将圆三、四、六等分

2）将圆五等分

已知圆的半径，可用圆规将圆五等分，然后用直线连接各等分点，即可得到圆的内接正五边形，具体作图步骤如下。

（1）如图 1-30（a）所示，以圆的象限点 A 为圆心、OA 为半径画圆弧，交圆于点 E 和点 F，连接 EF 交直线 OA 于点 B。

（2）如图 1-30（b）所示，以点 B 为圆心、BC 为半径画圆弧，交直线 OA 于点 D。

（3）如图 1-30（c）所示，以点 C 为圆心、CD 为半径画圆弧，交圆于点 G 和点 H；然后分别以点 G 和点 H 为圆心、CG 和 CH 为半径画圆弧，交圆于点 M 和点 N。

（4）点 C、点 G、点 H、点 M 和点 N 即为圆的五等分点，依次连接各等分点即可得到正五边形，如图 1-30（d）所示。

图 1-30 动画

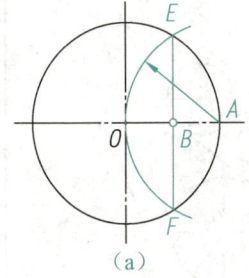 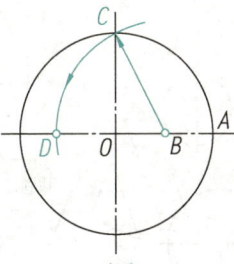 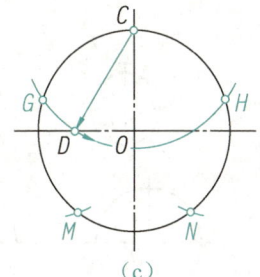 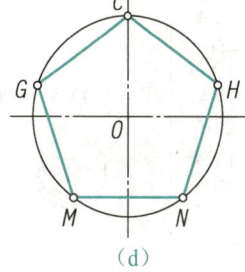

（a）　　　　　（b）　　　　　（c）　　　　　（d）

图 1-30　将圆五等分并画正五边形

4. 圆（或圆弧）切线的画法

在绘图过程中，经常会遇到作已知圆（或圆弧）切线的问题，解决该问题的关键是准确找出直线与圆（或圆弧）的切点。圆切线的画法如表 1-6 所示。

表 1-6　圆切线的画法

类别	作图步骤	图例
过圆上一点作圆的切线	① 连接圆心 O 与圆上一点 P ② 过点 P 初定切线方向 PA，PA⊥PO ③ 描深加粗切线 PA	（图示：导向三角板）

续表

类别	作图步骤	图例
过圆外定点作已知圆的切线	① 过点 A 初定切线 ② 定切点 K ③ 连接点 A 与点 K，作切线 AK	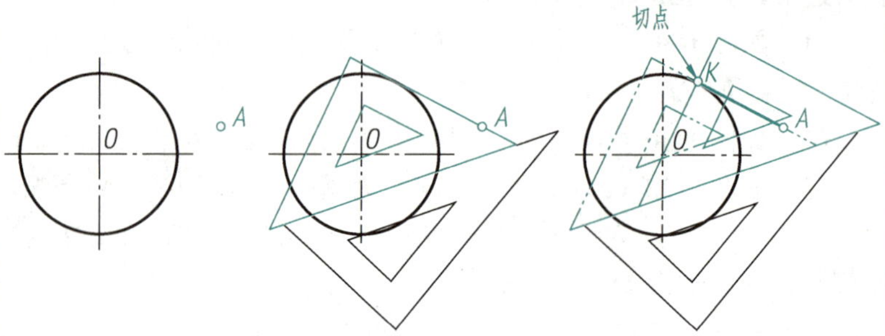
作已知两圆的内公切线	① 初定切线 ② 定切点 K 与切点 M ③ 连接点 K 与点 M，作切线 KM	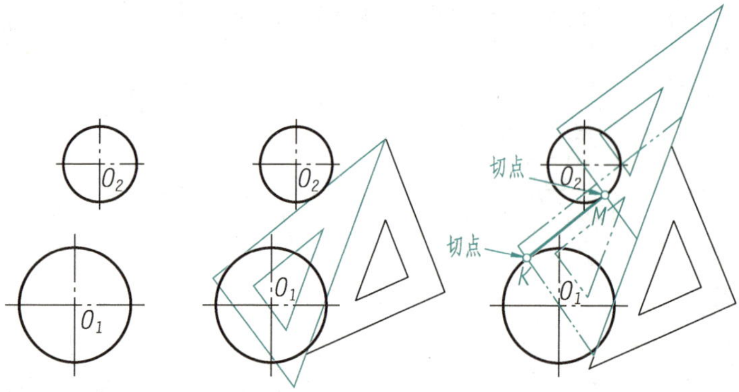

5. 圆弧连接的画法

圆弧连接是指用圆弧光滑连接已知直线或曲线。为确保连接光滑，在画连接圆弧前，应准确画出连接圆弧的圆心和连接点（即切点）。常用的圆弧连接有用圆弧光滑连接两条直线、用圆弧光滑连接两条圆弧两种，其画法分别如表 1-7 和表 1-8 所示。

表 1-7 用圆弧光滑连接两条直线的画法

类别	作图步骤	图例
用圆弧连接锐角或钝角的两边	① 作与已知两边分别相距为 R 的平行线，交点 O 即为连接圆弧的圆心 ② 过点 O 分别向已知角两边作垂线，垂足点 M 和点 N 即为切点 ③ 以点 O 为圆心、R 为半径，在点 M 和点 N 之间画连接圆弧即可	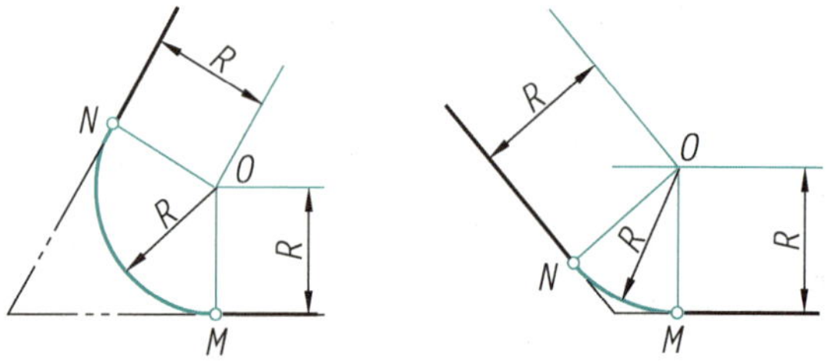

项目一　机械制图的基本知识和基本技能

续表

类别	作图步骤	图例	
用圆弧连接直角的两边	① 以直角顶点为圆心，R 为半径画圆弧，交两直角边于点 M 和点 N ② 以点 M 和点 N 为圆心、R 为半径画圆弧，两圆弧的交点即为连接圆弧的圆心 O ③ 以点 O 为圆心，R 为半径，在点 M 和点 N 之间画连接圆弧即可		表 1-7 动画

表 1-8　用圆弧光滑连接两条圆弧的画法

类别	作图步骤	图例	
外连接	① 分别以点 O_1 和点 O_2 为圆心、R_1+R 和 R_2+R 为半径画圆弧，两圆弧的交点 O 即为连接圆弧的圆心 ② 作直线 OO_1 和 OO_2，与两圆弧分别交于点 A 和点 B ③ 以点 O 为圆心、R 为半径，在点 A 和点 B 之间画连接圆弧即可		
内连接	① 分别以点 O_1 和点 O_2 为圆心、$R-R_1$ 和 $R-R_2$ 为半径画圆弧，两圆弧的交点 O 即为连接圆弧的圆心 ② 作直线 OO_1 和 OO_2，与圆弧分别交于点 A 和点 B ③ 以点 O 为圆心、R 为半径，在点 A 和点 B 之间画连接圆弧即可		
内外连接	① 分别以点 O_1 和点 O_2 为圆心、R_1+R 和 R_2-R 为半径画圆弧，两圆弧的交点 O 即为连接圆弧的圆心 ② 作直线 OO_1，与圆弧交于点 A；作直线 OO_2，与另一圆弧交于点 B ③ 以点 O 为圆心、R 为半径，在点 A 和点 B 之间画连接圆弧即可		表 1-8 动画

6. 椭圆的近似画法

椭圆有两条相互垂直且各自对称的轴，即长轴和短轴。椭圆的近似画法一般为四心圆法。例如，已知椭圆的长轴 AB 和短轴 CD，其作图步骤如下。

（1）用直线连接长轴和短轴的端点 A 和 C，得线段 AC；然后以点 O 为圆心、OA 为半径画圆弧，与短轴交于点 E_1；接着以点 C 为圆心、CE_1 为半径画圆弧，交 AC 于点 E，如图 1-31（a）所示。

（2）作 AE 的中垂线，与 AB 和 CD 分别交于点 1 和点 2；接着分别以 AB 和 CD 为对称中心线作这两点的对称点（点 3、点 4），如图 1-31（b）所示。

（3）分别以点 1、点 2、点 3、点 4 为圆心并以 1A、2C、3B、4D 为半径画圆弧，可得近似椭圆，如图 1-31（c）所示。

图 1-31 动画

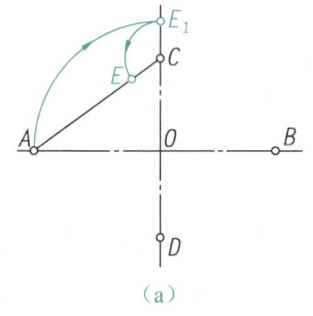
(a)

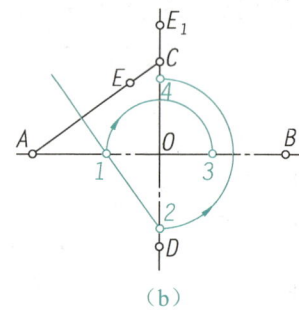
(b)

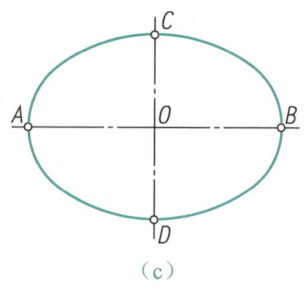
(c)

图 1-31 使用四心圆法画椭圆

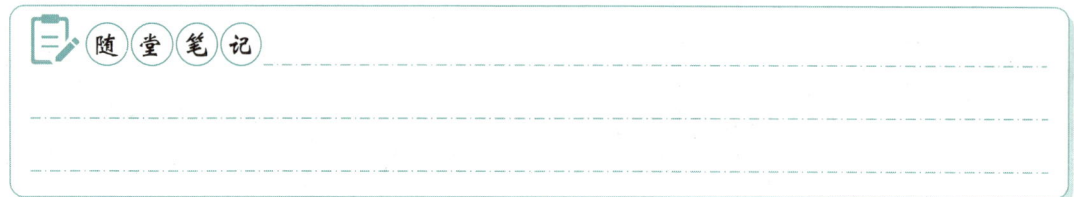

三、平面图形的分析和绘图方法

平面图形由若干线段（直线或圆弧）连接而成，这些线段之间的相对位置和连接关系依靠给定尺寸来确定。只有通过分析给定尺寸和线段之间的关系，才能明确平面图形应从何处着手并按何种顺序作图。

1. 尺寸分析

如图 1-32 所示，手柄平面图中的尺寸根据其作用的不同可分为定形尺寸和定位尺寸两种。其中，定形尺寸用于确定平面图形中各部分几何形状的大小，如确定线段的长度、圆弧的半径（或圆的直径）和角度的大小等，如图 1-32 中的 15、R10、R12、R15、ϕ5、ϕ20 等，都是定形尺寸；定位尺寸用于确定平面图形中各部分之间的相对位置，如图 1-32 中的 8 确定了 ϕ5 的圆心位置，75 间接确定了 R10 的圆心位置，45 确定了 R50 圆心的一个坐标值。标注定位尺寸时，必须有个起点，这个起点称为尺寸基准。平面图形有两个方向，长度（水平）方向和高度（垂直）方向，长度和高度每个方向至少有一个尺寸基准。请思考手柄平面图的尺寸基准在哪？

项目一　机械制图的基本知识和基本技能

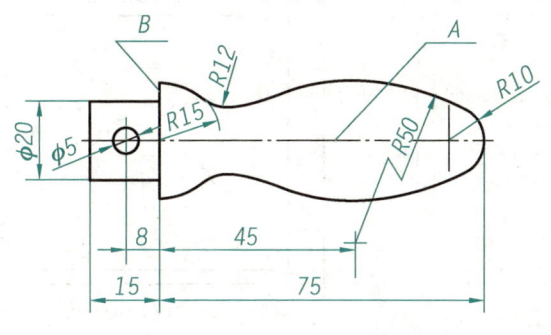

图 1-32 三维模型

图 1-32　手柄平面图

 点拨

　　定位尺寸常以图形的对称中心线、回转体的轴线或某一轮廓线（较大的底面、端面、侧面等的投影）作为标注尺寸的起点，这个起点称为尺寸基准，如图 1-32 中的 A 和 B。

2．线段分析

　　在平面图形中，通常根据定位尺寸是否完整将线段分为已知线段、中间线段和连接线段三种。其中，两个定位尺寸齐全的线段称为已知线段，如图 1-32 中的 R15、R10；只有一个定位尺寸的线段称为中间线段，如图 1-32 中的 R50；没有定位尺寸的线段称为连接线段，如图 1-32 中的 R12。

　　绘制手柄平面图中的圆弧时，有两个定位尺寸的圆弧可直接根据给定尺寸作出；缺少一个定位尺寸的圆弧，由于它总是和一个已知线段相连接，因此可利用其与相邻已知线段的连接关系（相切条件），用圆弧连接的作图方法作出；缺少两个定位尺寸的圆弧，需要借助其与相邻两条已知线段的连接关系（相切条件），用圆弧连接的作图方法作出。

　　综上所述，绘制平面图形时，应在尺寸分析的基础上进行线段分析，从而确定各图线的绘制顺序：先画已知线段，再画中间线段，最后画连接线段。

3．绘图方法

1）准备工作

准备工作主要包括以下内容。

（1）分析图形的尺寸与线段。

（2）确定比例，选择图幅，固定图纸。

（3）拟订具体的作图顺序。

2）绘制底稿

绘制底稿的步骤如图 1-33 所示。

图 1-33 动画

（a）绘制图框和标题栏

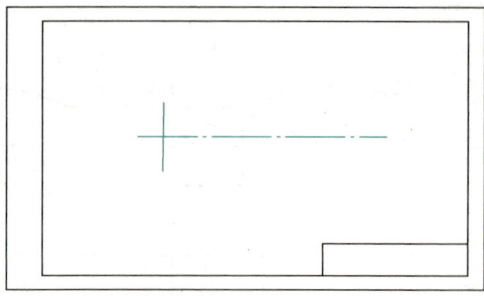
（b）合理、均匀布图并画出基准线

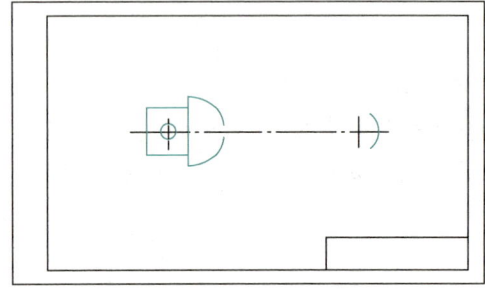
（c）画出已知线段

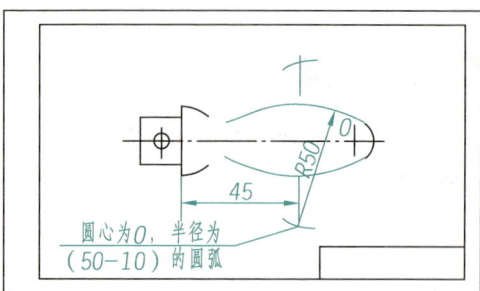
（d）画出中间线段

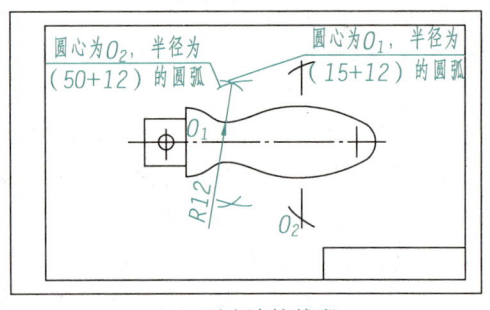
（e）画出连接线段

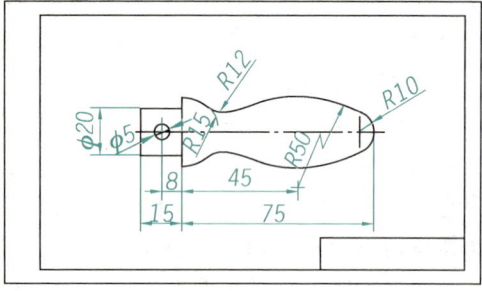
（f）检查描深，标注尺寸

图 1-33　绘制底稿的步骤

绘制底稿时应注意以下事项。

（1）应使用 2H 铅笔，笔尖应经常修磨以保持尖锐。

（2）底稿上各种线型的图线均暂不分粗细，并要画得颜色很浅、线宽很小。

3）描深底稿

描深底稿的原则如下。

（1）先细后粗。一般应先描深全部虚线、细点画线及细实线等，再描深全部粗实线，这样既可保证图面干净、提高绘图效率，又可保证同类图线在全图中的线宽一致，还能保证不同类图线之间的线宽符合比例关系。

（2）先曲后直。在描深同一种线型的图线（特别是粗实线）时，应先描深圆弧和圆，然后描深直线，以保证连接处圆滑，以及圆（或圆弧）和直线的颜色深度一致。

（3）先水平后竖斜。先用丁字尺自上而下画出全部相同线型的水平线，再用三角板自左向右画出全部相同线型的竖直线，最后画出倾斜的直线。

项目一 机械制图的基本知识和基本技能

> **点拨**
>
> 描深底稿时需要注意以下事项。
>
> ① 在描深底稿前，必须全面检查底稿，清理图面，修正错误，把画错的图线及作图辅助线用软橡皮轻轻擦净。
>
> ② 用 H、HB、B、2B 等不同规格的铅笔描深各种图线，用力要均匀一致，以免图线的颜色深浅不一。
>
> ③ 为避免弄脏图面，要保持双手、三角板及丁字尺清洁。描深过程中应经常用毛刷将图纸上的铅芯粉末扫净，并尽量避免在已描深的图线上移动三角板。
>
> ④ 描深后的图线很难擦净，因此要尽量避免画错。需要擦掉时，可用软橡皮顺着图线的方向擦拭。

4）标注尺寸

标注定形尺寸和定位尺寸，注写其他文字、符号，填写标题栏。

5）检查、完善

全面检查、校订图纸，清理图面。

四、徒手绘图的方法

徒手绘图通常用于绘制草图，它不借助尺规绘图工具，而是通过目测估计物体各部分的尺寸比例来绘图的。徒手绘图可快速、准确地表达设计意图，或快速记录所需要的技术资料，因此在技术交流和现场测绘时应用很广。

1. 直线的徒手画法

徒手画直线时，可先标出直线的两个端点，然后悬肘执笔并沿直线方向比画一下，待掌握好画线方向和路径后再落笔画线。此时，铅笔落在起点，眼睛注视终点，以控制画线方向。为了运笔方便，在画水平线和竖直线时，可将图纸斜放；画水平线时，要自左至右运笔；画竖直线时，要自上而下运笔，如图 1-34 所示。

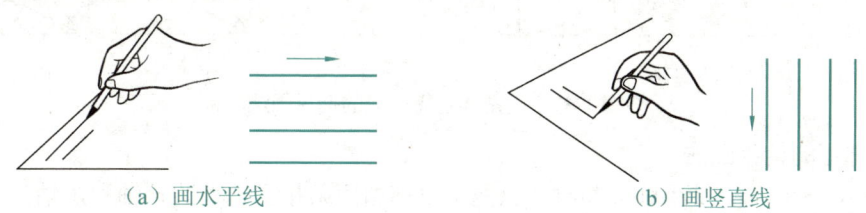

（a）画水平线　　　　　　　　　　（b）画竖直线

图 1-34　水平线和竖直线的运笔方向及徒手画法

2. 常用角度线的徒手画法

徒手画 30°、45°、60°等常用角度的角度线时，可根据直角边的比例关系，在两直角边上定出几点，然后连接这些点即可。角度线的运笔方向及徒手画法如图 1-35 所示。

3. 圆的徒手画法

如图 1-36 所示，徒手画圆时，若圆的半径较小，则应先确定圆的位置并画出两条相互垂直的中心线，然后以目测估计的半径标记出圆在中心线上的四个点，最后将这四个点依次连接即可；若圆的半径较大，则除在中心线上标记四个点外，还应过圆心在45°方向上加画两条斜线，同样在这两条斜线上标记出四个点，最后将这八个点依次连接即可。

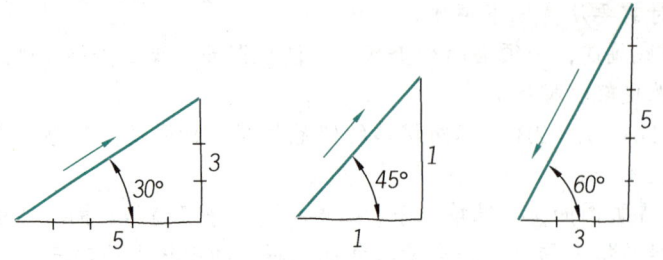

图 1-35　角度线的运笔方向及徒手画法

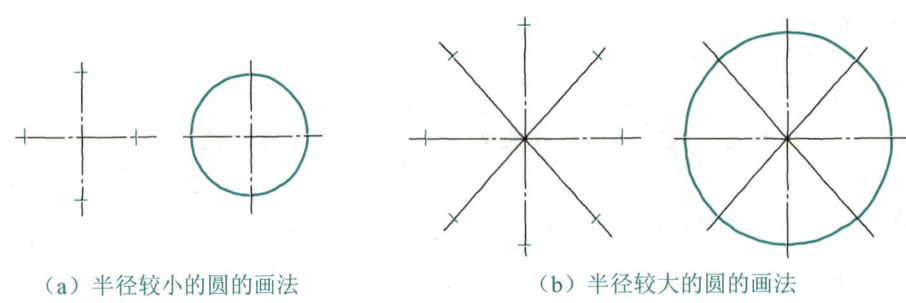

（a）半径较小的圆的画法　　　　　（b）半径较大的圆的画法

图 1-36　圆的徒手画法

4. 圆角和连接圆弧的徒手画法

如图 1-37 所示，徒手画圆角和连接圆弧时，应先画角平分线；然后在角平分线上选取圆心，并过圆心画两条边的垂线，以指定圆弧的两个切点；接着在角平分线上以目测估计的半径选取圆弧上的一点；最后将这三个点依次连接起来即可。

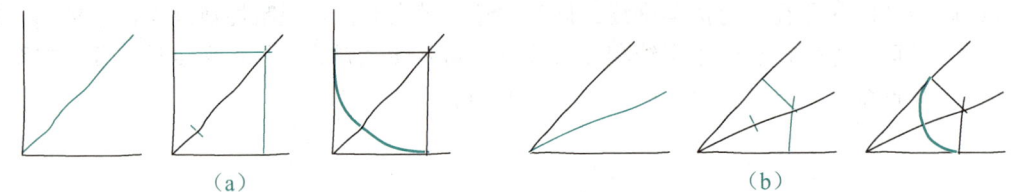

（a）　　　　　　　　　　　　　　（b）

图 1-37　圆角和连接圆弧的徒手画法

5. 椭圆的徒手画法

如图 1-38 所示，徒手画椭圆时，应先画出椭圆两条相互垂直的长轴和短轴；然后在这两条轴线上分别选取椭圆的四个端点；接着过这四个端点画椭圆的外切矩形，并用标记将矩形的对角线六等分；最后将长、短轴的端点和对角线上靠外侧的等分点依次连接即可。

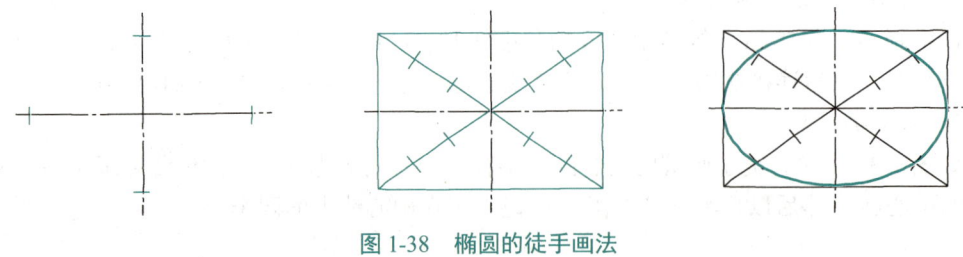

图 1-38　椭圆的徒手画法

项目一 机械制图的基本知识和基本技能

任务实施——练习尺规绘图

尺寸分析：

在图 1-18 中，长度 39 和高度 4、直径 $\phi7$ 和 $\phi14$，以及圆弧半径 $R9$、$R12$、$R15$、$R25$ 都是定形尺寸；长度 34 和高度 24 为定位尺寸。

线段分析：

在图 1-18 中，长度为 39 和 4 的线段，直径为 $\phi7$、$\phi14$ 的圆和 $R9$ 的圆弧为已知线段，$R15$ 的圆弧为中间线段，半径为 $R12$ 和 $R25$ 的圆弧为连接线段。

作图步骤：

（1）画出基准线，如图 1-39（a）所示。

（2）画出已知线段，如图 1-39（b）所示。

（3）画出中间线段，如图 1-39（c）所示。

（4）画出连接线段。首先确定连接线段的圆心，然后连接相应圆心确定切点，最后画出连接线段，如图 1-39（d）所示。

（5）擦去多余图线并标注尺寸，便可得到如图 1-18 所示的图形。

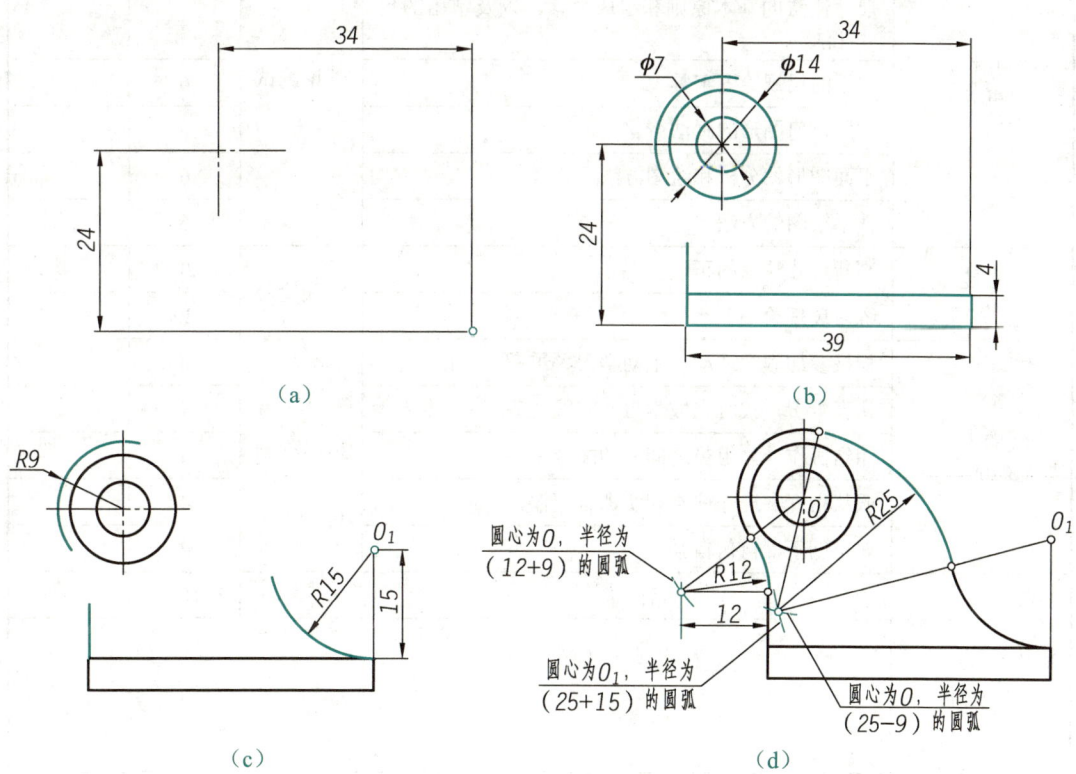

图 1-39 作图步骤

创想天地

在工程实践中，有些场合因不便于尺规绘图而采用了徒手绘图的方法来表示工程对象。请查阅有关资料，了解徒手绘图的应用场合，分析在徒手绘图中需要注意的事项。

学习成果评价

指导教师对学生的实际学习成果进行评价,学生配合指导教师共同完成表 1-9。

表 1-9 学习成果评价表

班级		组号		日期	
姓名		学号		指导教师	
学习成果名称		机械制图的基本知识和基本技能			
评价项目	评价内容		评价方式	满分/分	评分/分
知识（40%）	国家标准中关于图纸幅面和格式、比例、字体、图线的基本规定		理论测试	12	
	尺寸注法的基本原则和组成要素，以及常用的尺寸注法			4	
	常用的尺规绘图工具			6	
	常用几何图形的画法			6	
	平面图形的分析和绘图方法			6	
	徒手绘图的方法			6	
技能（40%）	判断尺寸注法的正误		实践检验	20	
	练习尺规绘图			20	
素养（20%）	积极参加教学活动，主动学习、思考、讨论		综合评判	6	
	认真负责，按时完成学习、实践任务			4	
	团结协作，与组员之间密切配合			4	
	服从指挥，遵守课堂和实训室纪律			4	
	守正创新，自信自强			2	
合计				100	
自我评价					
指导教师评价					

项目二 立体的投影规律及应用

📖 项目导读

机件的形状和结构是按照正投影原理，通过机械图样中的视图来表示的。机件无论形状和结构多么复杂，都可以看作是由一些简单的基本体组合而成的。因此，学习并掌握立体的投影规律，以及基本体和立体表面交线的画法，是绘制和识读机械图样的基础。

本项目主要介绍投影的基本原理，点、直线、平面的投影规律和画法，基本体和立体表面交线的画法等，为学习组合体及轴测图的画法打基础。

知识目标

- ◆ 掌握投影法的基本知识和三视图。
- ◆ 掌握点、直线、平面的投影规律和画法。
- ◆ 掌握平面立体和回转体的画法。
- ◆ 掌握基本体的尺寸注法。
- ◆ 掌握截交线与相贯线的画法。

技能目标

- ◆ 能够正确分析与绘制点、直线、平面的投影。
- ◆ 能够正确绘制基本体的三视图。
- ◆ 能够正确绘制立体表面交线。

素质目标

- ◆ 弘扬锲而不舍、锐意进取的奋斗精神。
- ◆ 养成勤学奋进、善思乐学的学习习惯。

正投影法基础

任务引入

任何立体均可认为是由点、线、面构成的。两点可以确定一条直线，不在同一条直线上的三点可以确定一个平面。因此，当分析直线和平面时，应首先分析点。如图2-1所示，已知 AB、CD 两条直线的 H 面和 V 面投影，现需要在 AB、CD 两条直线之间连接一条直线 EF，该连接直线与 H 面、V 面均平行，试作出该连接直线的投影。

本任务首先介绍投影法的基本知识、三视图的形成、三视图之间的对应关系，然后在此基础上分别讲解点、直线、平面的投影规律和画法。

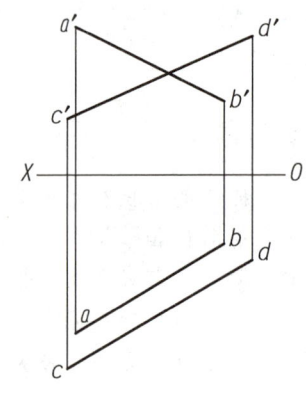

图 2-1　AB、CD 两条直线的两面投影

相关知识

一、投影法的基本知识

1. 投影法的概念

立体在灯光或日光的照射下，会在墙面或地面上形成影子，这种现象称为投影现象。人们对投影现象进行抽象，总结出了投射线通过立体向选定的面投射，并在该面上得到图形的方法，即投影法，而根据投影法所得到的图形则称为投影。要得到立体的投影，必须具备投射线、立体和投影面三个条件。

2. 投影法的分类

根据投射线是否平行，投影法可分为中心投影法和平行投影法两种。

1）中心投影法

中心投影法是指投射线汇交于一点（即投射中心）的投影法，如图2-2所示。用中心投影法得到的投影，其大小会随着投影面、立体和投射中心三者之间距离的变化而变化，不能反映立体的真实大小，因此中心投影法在绘制机械图样时很少使用。

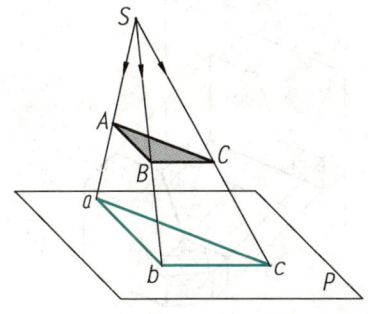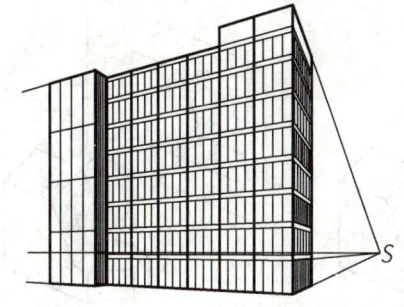

图 2-2 中心投影法

2）平行投影法

平行投影法是指投射线相互平行的投影法。用平行投影法得到的投影，其大小不随立体与投影面之间距离的变化而变化。

在平行投影法中，若投射线与投影面倾斜，则为斜投影法，所得到的图形称为斜投影，如图 2-3（a）所示；若投射线与投影面垂直，则为正投影法，所得到的图形称为正投影，如图 2-3（b）所示。由于正投影能较真实地表示立体的形状和大小，作图也比较方便，因此机械图样大多采用正投影法绘制。本书主要介绍正投影法，若无特别说明，所述投影均为正投影。

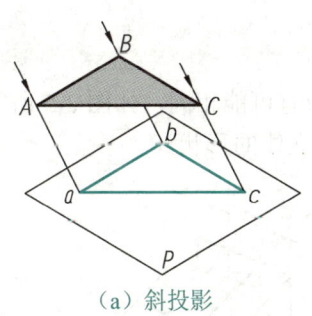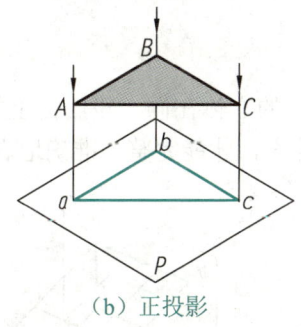

（a）斜投影　　　　　　　　　（b）正投影

图 2-3　斜投影和正投影

3．正投影的特性

由于投射线相互平行且垂直于投影面，因此正投影具有以下特性。

（1）真实性。当立体的某一平面（或棱线）与投影面平行时，其投影反映实形（或实长）。如图 2-4（a）所示，平面 P 平行于投影面 V，其投影反映实形。

（2）积聚性。当立体的某一平面（或棱线）与投影面垂直时，其投影积聚为一条直线（或一个点）。如图 2-4（b）所示，平面 Q 垂直于投影面 V，其投影积聚为一条直线 q。

（3）类似性。当立体的某一平面（或棱线）倾斜于投影面时，其投影与该平面（或棱线）类似，但图形变小了，线段变短了。如图 2-4（c）所示，平面 R 倾斜于投影面 V，其投影 r 是原平面 R 的类似形。

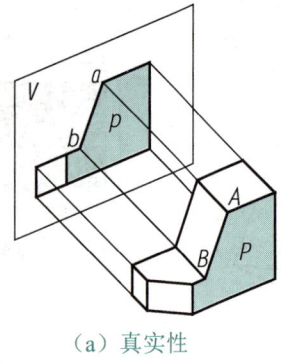 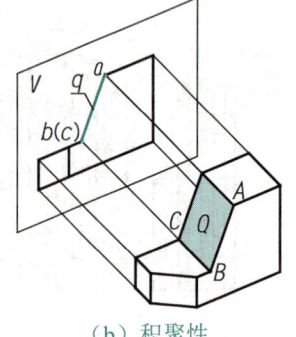 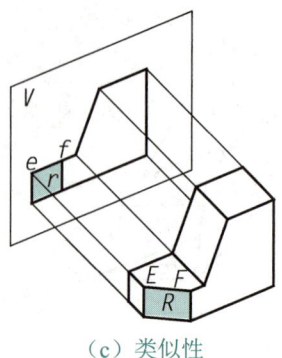

（a）真实性　　　　　　　（b）积聚性　　　　　　　（c）类似性

图 2-4　正投影的基本特性示例

随堂笔记

二、三视图

在机械图样中，不同形状的立体在同一投影面上的投影有可能相同，如图 2-5 所示。因此，只有用多个投影相互补充，才能完整、准确地表示出立体的形状。

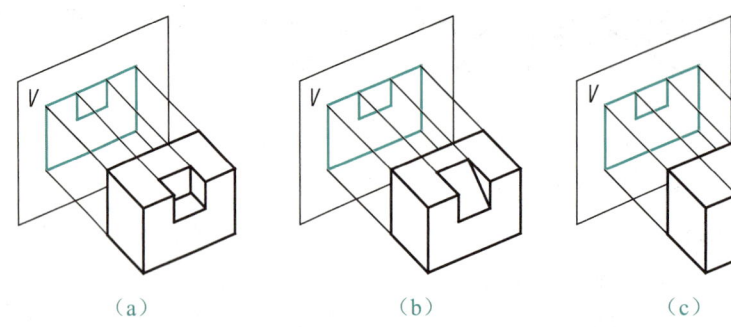

（a）　　　　　　　　（b）　　　　　　　　（c）

图 2-5　不同形状的立体在同一投影面上的投影

1. 三投影面体系的建立

在机械图样中，为了确定立体的形状和大小，并正确分析其投影规律，通常将立体放在由三个相互垂直的投影面组成的投影体系中，然后向这三个投影面分别进行投影。由这三个相互垂直的投影面组成的投影体系称为三投影面体系，如图 2-6 所示。其中，正对着观察者的投影面称为正立投影面，简称"正面"，用 V 表示；处于水平位置的投影面称为水平投影面，简称"水平面"，用 H 表示；处于右边侧立位置的投影面称为侧立投影面，简称"侧面"，用 W 表示。

项目二 立体的投影规律及应用

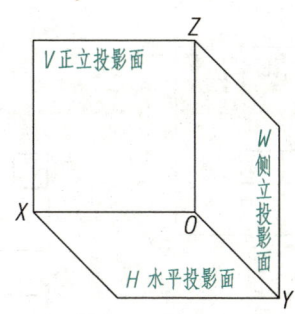

图 2-6 三投影面体系

> **点拨**
>
> 在图 2-6 中，相互垂直的投影面之间的交线称为投影轴，分别用 OX、OY、OZ 表示。其中，OX 轴代表长度方向，OY 轴代表宽度方向，OZ 轴代表高度方向，三个投影轴的交点称为原点，用 O 表示。

2. 三视图的形成

视图是指根据有关标准和规定，用正投影法将立体向投影面投影所得到的图形。将立体置于三投影面体系中，使其主要表面与投影面平行或垂直，然后用正投影法分别向 V 面、H 面和 W 面进行投影，即可得到该立体的三个视图。其中，立体在 V 面上的投影称为主视图，立体在 H 面上的投影称为俯视图，立体在 W 面上的投影称为左视图，如图 2-7（a）所示。

为了将立体的三个视图绘制在同一张图纸上，需要将它们的投影面展开并摊平在同一平面上。投影面的展开方法为：V 面位置保持不动，将 H 面绕 OX 轴向下旋转 90°，将 W 面绕 OZ 轴向右旋转 90°，其中 OY 轴在 H 面上和 W 面上分别用 OY_H 和 OY_W 表示，如图 2-7（b）所示。此时，可得到该立体的三视图，如图 2-7（c）所示。

由于投影面是假想的，投影面的大小并不影响投影的形状和大小，因此在实际作图时，不必画出投影面的框线和投影轴，如图 2-7（d）所示。

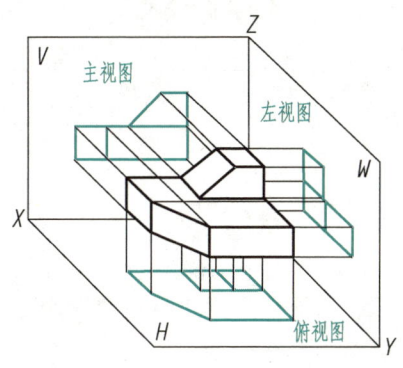

（a）立体在三投影面体系中的视图

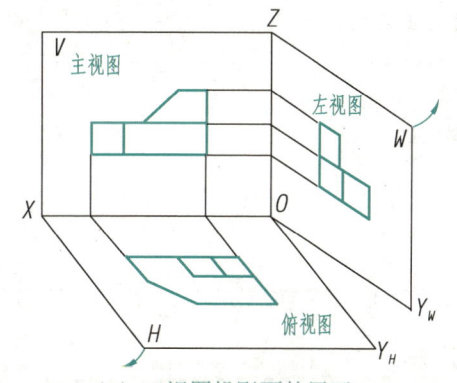

（b）三视图投影面的展开

图 2-7 动画

33

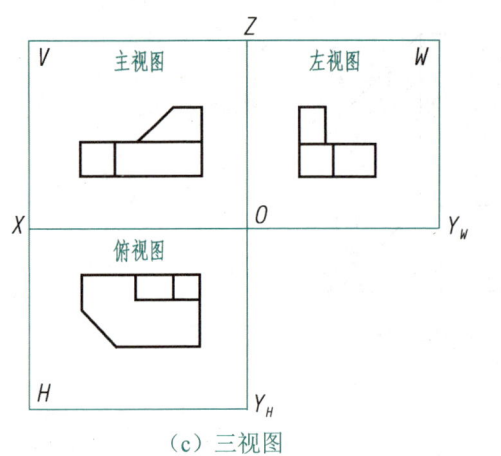 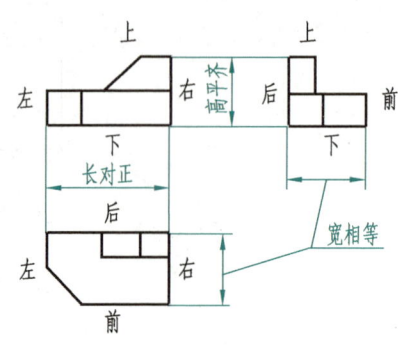

（c）三视图　　　　　　　　　　（d）去掉投影面框线和投影轴的三视图

图 2-7　三视图的形成

3．三视图之间的对应关系

由上述可知，在立体的三视图中，主视图反映立体的长度和高度，以及立体上平行于 V 面的平面的实形；俯视图反映立体的长度和宽度，以及立体上平行于 H 面的平面的实形；左视图反映立体的高度和宽度，以及立体上平行于 W 面的平面的实形。由于各视图表示的是同一个立体，因此三视图的各视图之间存在以下对应关系。

（1）长对正，即主、俯视图长度相等。

（2）宽相等，即俯、左视图宽度相等。

（3）高平齐，即主、左视图高度相等。

这个"三等"规律就是三视图的投影规律。在机械图样中，立体整体的投影要符合这一投影规律，立体上每一个平面、棱线和顶点的投影也必须符合这一投影规律。其中，俯视图和左视图"宽相等"这一投影规律可在作图过程中通过 45°辅助线来保证。

点拨

作立体的三视图时，除了要符合上述投影规律，还要注意将主视图、俯视图和左视图按投影关系进行配置：以主视图为准，俯视图在主视图的正下方，并且对正；左视图在主视图的正右方，并且相互平齐。

随堂笔记

三、点的投影

1．点的投影规律

如图 2-8 所示，将点 S 置于三投影面体系中不动，由点 S 分别向三个投影面作垂线，则垂足 s、s′、s″ 即为点 S 的三面投影。其中，s_X、s_{YH}、s_{YW}、s_Z 分别为点的投影连线与投影轴 OX、OY_H、OY_W、OZ 的交点。

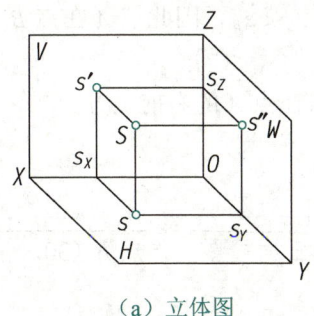
（a）立体图

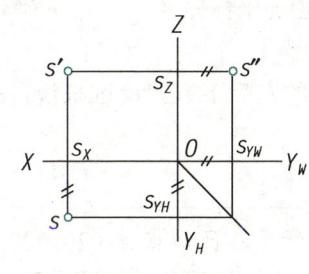
（b）投影图

图 2-8 动画

图 2-8 点的三面投影

在图 2-8 中，通过点的三面投影可总结出点的投影规律，具体如下。

（1）点的两面投影的连线必定垂直于相应的投影轴，即 $ss′⊥OX$，$s′s″⊥OZ$，$ss_{YH}⊥OY_H$，$s″s_{YW}⊥OY_W$。

（2）点的投影到投影轴的距离等于点到相应投影面的距离，即

$$s′s_X = s″s_Y = 点\ S\ 到\ H\ 面的距离\ Ss$$
$$ss_X = s″s_Z = 点\ S\ 到\ V\ 面的距离\ Ss′$$
$$ss_Y = s′s_Z = 点\ S\ 到\ W\ 面的距离\ Ss″$$

 **点拨**

点及其投影的标记方法如下：点用大写字母或罗马数字标记，如 A、B、C……或 Ⅰ、Ⅱ、Ⅲ……；点在 H 面的投影用相应的小写字母或阿拉伯数字标记，如 a、b、c……或 1、2、3……；点在 V 面的投影用相应的小写字母或阿拉伯数字并加一撇（′）标记，如 a′、b′、c′……或 1′、2′、3′……；点在 W 面的投影用相应的小写字母或阿拉伯数字并加两撇（″）标记，如 a″、b″、c″……或 1″、2″、3″……。

2．点的投影与直角坐标的关系

点的空间位置可用直角坐标来表示。若将三投影面体系看作直角坐标系，则可将投影面当作坐标面，投影轴当作坐标轴，点 O 当作坐标原点，于是点 S 的三个坐标就是点 S 到三个投影面的距离，即点 S 的 x 坐标 $x_S = Ss″$，即点 S 到 W 面的距离；点 S 的 y 坐标 $y_S = Ss′$，即点 S 到 V 面的距离；点 S 的 z 坐标 $z_S = Ss$，即点 S 到 H 面的距离。

点 S 坐标的规定书写形式：$S(x, y, z)$。

3．两点在空间的相对位置判断

两点在空间的相对位置由两点的坐标差来确定，以图 2-9 为例，判断方法具体如下。

（1）两点的左右相对位置由 x 坐标差（$x_A - x_B$）确定，由于 $x_A > x_B$，因此点 A 在点 B 的左方。

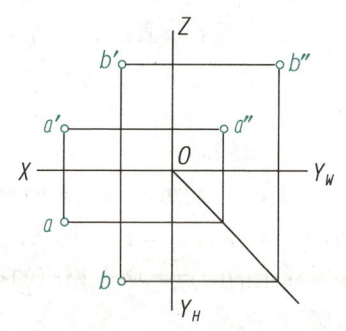
图 2-9 两点在空间的相对位置判断

（2）两点的前后相对位置由 y 坐标差（$y_A - y_B$）确定，由于 $y_A < y_B$，因此点 A 在点 B 的后方。

（3）两点的上下相对位置由 z 坐标差（$z_A - z_B$）确定，由于 $z_A < z_B$，因此点 A 在点 B 的下方。

由上述可知，点 A 在点 B 的左后下方。反过来说，就是点 B 在点 A 的右前上方。

学以致用

【例 2-1】如图 2-10（a）所示，已知点 A（20，20，10）的三面投影，作点 B（30，10，0）的三面投影，并判断两点在空间的相对位置。

分析：点 B 的 z 坐标为 0，说明点 B 在 H 面上，其 V 面投影 b' 一定在 OX 轴上，其 W 面投影 b'' 一定在 OY_W 轴上。

作图步骤：

（1）如图 2-10（b）所示，在 OX 轴上从点 O 向左量取 30 mm，得到点 b'，从点 b' 向下作垂线并取 $b'b = 10$ mm，得到点 b。

（2）根据已作出的点 b 和点 b'，可作出点 b''。应注意，点 b'' 在 OY_W 轴上，而不在 OY_H 轴上，如图 2-10（b）所示。

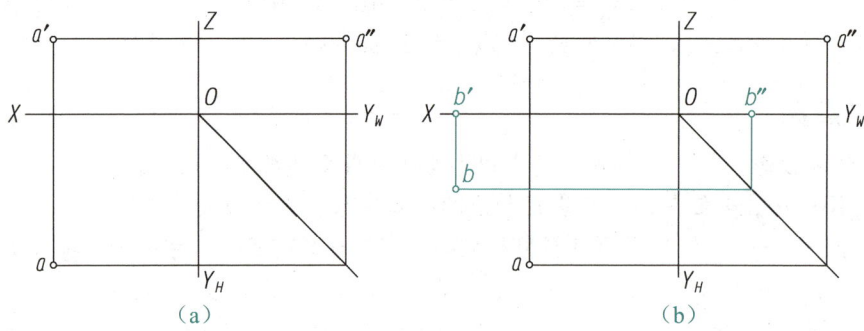

图 2-10 例 2-1 图

（3）判断点 A 和点 B 在空间的相对位置，即

左右相对位置：$x_A - x_B = -10$ mm，故点 A 在点 B 右方 10 mm 处；

前后相对位置：$y_A - y_B = 10$ mm，故点 A 在点 B 前方 10 mm 处；

上下相对位置：$z_A - z_B = 10$ mm，故点 A 在点 B 上方 10 mm 处。

因此，点 A 在点 B 的右、前、上方各 10 mm 处。

4．重影点与可见性判断

如图 2-11 所示，E、F 两点的投影 e'、f' 重合，这说明 E、F 两点的 x 坐标和 z 坐标相同，$x_E = x_F$，$z_E = z_F$，即 E、F 两点在垂直于 V 面的同一条投射线上。可见，位于同一条投射线上的两点，必在相应的投影面上具有重合的投影。这两个点称为对该投影面的一对重影点。

项目二 立体的投影规律及应用

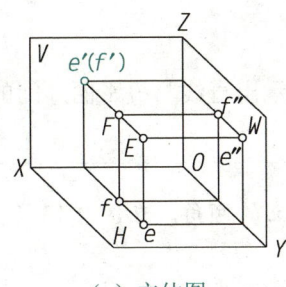
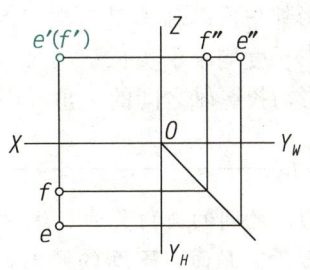

(a) 立体图　　　　　　　　(b) 投影图

图 2-11　重影点与可见性判断

当两点对某投影面为一对重影点时,距离该投影面较近的一点在该投影面上的投影是不可见的。此时,可通过这两点在其他投影面上的投影或这两点的坐标来判断其可见性。

在图 2-11 中,e'、f' 重合,但 e、f 不重合,且 e 在前,f 在后,即 $y_E > y_F$,因此对 V 面来说,E 的投影可见,F 的投影不可见。对于不可见的点,在重影处的投影需要加圆括号表示,如点 F 在 V 面的投影表示为 (f')。

四、直线的投影

两点可以确定一条直线,因此直线的投影可由直线上两点的同面投影来确定。直线可以延伸为无限长,但在机械图样中通常用线段来表示。

通常情况下,直线的投影仍为一条直线,但当直线平行于投射线(即直线垂直于投影面)时,直线的投影积聚为一点。如图 2-12 所示,直线 AB 在 H 面上的投影为直线 ab,直线 CD 在 H 面上的投影积聚为一点 c (d)。

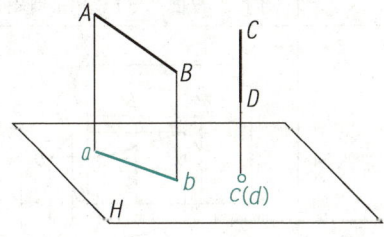

图 2-12　直线的投影

在三投影面体系中,将直线上的点在各投影面上的同面投影用粗实线连接起来,即可得到直线的三面投影。根据直线与投影面相对位置的不同,直线可分为一般位置直线和特殊位置直线两种。

1. 一般位置直线的投影

在三投影面体系中,对三个投影面都倾斜的直线称为一般位置直线,其投影如图 2-13 所示。一般位置直线具有以下投影特性。

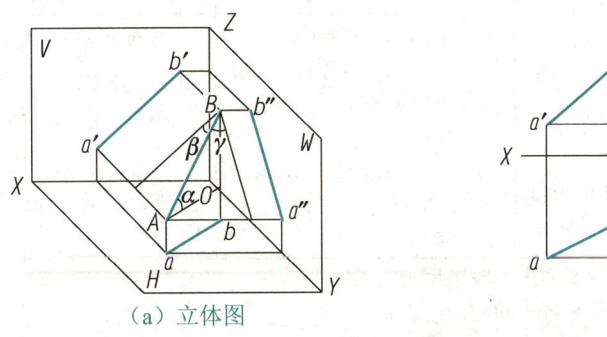

(a) 立体图　　　　　　　　(b) 投影图

图 2-13　一般位置直线的投影

（1）各面投影都与投影轴倾斜。
（2）各面投影长度均小于实长。
（3）各面投影与投影轴之间的夹角，不能表示出直线与投影面之间的夹角。

> **点拨**
>
> 直线与投影面之间的夹角称为直线对投影面的倾角。在图 2-13（a）中，α、β、γ 分别为直线对 H 面、V 面、W 面的倾角。

2．特殊位置直线的投影

特殊位置直线可分为投影面平行线和投影面垂直线两种。

1）投影面平行线

在三投影面体系中，平行于某一个投影面并与其他两个投影面都倾斜的直线称为投影面平行线。其中，平行于 H 面的直线称为水平线，平行于 V 面的直线称为正平线，平行于 W 面的直线称为侧平线。投影面平行线的投影特性如表 2-1 所示。

表 2-1　投影面平行线的投影特性

名称	水平线 （平行于 H 面，与 V、W 面倾斜）	正平线 （平行于 V 面，与 H、W 面倾斜）	侧平线 （平行于 W 面，与 H、V 面倾斜）
立体图			
投影图			
投影特性	① H 面投影 $ab = AB$ ② V 面投影 $a'b' // OX$，W 面投影 $a''b'' // OY_W$，两者都不反映实长 ③ ab 与 OX 轴、OY_H 轴的夹角 β、γ 等于 AB 对 V、W 面的倾角	① V 面投影 $c'd' = CD$ ② H 面投影 $cd // OX$，W 面投影 $c''d'' // OZ$，两者都不反映实长 ③ $c'd'$ 与 OX 轴、OZ 轴的夹角 α、γ 等于 CD 对 H、W 面的倾角	① W 面投影 $e''f'' = EF$ ② H 面投影 $ef // OY_H$，V 面投影 $e'f' // OZ$，两者都不反映实长 ③ $e''f''$ 与 OY_W 轴、OZ 轴的夹角 α、β 等于 EF 对 H、V 面的倾角
	小结：① 在所平行的投影面上的投影反映实长 　　　② 其他两面投影平行于相应的投影轴 　　　③ 反映实长的投影与投影轴所夹的角度，等于直线对相应投影面的倾角		

2）投影面垂直线

在三投影面体系中，垂直于某一投影面的直线称为投影面垂直线。其中，垂直于 H 面的直线称为铅垂线，垂直于 V 面的直线称为正垂线，垂直于 W 面的直线称为侧垂线。投影面垂直线的投影特性如表 2-2 所示。

表 2-2 投影面垂直线的投影特性

名称	铅垂线 （垂直于 H 面，平行于 V、W 面）	正垂线 （垂直于 V 面，平行于 H、W 面）	侧垂线 （垂直于 W 面，平行于 H、V 面）
立体图			
投影图			
投影特性	① H 面投影 $a(b)$ 积聚为一点 ② $a'b' = a''b'' = AB$，且 $a'b' \perp OX$、$a''b'' \perp OY_W$	① V 面投影 $c'(d')$ 积聚为一点 ② $cd = c''d'' = CD$，且 $cd \perp OX$、$c''d'' \perp OZ$	① W 面投影 $e''(f'')$ 积聚为一点 ② $ef = e'f' = EF$，且 $ef \perp OY_H$、$e'f' \perp OZ$
	小结：① 在所垂直的投影面上的投影具有积聚性 　　　② 其他两面投影反映实长，且垂直于相应的投影轴		

随堂笔记

3. 直线上点的投影

1）投影特性

直线上点的投影具有从属性和定比性。

（1）从属性。

直线上任意一点的投影必在该直线的同面投影上。反之，只要一点的三面投影中有一面投影不在该直线的同面投影上，则该点不在该直线上。

如图 2-14 所示，若点 C 在 AB 上，则点 c 必定在 ab 上，点 c' 必定在 $a'b'$ 上，点 c'' 必定在 $a''b''$ 上。

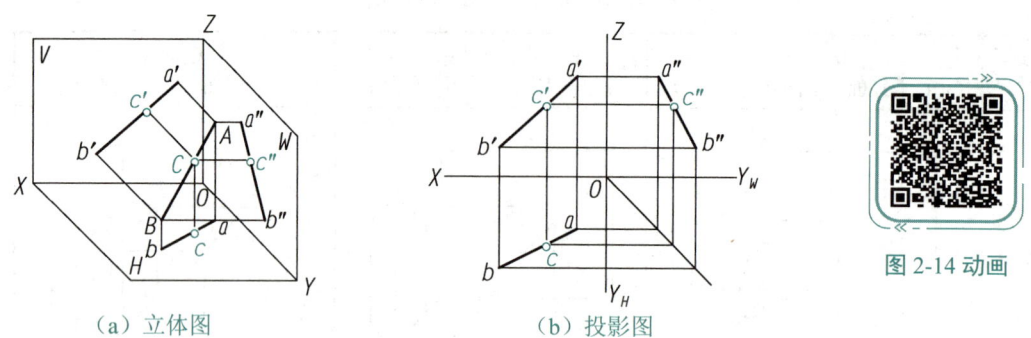

(a) 立体图　　　　(b) 投影图

图 2-14　直线上点的投影

（2）定比性。

直线上的点将直线按一定比例进行分割，分割后各分割线段的长度之比与各分割线段投影的长度之比相等。在图 2-14 中，$AC:CB = ac:cb = a'c':c'b' = a''c'':c''b''$。

2）画法

如图 2-15（a）所示，已知直线 AB 的三面投影和直线 AB 上点 C 的 H 面投影 c，若要作出点 C 的 V 面投影 c' 和 W 面投影 c''，则画法如图 2-15（b）所示。

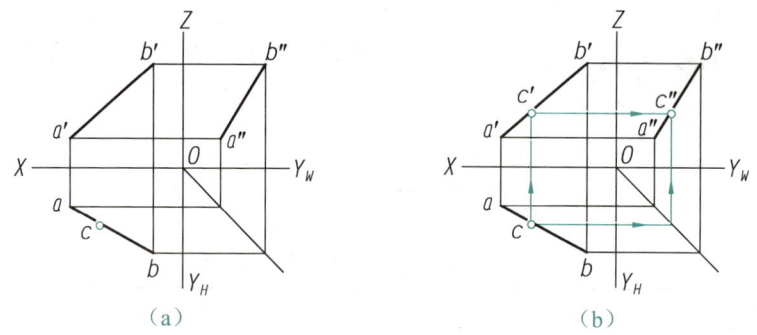

(a)　　　　　　　　(b)

图 2-15　直线上点的投影画法

4. 两直线的相对位置

两直线的相对位置有平行、相交和交叉三种。其中，平行的两直线和相交的两直线称为共面直线，交叉的两直线称为异面直线。

1）两直线平行

如果两直线平行，则它们的各组同面投影一定相互平行。反之，若两直线的各组同面投影均相互平行，则这两条直线一定为平行关系。此外，如果两直线平行，则它们的长度之比等于它们同面投影的长度之比。

如图 2-16 所示，直线 AB 与直线 CD 平行，则 ab ∥ cd、a'b' ∥ c'd'、a″b″ ∥ c″d″，且 AB∶CD = ab∶cd = a'b'∶c'd' = a″b″∶c″d″。

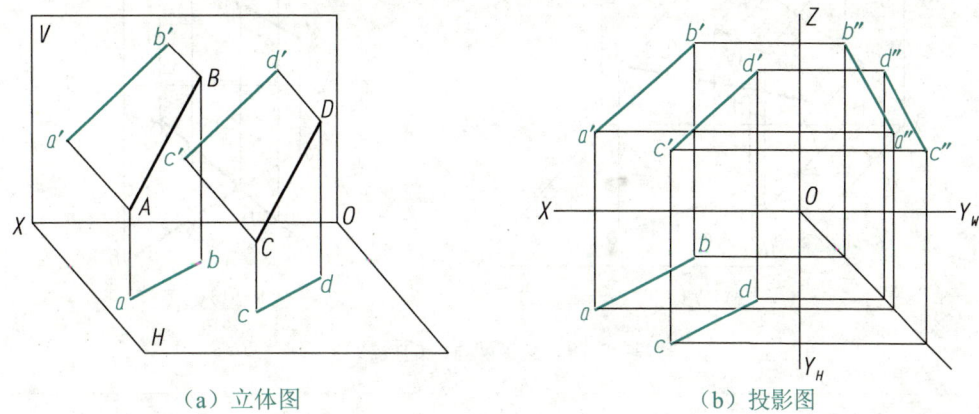

（a）立体图　　　　　　　　　（b）投影图

图 2-16　平行两直线的投影

2）两直线相交

如果两直线相交，则它们的各组同面投影一定相交，且交点的投影符合直线上点的投影规律。反之，如果两直线的各组同面投影都相交，且交点的投影均符合直线上点的投影规律，则这两条直线一定相交。

如图 2-17 所示，直线 AB 和直线 CD 相交于点 K，则其投影 ab 与 cd 相交于点 k，a'b' 与 c'd' 相交于点 k'，a″b″ 与 c″d″ 相交于点 k″，且点 k、k'、k″ 符合直线上点的投影规律。

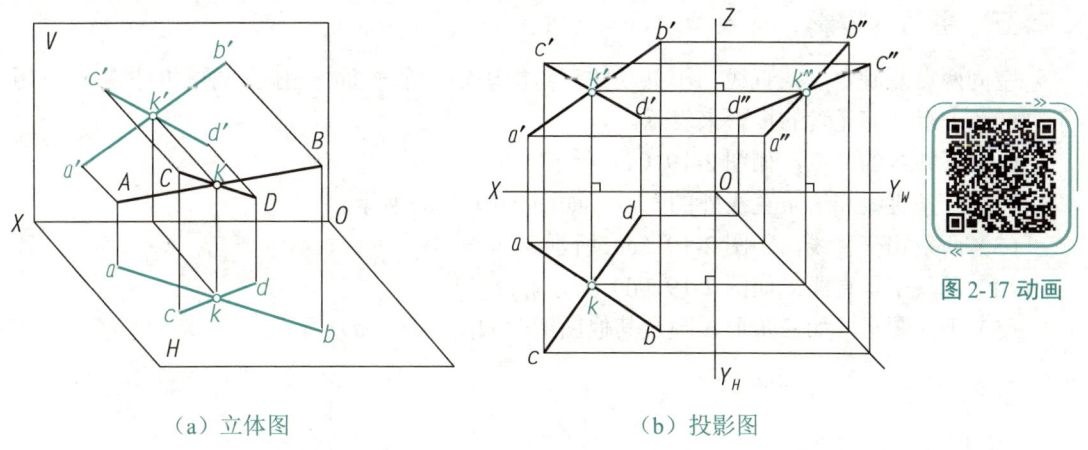

（a）立体图　　　　　　　　　（b）投影图

图 2-17　相交两直线的投影

图 2-17 动画

3）两直线交叉

如果两直线既不平行也不相交，则两直线交叉。交叉的两直线的同面投影可能有一组、两组或三组分别相交，但其交点的投影并不符合直线上点的投影规律。反之，如果两直线的各组同面投影既不符合两直线平行的投影规律，也不符合两直线相交的投影规律，则这两条直线一定交叉。

如图 2-18 所示，直线 AB 和 CD 交叉，这两条直线在 V 面和 H 面的投影均相交，但在 V 面投影中的交点与 H 面投影中的交点的投影并不符合直线上点的投影规律。

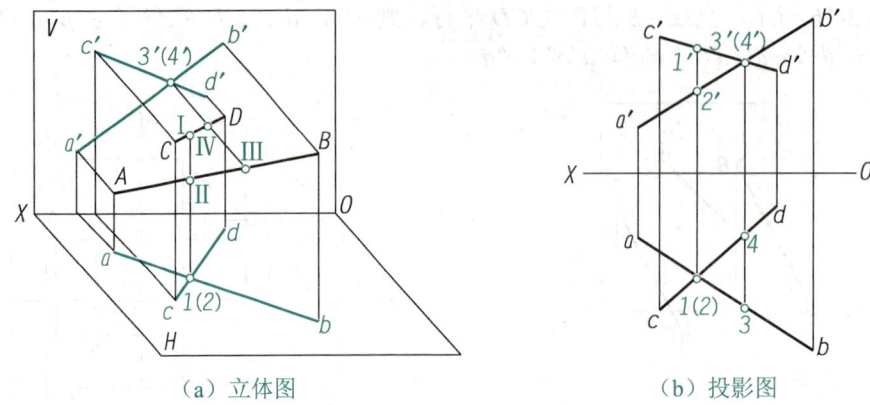

(a) 立体图　　　　　　　　　　(b) 投影图

图 2-18　交叉两直线的投影

📋 随堂笔记

五、平面的投影

空间两点能确定一条直线，不共线的三点能确定一个平面。因此，平面的投影可以用下列任意一组几何元素的投影来表示。

（1）不共线的三点，如图 2-19（a）所示。
（2）一条直线和这条直线外的一点，如图 2-19（b）所示。
（3）两条相交直线，如图 2-19（c）所示。
（4）两条平行直线，如图 2-19（d）所示。
（5）平面图形，如三角形、圆及其他图形，如图 2-19（e）所示。

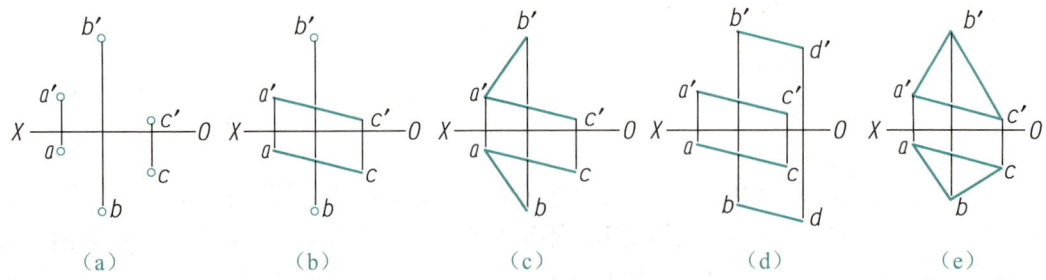

(a)　　　　(b)　　　　(c)　　　　(d)　　　　(e)

图 2-19　平面投影的表示方法

在三投影面体系中，根据平面与投影面相对位置的不同，平面可分为一般位置平面和特殊位置平面两种。

1. 一般位置平面的投影

在三投影面体系中，与三个投影面都倾斜的平面称为一般位置平面，其投影如图 2-20 所示。其中，△ABC 对三个投影面都倾斜，其各面投影虽然仍是三角形，但都不反映实形，而是原平面图形的类似形——边数相同、形状类似。

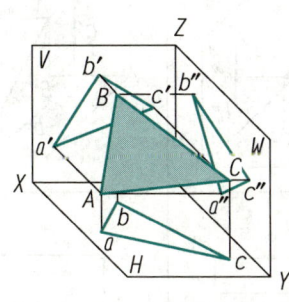
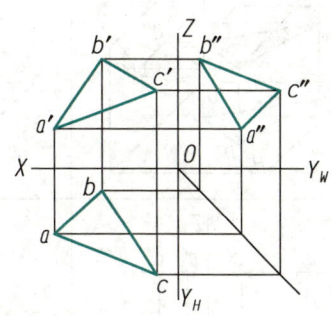

（a）立体图　　　　　　　　　　（b）投影图

图 2-20　一般位置平面的投影

> **点拨**
>
> 作平面图形的投影时，可先作出平面图形各顶点的投影，然后分别将各顶点的同面投影依次连接起来即可。

随堂笔记

2. 特殊位置平面的投影

与投影面平行或垂直的平面称为特殊位置平面，它可分为投影面平行面和投影面垂直面两种。

1) 投影面平行面

在三投影面体系中，平行于某一投影面的平面称为投影面平行面。其中，平行于 H 面的平面称为水平面，平行于 V 面的平面称为正平面，平行于 W 面的平面称为侧平面，它们的投影特性如表 2-3 所示。

表 2-3 投影面平行面的投影特性

名称	水平面（平行于 H 面）	正平面（平行于 V 面）	侧平面（平行于 W 面）
立体图			
投影图			
投影特性	① H 面投影反映实形 ② V 面投影积聚为一条线段，且平行于 OX 轴 ③ W 面投影积聚为一条线段，且平行于 OY_W 轴	① V 面投影反映实形 ② H 面投影积聚为一条线段，且平行于 OX 轴 ③ W 面投影积聚为一条线段，且平行于 OZ 轴	① W 面投影反映实形 ② H 面投影积聚为一条线段，且平行于 OY_H 轴 ③ V 面投影积聚为一条线段，且平行于 OZ 轴
	小结：① 在所平行的投影面上的投影反映实形 ② 其他投影为有积聚性的线段，且平行于相应的投影轴		

2）投影面垂直面

在三投影面体系中，垂直于某一投影面并与另外两个投影面都倾斜的平面称为投影面垂直面。其中，垂直于 H 面的平面称为铅垂面，垂直于 V 面的平面称为正垂面，垂直于 W 面的平面称为侧垂面。投影面垂直面的投影特性如表 2-4 所示。

表 2-4 投影面垂直面的投影特性

名称	铅垂面（垂直于 H 面）	正垂面（垂直于 V 面）	侧垂面（垂直于 W 面）
立体图			

续表

名称	铅垂面（垂直于 H 面）	正垂面（垂直于 V 面）	侧垂面（垂直于 W 面）
投影图	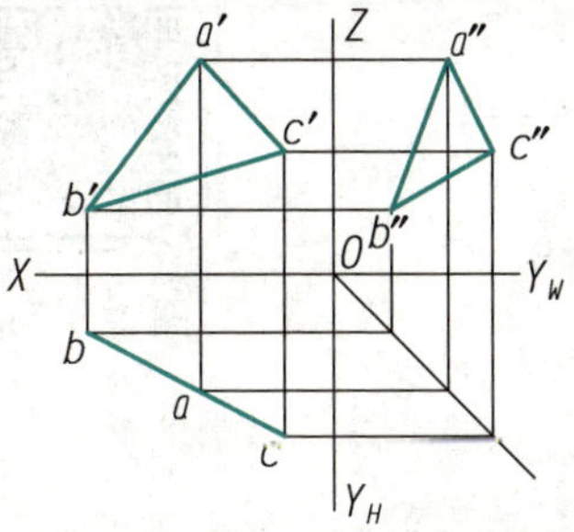	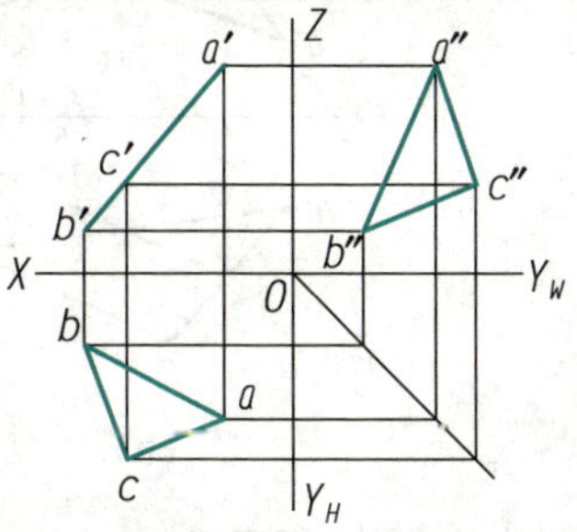	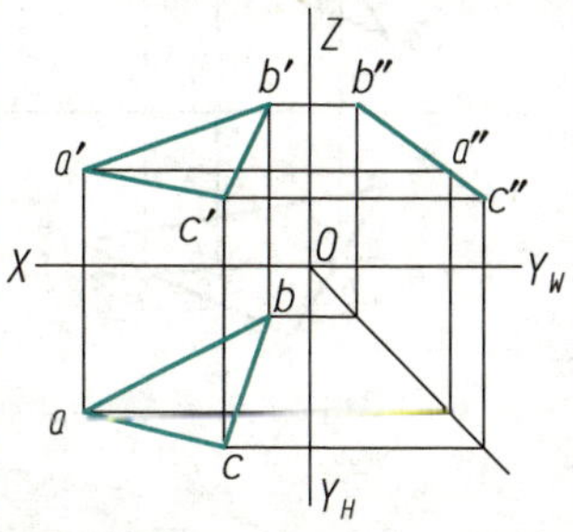
投影特性	① H 面投影积聚为一条倾斜线段 ② V 面投影和 W 面投影为原形的类似形	① V 面投影积聚为一条倾斜线段 ② H 面投影和 W 面投影为原形的类似形	① W 面投影积聚为一条倾斜线段 ② V 面投影和 H 面投影为原形的类似形
	小结：① 在所垂直的投影面上积聚为一条与投影轴倾斜的线段 　　　② 其他两面投影为原形的类似形		

随堂笔记

3. 平面上直线和点的投影

1）平面上的直线

具备下列两个条件之一的直线，必在给定的平面上。

（1）一条直线若经过平面上的两点，则该直线必定在该平面上。

（2）一条直线若经过平面上的一点且平行于该平面上的另一条直线，则该直线必在该平面上。

如图 2-21（a）所示，根据上述条件（1）作图：在直线 AB 上任取一点 M，其投影分别为点 m 和点 m'；在直线 BC 上任取一点 N，其投影分别为点 n 和 n'；连接点 M 和点 N 的同面投影。由于点 M 和点 N 均在平面 ABC 上，因此 mn 和 $m'n'$ 所表示的直线 MN 必在平面 ABC 上。K 在 MN 直线上，K 的投影符合点的投影规律。

如图 2-21（b）所示，根据上述条件（2）作图：在直线 AB 上任取一点 M，其投影分别为点 m 和点 m'；在平面 ABC 上任取一点 D，使直线 MD 平行于已知直线 BC，点 D 的投影分别为点 d 和点 d'；连接点 M 和点 D 的同面投影。由于点 M 和直线 BC 均在平面 ABC 上，且直线 MD 平行于直线 BC，因此 md 和 $m'd'$ 所表示的直线 MD 必在平面 ABC 上。

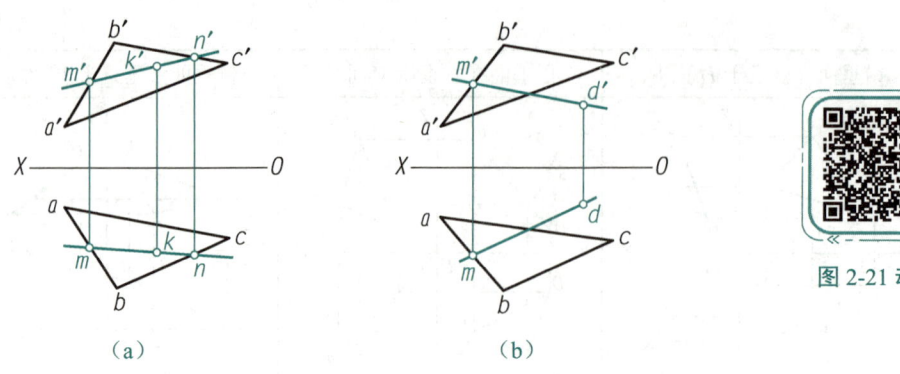

(a) (b)

图 2-21 在给定的平面上取直线

学以致用

【例 2-2】如图 2-22（a）所示，在平面 ABC 上作一条水平线，使其到 H 面的距离为 10 mm。

分析： 根据水平线的投影特性，其 V 面投影为平行于 OX 轴的直线，又根据水平线到 H 面的距离即可作出其 V 面投影，再根据直线在平面内的投影特性，可作出其 H 面投影。

作图步骤：

如图 2-22（b）所示，作一条与 OX 轴平行且与 OX 轴相距 10 mm 的平行线，交直线 a'b' 于点 m'，交直线 a'c' 于点 n'，连接这两个交点，直线 m'n' 即为水平线在 V 面上的投影；根据直线上点的投影的从属性，作出点 M 和点 N 的 H 面投影点 m 和点 n，连接这两个点，直线 mn 即为水平线的 H 面投影；描深加粗图线，直线 m'n'、mn 即为所求作直线的两面投影。

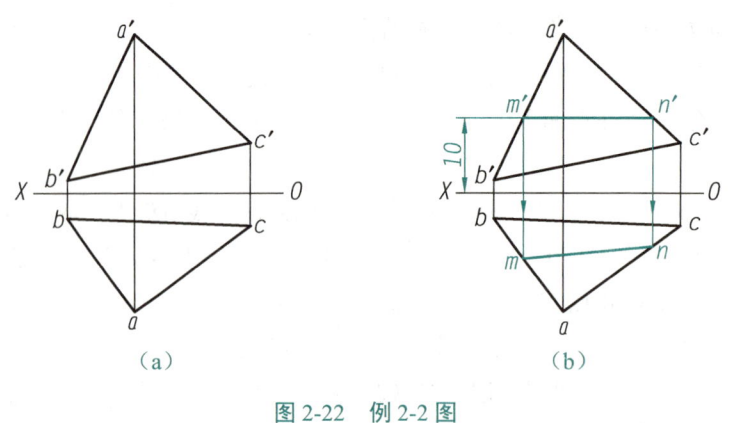

(a) (b)

图 2-22 例 2-2 图

2）平面上的点

点在平面上的条件是点在该平面的任意一条直线上。因此，在平面上取点时，应先取平面上点所在的直线，再在直线上取点。

项目二 立体的投影规律及应用

 学以致用

【例 2-3】 如图 2-23（a）所示，已知平面 ABC 上点 E 的 V 面投影 e' 和点 F 的 H 面投影 f，试作出它们的另一面投影。

分析： 由于点 E 和点 F 在平面 ABC 上，因此在平面 ABC 上过点 E 和点 F 各作一条直线，则点 E 和点 F 的另一面投影必在相应直线的同面投影上。

作图步骤：

（1）如图 2-23（b）所示，首先过点 E 作直线 AB 的平行线 $I\,II$，即过点 e' 作直线 $a'b'$ 的平行线 $1'2'$；然后作直线 $I\,II$ 的 H 面投影 12；最后过点 e' 作 OX 轴的垂线并与直线 12 相交，交点 e 即为点 E 的 H 面投影。

（2）过点 F 和点 A 作直线，即过点 f 作直线 FA 的 H 面投影直线 fa，并与直线 bc 相交于点 3，再作出该交点的 V 面投影点 $3'$；然后过点 f 作 OX 轴的垂线，该垂线与直线 $a'3'$ 相交于点 f'，该交点即为点 F 的 V 面投影。

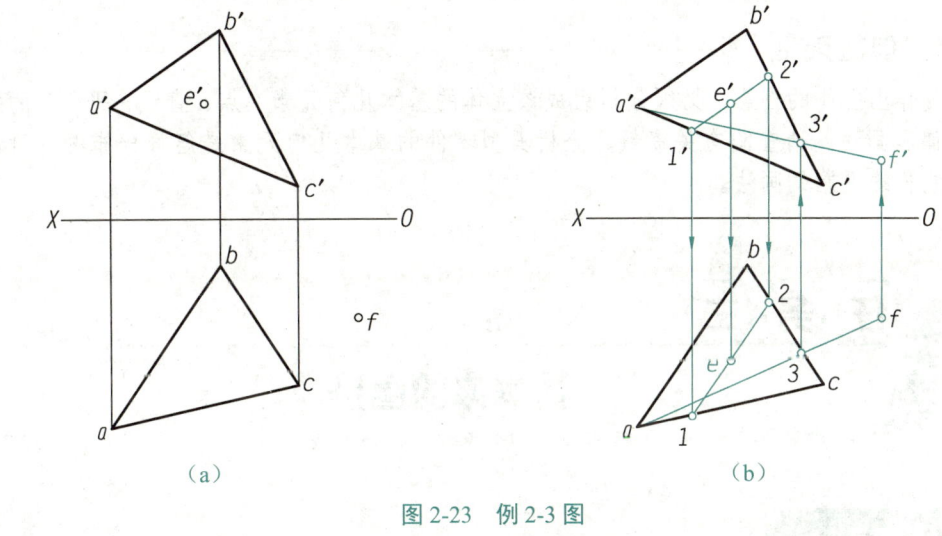

图 2-23 例 2-3 图

任务实施——作出连接直线的投影

分析： 由于图 2-1 所求作的连接直线 EF 同时平行于 H 面和 V 面，因此该直线为侧垂线，它在 W 面上的投影积聚为一点，且该点必为直线 AB、CD 在 W 面上投影的重影点。作图时，可利用点和直线的投影规律，先作出直线 AB、CD 的 W 面投影，再由重影点作出直线 EF 的另外两面投影。

作图步骤：

（1）作出投影轴，作出直线 AB、CD 的侧面投影 $a''b''$、$c''d''$，$a''b''$ 与 $c''d''$ 的交点即为连接直线 EF 的侧面投影 $e''f''$，如图 2-24（a）所示。

（2）由 $e''f''$ 作出 ef，然后由 ef 作出 $e'f'$，即可完成作图，如图 2-24（b）所示。

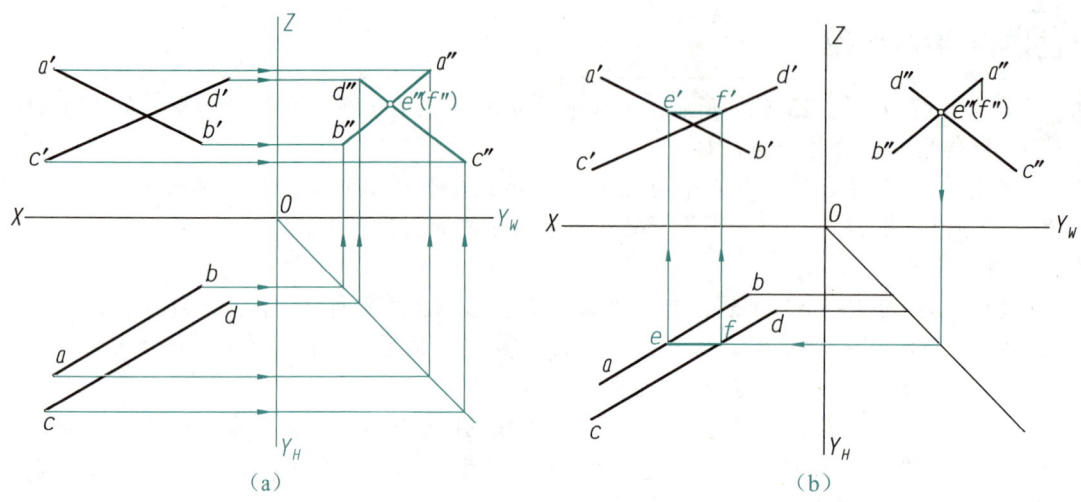

图 2-24 作出连接直线的投影

 **创想天地**

要作出立体的投影，必须分析组成该立体的基本几何元素（点、直线、平面）的投影规律和画法。请查阅有关资料，分析典型零件的基本几何元素是怎样分布的，讨论一下它们的投影的画法。

基本体的画法

任务引入

"万丈高楼平地起""基础不牢，地动山摇"，这些话都强调着基础的重要性。同样，要学会识读与绘制复杂的机械图样，应先学会绘制基本体的三视图。只有熟练掌握各种基本体的投影特性及其三视图的画法，才能正确分析复杂的机械图样。如图 2-25 所示为三棱柱的主视图和俯视图，其中直线 AB 在三棱柱的表面上。请作出该三棱柱及其表面直线的三视图。

本任务首先介绍常见平面立体和回转体的画法，然后介绍基本体的尺寸注法。

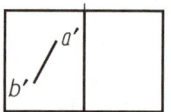

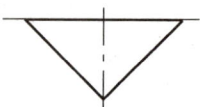

图 2-25 三棱柱的主视图和俯视图

项目二　立体的投影规律及应用

相关知识

一、平面立体的画法

在工程中，通常把按一定规律形成的单一立体称为基本体，它可分为平面立体和曲面立体两种。其中，平面立体是指表面均为平面的基本体，常见的有棱柱、棱锥等，如图 2-26 所示。绘制平面立体的投影，就是按照投影规律作出立体表面上所有轮廓线的投影，并将可见轮廓线画成粗实线，不可见轮廓线画成虚线。下面分别以棱柱和棱锥为例来介绍平面立体的画法。

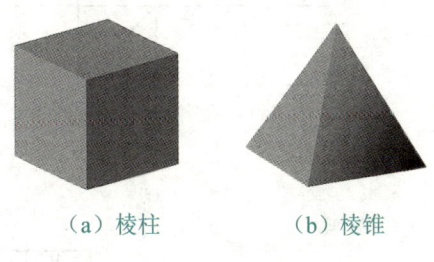

（a）棱柱　　　（b）棱锥

图 2-26　常见的平面立体

1. 棱柱

棱柱是由上、下底面和若干侧面围成的平面立体，棱柱上相邻侧面的交线称为侧棱线。棱柱可分为直棱柱和斜棱柱两种。其中，直棱柱的上、下底面是全等且相互平行的多边形，这两个多边形决定了棱柱的形状，称为特征面，而直棱柱的侧面、侧棱线均垂直于特征面。上、下底面为正多边形的直棱柱称为正棱柱。下面以正六棱柱为例来介绍棱柱投影的画法。

1）棱柱的投影

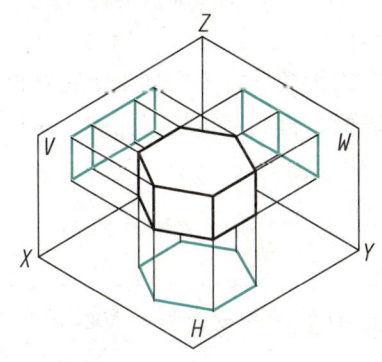

图 2-27　正六棱柱的投影

如图 2-27 所示，将正六棱柱置于三投影面体系中。为了便于作图，可使正六棱柱的上、下底面（正六边形）平行于水平面，并使前后两个侧面与正面平行。此时，正六棱柱的一个投影为正六边形，另外两个投影为矩形，其投影特性如下：

（1）水平投影为正六边形，反映上、下底面的实形。该正六边形的六个顶点是六条侧棱线（铅垂线）的积聚投影。

（2）正面投影为三个矩形。其中，中间矩形为前后两个侧面的重合投影，左侧矩形为左侧前后两个侧面的重合投影，右侧矩形为右侧前后两个侧面的重合投影。

（3）侧面投影为两个矩形，分别为左、右四个铅垂侧面的重合投影。

2）棱柱的三视图

在绘制棱柱的三视图时，应先作出能反映棱柱底面实形的投影（即棱柱侧面的积聚投影），再根据"三等"规律作出另外两个投影。不同棱柱的三视图，其画法大致相同。下面以正六棱柱为例介绍棱柱三视图的作图步骤。

（1）先作出各投影轴及 45°辅助线，然后作出正六棱柱的对称中心线和底面基准线，以确定各视图的位置，如图 2-28（a）所示。

（2）先作出反映正六棱柱主要形体特征的视图，即作出俯视图中的正六边形，然后按照"长对正"的投影规律及正六棱柱的高度作出主视图，如图 2-28（b）所示。

（3）根据"高平齐、宽相等"的投影规律作出左视图，如图 2-28（c）所示。

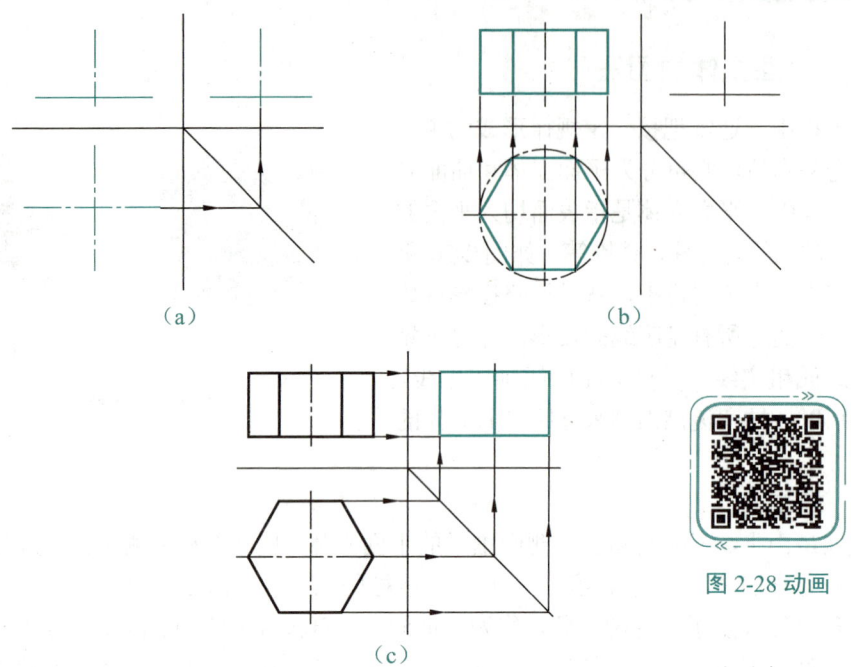

图 2-28 正六棱柱三视图的作图步骤

3）在棱柱表面上取点

在棱柱表面上取点的方法与在平面上取点的方法相同。由于棱柱各表面均处于特殊位置，因此作棱柱表面上点的投影时，应先确定该点所在的表面，再利用棱柱表面的积聚性作出该点的投影。

学以致用

【例 2-4】如图 2-29（a）所示，已知正六棱柱表面上点 M 的水平投影和点 N 的正面投影，试作出这两点的另外两面投影。

作图步骤：

（1）由于点 M 的水平投影 m 不可见，因此可判断该点位于正六棱柱的底面上。由于棱柱底面的正面投影和侧面投影都具有积聚性，因此点 M 的正面投影 m' 和侧面投影 m'' 必定在底面的同面投影上，可根据点的投影规律作出点 m' 和点 m''，如图 2-29（b）所示。

（2）由于点 N 的正面投影 n' 不可见，因此可判断点 N 在铅垂侧面 AA_1F_1F 上。该侧面的水平投影积聚为直线 af，由点 n' 向下作投影线，该投影线与直线 af 的交点 n 即为点 N 的水平投影，然后根据点的投影规律作出点 n''，如图 2-29（b）所示。

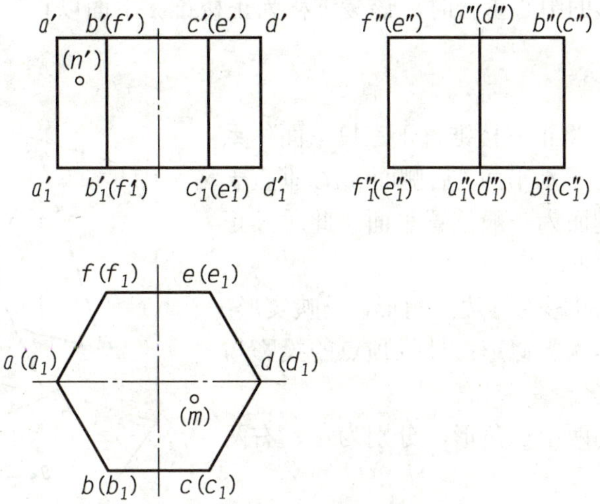

图 2-29 例 2-4 图

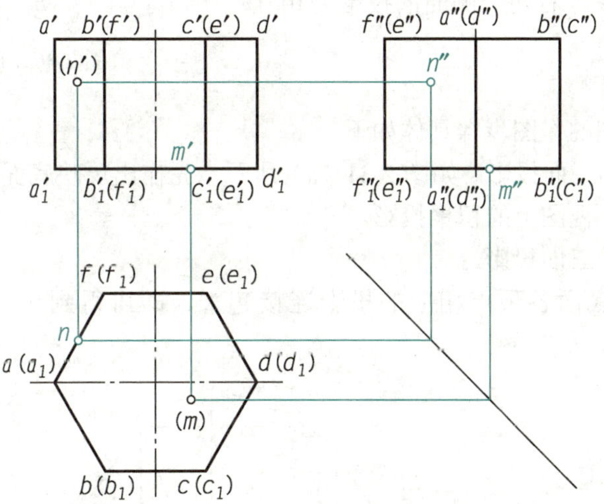

图 2-29 动画

2. 棱锥

棱锥是由一个底面和若干个侧面围成的平面立体。其中，棱锥底面为特征面，它是一个多边形；棱锥各侧面为若干个具有公共顶点的三角形，相邻两侧面的交线称为侧棱线。常用的棱锥有三棱锥、四棱锥、五棱锥等。当棱锥底面为正多边形且棱锥顶点在棱锥底面上的投影与正多边形的中心重合时，该棱锥称为正棱锥。下面以正三棱锥为例来介绍棱锥投影的画法。

1）棱锥的投影

如图 2-30 所示，将正三棱锥置于三投影面体系中，使底面 ABC 平行于水平面，后侧面 SAC 垂直于侧面，则另外两个侧面为一般位置平面。此时，正三棱锥的投影特性如下。

（1）底面的水平投影为等边三角形，反映实形；三个侧面的水平投影为类似形；棱锥顶点的投影与等边三角形的中心重合。

（2）正面投影为两个三角形，分别为左、右两个侧面的类似形。

（3）侧面投影为一个三角形。其中，后侧面积聚为一条直线段，左、右两个侧面的投影为相互重合的三角形。

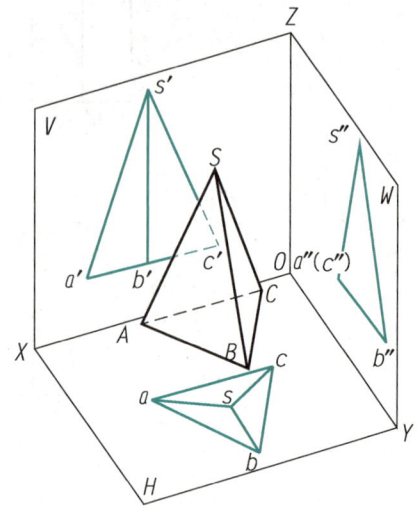

图 2-30　正三棱锥的投影

2）棱锥的三视图

正三棱锥三视图的作图步骤具体如下。

（1）作出底面的三面投影。如图 2-31（a）所示，先作出反映底面实形的水平投影，再作出底面在另外两个视图上的积聚投影。

（2）作出锥顶的三面投影。

（3）将锥顶与底面各顶点相应的投影连接起来，即可得到正三棱锥的三视图，如图 2-31（b）所示。

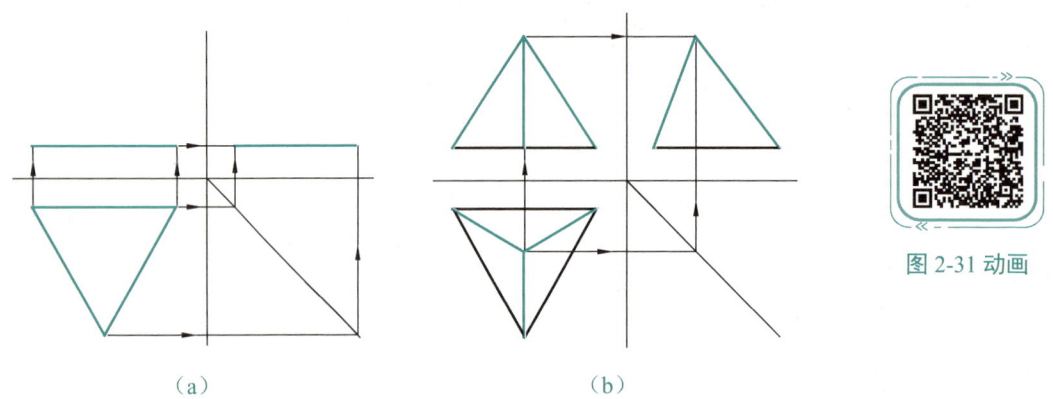

图 2-31　正三棱锥三视图的作图步骤

图 2-31 动画

3）在棱锥表面上取点

棱锥的表面可能是特殊位置平面，也可能是一般位置平面。如果点所在的表面为特殊位置平面，则点的投影可利用平面投影的积聚性直接作出；如果点所在的表面为一般位置平面，则点的投影可通过作辅助线的方法作出。

项目二　立体的投影规律及应用

 学以致用

【例 2-5】 如图 2-32（a）所示，已知三棱锥表面上点 M 和点 N 的正面投影，试作出这两点的水平投影和侧面投影。

作图步骤：

（1）由于点 M 的正面投影不可见，因此该点在后侧面 SAC 上。后侧面 SAC 是侧垂面，其侧面投影具有积聚性，因此点 M 的侧面投影 m'' 一定在直线 $s''a''$ 上。根据点的投影规律，先作出点 m''，再由点 m' 和点 m'' 作出点 M 的水平投影 m，如图 2-32（b）所示。

图 2-32 动画

（2）由于点 N 的正面投影可见，因此该点在右侧面 SBC 上。首先过点 n' 作辅助线平行于 $b'c'$ 并与 $s'c'$ 交于点 $1'$；然后作出点 I 的水平投影点 1，过点 1 作平行于 bc 的直线，过点 n' 向下作投影线，两线交点即为点 N 的水平投影点 n；最后根据点的投影规律，由 n' 和点 n 作出点 N 的侧面投影点 n''。注意：点 N 的侧面投影不可见，要用括号括起来，如图 2-32（b）所示。

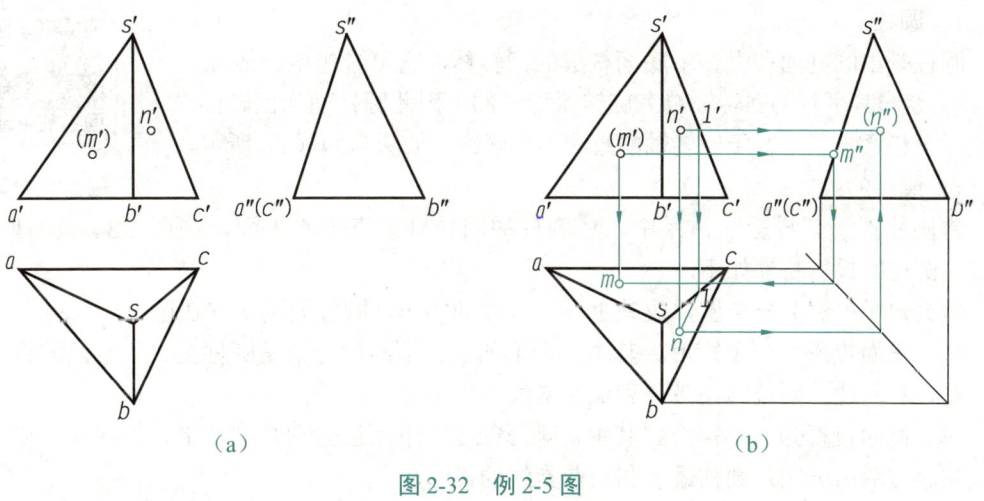

图 2-32　例 2-5 图

二、回转体的画法

曲面立体是指表面全部由曲面或由曲面和平面组成的基本体，而回转体是基本的曲面立体，如圆柱、圆锥、圆球等，如图 2-33 所示。

(a) 圆柱　　　　(b) 圆锥　　　　(c) 圆球

图 2-33　回转体

回转体上的曲面（也称回转面）是由一条母线（直线或曲线）绕回转轴旋转而形成的。对回转体进行投影就是对回转面的转向轮廓线、底面和回转轴进行投影。下面分别以圆柱、圆锥、圆球为例来介绍回转体的画法。

 点拨

回转体由于其回转面是光滑曲面，因此其视图只需要画出对应投影中可见与不可见的分界线即可，该分界线称为轮廓线。

1. 圆柱

圆柱是由圆柱面和上、下底面构成的回转体，它可看作由直线 AA'（母线）绕与其平行的回转轴 OO' 旋转而形成的，因此圆柱面为回转面。圆柱面上任意一条平行于回转轴的直线称为素线，如图 2-34（a）所示。

1）圆柱的投影

图 2-34 动画

将圆柱置于三投影面体系中，使圆柱的回转轴垂直于水平面，如图 2-34（b）所示。此时，圆柱的投影特性如下。

（1）水平投影为一个圆，反映上、下底面的实形，圆柱面则积聚在圆上。

（2）正面投影为一个矩形。其中，矩形的上、下两边分别是圆柱上、下底面的积聚投影，左、右两边分别是圆柱最左和最右素线的投影。

（3）侧面投影为一个矩形。其中，矩形的上、下两边分别是圆柱上、下底面的积聚投影，左、右两边分别是圆柱最后和最前素线的投影。

2）圆柱的三视图

在投影面垂直于圆柱回转轴的视图中，圆柱的投影为圆；在投影面平行于圆柱回转轴的两个视图中，圆柱的投影为两个全等的矩形。圆柱三视图的作图步骤如下。

（1）在三视图中作圆的中心线和圆柱的回转轴。

（2）在投影面垂直于圆柱回转轴的视图上作圆柱的投影。

（3）根据"三等"规律，在另外两个视图上作圆柱的投影。

3）在圆柱表面上取点

圆柱表面上点的投影，可根据圆柱表面投影的积聚性作出。如图 2-34（c）所示，已知圆柱面上点 M 的正面投影点 m'，其另外两面投影的作图步骤如下。

（1）由于点 M 的正面投影可见，且在中心线的左侧，因此该点在圆柱面的前半部分的左方。由于圆柱面的水平投影积聚为圆，因此点 M 的水平投影点 m 一定在该圆上，可根据点的投影规律作出。

项目二 立体的投影规律及应用

（2）根据"高平齐、宽相等"，由点 m' 和点 m 作出点 M 的侧面投影 m"。

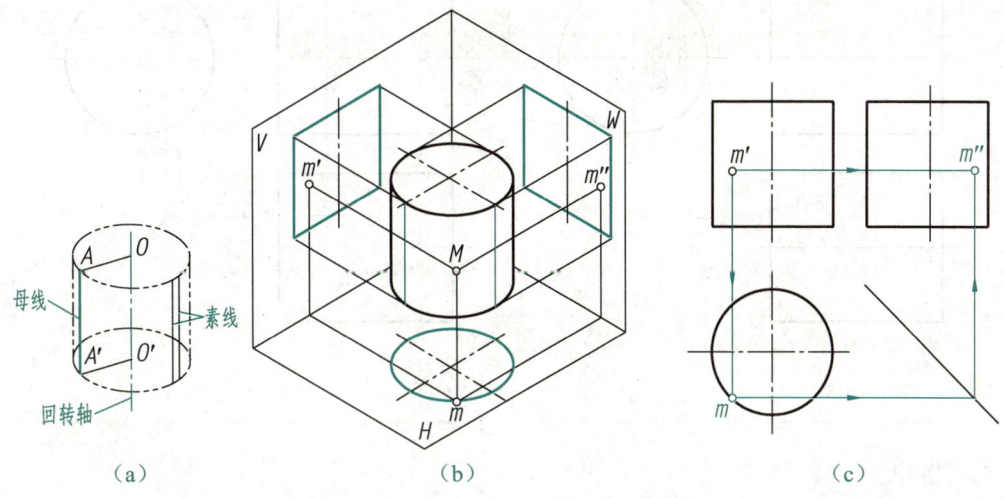

图 2-34 圆柱的三视图与圆柱表面上点的投影

📝 随堂笔记

学以致用

【例 2-6】 如图 2-35（a）所示，试作圆柱表面上点的三面投影。

分析： 在图 2-35（a）中，圆柱面的侧面投影积聚为一个圆，作圆柱面上的点时应先作其侧面投影；若点的投影在圆内，则点必在圆柱的底面上。

作图步骤：

（1）由于点 A 的侧面投影点 a" 在矩形的上边线上，因此点 A 在圆柱面的最上素线上。根据特殊素线的投影规律可作出点 A 的水平投影和侧面投影，如图 2-35（b）所示。

（2）由于点 B 的水平投影点 b 可见且在轴线的后面，因此点 B 在圆柱面后半部分的上方。首先作点 B 的侧面投影，根据"宽相等"作出点 b"；然后由点 b 和点 b" 作出点 b'。点 B 的正面投影点 b' 不可见，要用括号括起来，如图 2-35（b）所示。

（3）由于点 C 的侧面投影点 c" 在圆内且可见，因此点 C 在圆柱左侧底面上。根据点的投影规律即可作出点 C 的另外两面投影，如图 2-35（b）所示。

图 2-35 动画

55

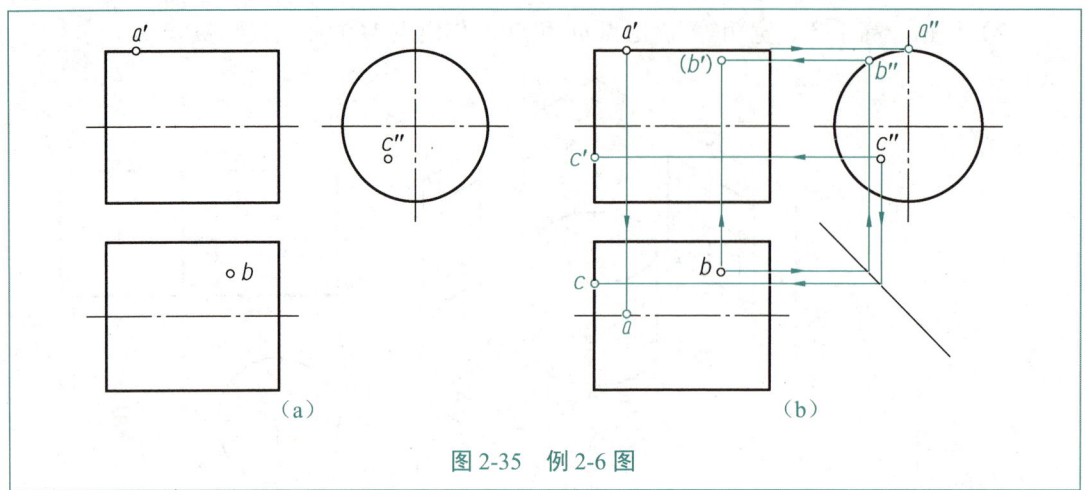

图 2-35　例 2-6 图

2. 圆锥

圆锥是由圆锥面和底面构成的回转体。如图 2-36（a）所示，圆锥面可看作由直线 SA（母线）绕与其相交的回转轴 SO 旋转而形成的。在圆锥面上，通过锥顶的任意一条直线都是圆锥面的素线。

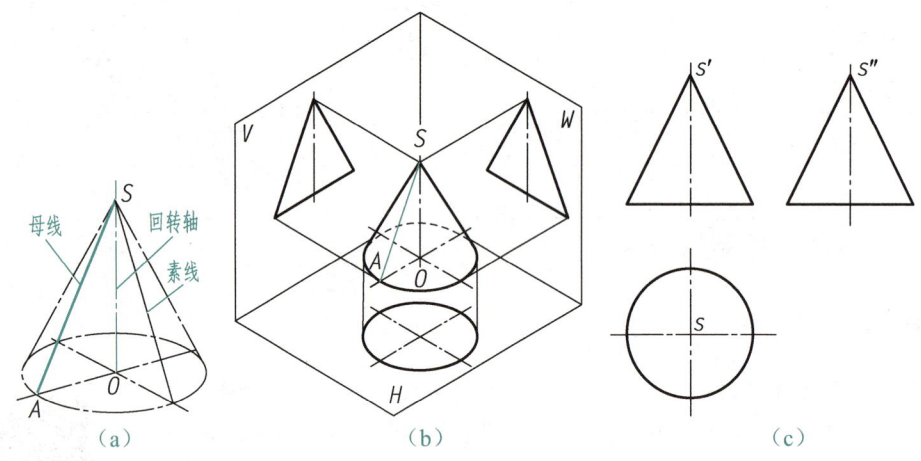

图 2-36　圆锥面的形成及三视图

1）圆锥的投影

如图 2-36（b）所示，将圆锥置于三投影面体系中，使圆锥的轴线垂直于水平面。此时，圆锥的投影特性如下。

（1）水平投影为一个圆和中心一点（点无大小，不画出），反映圆锥底面的实形，同时也是圆锥面的投影。

（2）正面投影和侧面投影均为等腰三角形，且等腰三角形的底边均为圆锥底面的积聚投影。在正面投影中，等腰三角形的两腰分别是圆锥面最左和最右素线的投影；在侧面投影中，等腰三角形的两腰分别是圆锥面最后和最前素线的投影。

项目二 立体的投影规律及应用

2）圆锥的三视图

在投影面垂直于圆锥回转轴的视图中，圆锥的投影为圆；在投影面平行于圆锥回转轴的两个视图中，圆锥的投影为两个全等的等腰三角形。圆锥三视图的作图步骤如下，如图 2-36（c）所示。

（1）在俯视图上作出圆锥底面的中心线，在主视图和左视图上作出圆锥的回转轴。

（2）先在投影面垂直于圆锥回转轴的视图上作圆锥底面的投影，再在另外两个视图上作圆锥底面和锥顶的投影。

（3）连接圆锥轮廓线，即可得到圆锥的三视图。

3）在圆锥表面上取点

圆锥底面的投影具有积聚性，圆锥底面上的点可以直接作出；圆锥面没有积聚性，圆锥面上的点需要用辅助线法才能作出。根据辅助线作用的不同，辅助线法可分为辅助素线法和辅助圆法两种。其中，利用辅助素线法所作的辅助线是圆锥的素线，利用辅助圆法所作的辅助线是与底面平行的圆。

学以致用

【例 2-7】如图 2-37（a）所示，已知圆锥面上点 M 的正面投影点 m'，试作出该点的另外两面投影。

分析： 由于点 M 的正面投影可见，因此点 M 位于圆锥的前半圆锥面上，其水平投影和侧面投影都可见。由于圆锥面没有积聚性，因此必须利用辅助线才能作出点 M 的另外两面投影。

辅助素线法作图步骤：

（1）如图 2-37（b）所示，在主视图上用细实线连接三角形的顶点 s' 和点 m' 并延长，与三角形的底边相交于点 e'。

（2）由于点 E 在圆锥底面上且可见，因此根据点的投影规律可直接作出该点的水平投影点 e。

（3）连接 se。由于点 M 在直线 SE 上，因此点 M 的水平投影点 m 也一定在直线 se 上。根据点的投影规律可依次作出点 M 的水平投影点 m 和侧面投影点 m''。

辅助圆法作图步骤：

（1）如图 2-37（c）所示，过点 m' 作与三角形底边平行的直线，与三角形分别交于点 a' 和点 b'，直线 $a'b'$ 即为一个与底面平行的小圆的正面投影。

（2）以 $a'b'$ 为直径在水平面上作圆锥底面的同心圆，点 M 的水平投影点 m 一定在该同心圆上。根据点的投影规律可依次作出点 M 的水平投影点 m 和侧面投影点 m''。

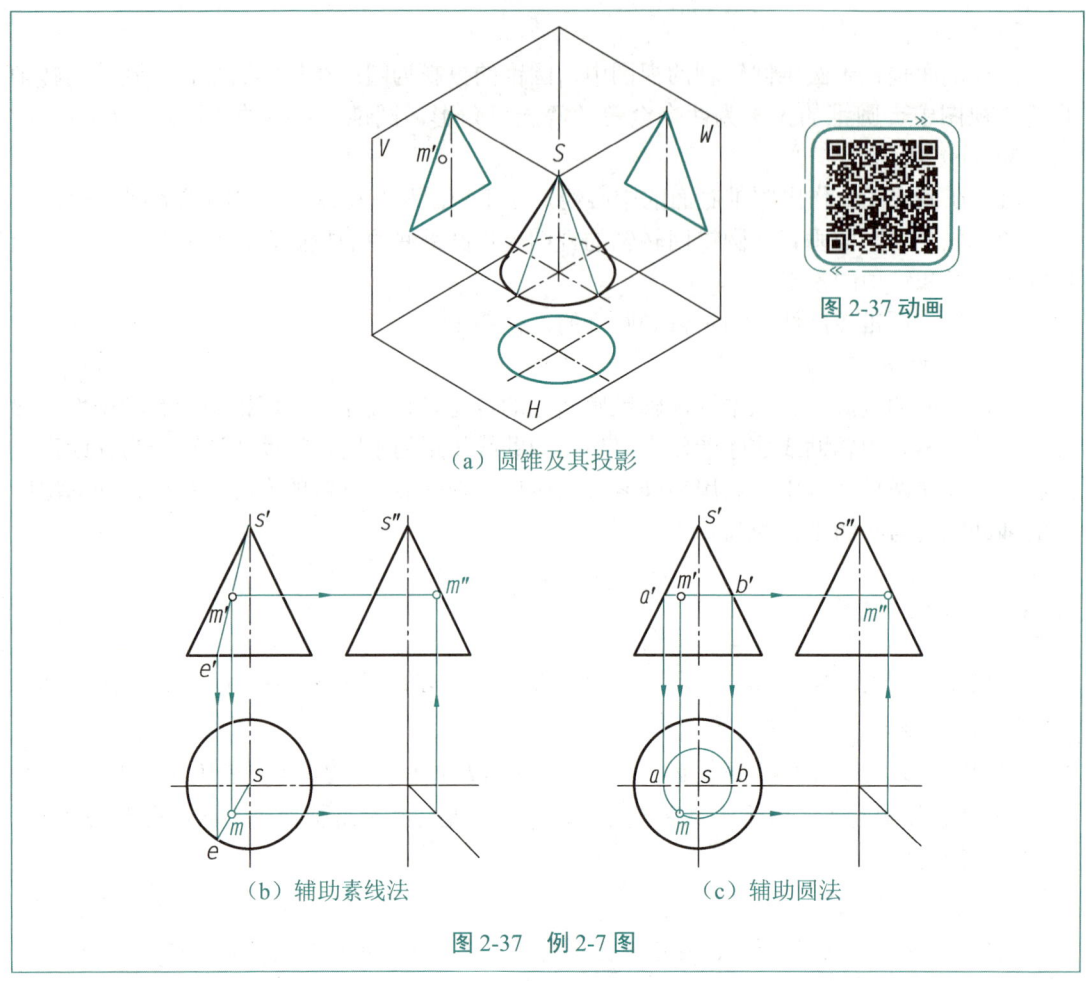

（a）圆锥及其投影

（b）辅助素线法　　　（c）辅助圆法

图 2-37　例 2-7 图

> 随堂笔记

3. 圆球

圆球可看作以半圆为母线绕其直径旋转而形成的回转体，其母线半圆上不同点的运动轨迹为大小不等的圆。

1）圆球的投影

圆球的三面投影均为与圆球直径相等的圆，这些圆是球面转向轮廓线在投影面上的投影，代表圆球上三个不同位置的纬圆，如图 2-38（a）所示。

2）圆球的三视图

圆球的三面投影都是圆。作圆球三视图时，应先作出三视图中各圆的中心线，再作圆。

3）在圆球表面上取点

由于圆球表面的投影无积聚性，因此除球面转向轮廓线上的点可直接作出外，圆球表面上的其他点均需要用辅助圆法才能作出。

 学以致用

【例2-8】如图2-38（a）所示，已知圆球表面上点 M 的正面投影点 m'，试作出点 M 的水平投影和侧面投影。

分析：由于点 M 的正面投影可见，且该投影位于圆球主视图的左下方，因此该点位于前半球面的左下方。由此可知，点 M 的水平投影不可见，侧面投影可见。

图 2-38 动画

作图步骤：

（1）过点 m' 作水平线，与圆球的正面投影相交于点 b' 和点 c'。

（2）以 $b'c'$ 为直径，在水平面上作圆球水平投影的同心圆，则点 M 的水平投影点 m 必定在该同心圆上。根据点的投影规律可依次作出点 M 的水平投影点 m 和侧面投影点 m''，如图2-38（b）所示。

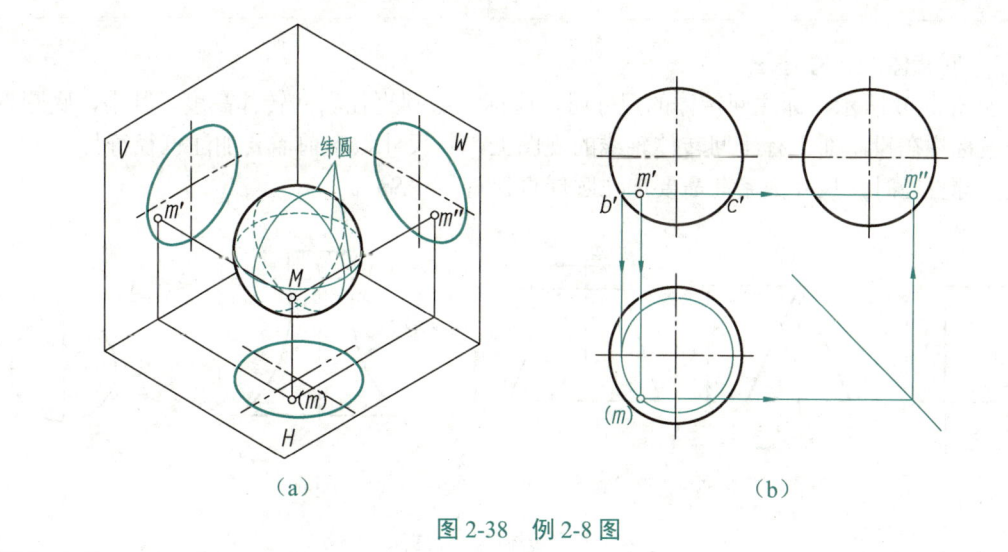

图 2-38 例 2-8 图

三、基本体的尺寸注法

视图只能表示立体的形状和结构，而立体各部分的大小和它们之间的相对位置则需要通过所标注的尺寸来表示。基本体的尺寸注法以能确定其基本形状和大小为原则，通常应将长度、宽度、高度三个方向上的尺寸标注齐全，既不能缺少尺寸，也不能重复标注尺寸。

1. 平面立体的尺寸注法

标注平面立体的尺寸时，除了标注表示其上、下底面形状大小的尺寸，还要标注高度尺寸。为了便于读图，确定平面立体上、下底面形状大小的尺寸宜标注在反映其实形的投

影上，确定平面立体高度的尺寸宜标注在另一投影上，如图 2-39 所示。

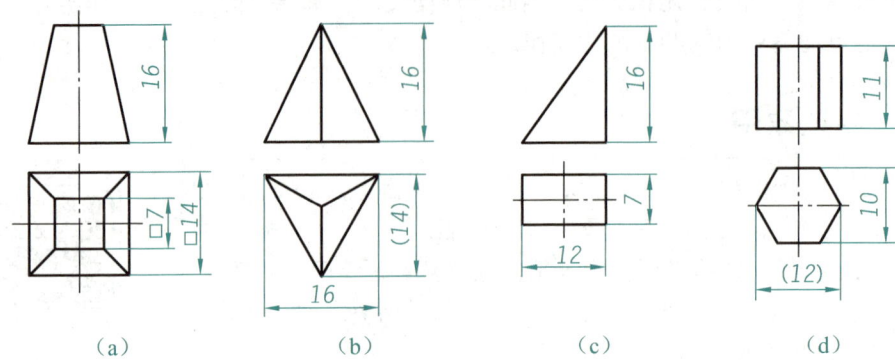

图 2-39　平面立体的尺寸注法

 点拨

如图 2-39（a）所示，标注正方形尺寸时应在正方形边长尺寸数字前加注正方形符号"□"；如图 2-39（b）、（d）所示，括号内的尺寸为平面立体的参考尺寸，可不标注。

2. 回转体的尺寸注法

如图 2-40 所示，标注回转体的尺寸时，应标注底圆直径和回转体高度。其中，底圆直径一般标注在投影面平行于回转体轴线的视图上，其尺寸数字前需要加注直径符号"ϕ"；标注圆球直径时，尺寸数字前需要加注圆球直径符号"$S\phi$"。

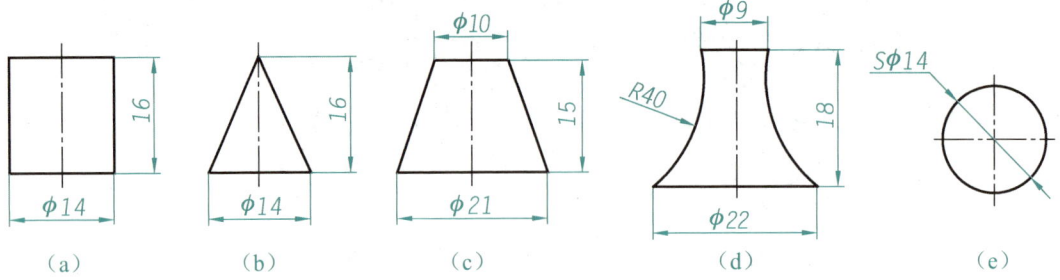

图 2-40　回转体的尺寸注法

随堂笔记

项目二 立体的投影规律及应用

任务实施——作出三棱柱及其表面直线的三视图

分析： 由图 2-25 可知，直线 AB 两端的点 A 和点 B 的正面投影均可见，因此直线 AB 位于三棱柱的左前侧棱面上。首先作出三棱柱的左视图，然后分别作出点 A 和点 B 在三棱柱俯视图和左视图中的投影，最后分别将点 A 和点 B 的投影连接即可。

作图步骤：

（1）作出投影轴，根据"高平齐、宽相等"的投影规律，作出三棱柱的左视图，如图 2-41（a）所示。

（2）根据点的投影规律分别作出点 A 和点 B 在三棱柱俯视图和左视图中的投影，连接点 a 和点 b、点 a'' 和点 b''，即可作出直线 AB 的另外两面投影，如图 2-41（b）所示。

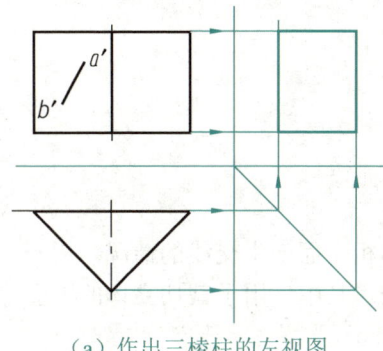 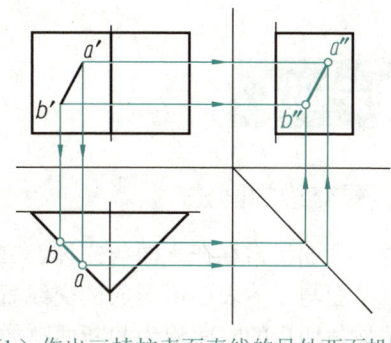

（a）作出三棱柱的左视图　　　　　（b）作出三棱柱表面直线的另外两面投影

图 2-41　作出三棱柱及其表面直线的三视图

创想天地

在工程实践中，视图是立体平面的图形表示形式，将视图转化成立体的思维想象过程称为读图。请查阅有关资料，分析基本体视图的读图方法。

立体表面交线的画法

任务引入

机件的表面是由立体的平面或曲面构成的，立体的平面或曲面相交会形成表面交线。了解这些表面交线的性质并掌握其画法，有助于正确表示机件的结构和形状。如图 2-42 所示为某机件的立体模型和两面视图，试分析该机件的表面交线并作出其主视图。

61

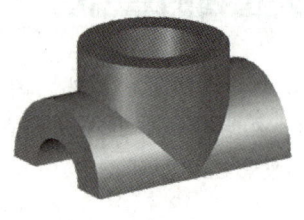
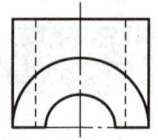

（a）立体模型　　　　　　　　　　（b）两面视图

图 2-42　某机件的立体模型和两面视图

本任务主要介绍截交线与相贯线的画法。

相关知识

一、截交线的画法

机件的表面经常存在平面与立体、立体与立体相交而产生交线的情况。用一个平面截切立体，平面与立体表面所形成的交线就是截交线。其中，用于截切立体的平面称为截平面，立体被截切后的断面称为截断面，如图 2-43 所示。

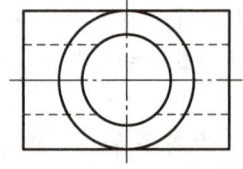
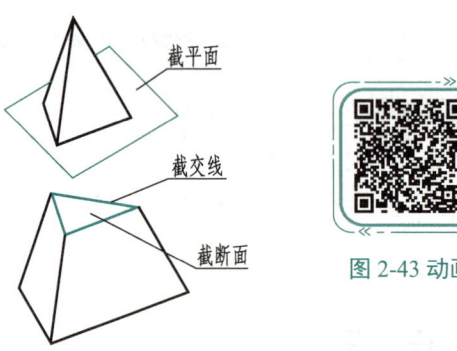

图 2-43 动画

图 2-43　截交线、截平面、截断面

立体表面和截平面的位置不同，截交线的形状有所不同，但任何形状的截交线都具有以下两个基本性质。

（1）封闭性。由于任何立体都有一定的范围，因此截交线为封闭的平面图形。

（2）共有性。由于截交线既属于截平面，又属于立体表面，因此截交线是截平面和立体表面的共有线。

由此可见，作截交线的实质，就是作出截平面与立体表面的共有点和共有线。

1. 平面立体截交线

平面立体的截交线是一个封闭的平面多边形，该多边形的各边是截平面与平面立体表面的交线，多边形的顶点是截平面与平面立体各棱边的交点。因此，作平面立体截交线的投影，关键是找到这些交点，然后将这些交点的同面投影连接起来即可。

【例2-9】 已知正六棱柱被正垂面所截切，如图2-44（a）所示，试补作其左视图。

分析： 该正六棱柱被正垂面截切后，正垂面与正六棱柱的六个侧面相交，所以截交线是一个六边形，六边形的顶点为各棱边与正垂面的交点。截交线的水平投影与正六棱柱的水平投影重合，其正面投影积聚为一直线，其侧面投影是一个六边形。

作图步骤：

（1）作出正六棱柱被截切前的左视图，如图2-44（b）所示。

（2）首先在主视图和俯视图上分别找出正垂面与正六棱柱各棱边的交点，并用相应数字标记；然后根据点的投影规律，找出这些交点在左视图中的投影点1″、点2″、点3″、点4″、点5″和点6″，并用直线将它们依次连接起来，如图2-44（c）所示。

（3）检查左视图并画出遗漏的虚线，然后擦去左视图中被切去部分的投影并描深加粗可见图线，结果如图2-44（d）所示。需要注意的是，正六棱柱最右侧棱线在左视图中的投影被截断面挡住了，要用虚线画出。

图2-44 动画

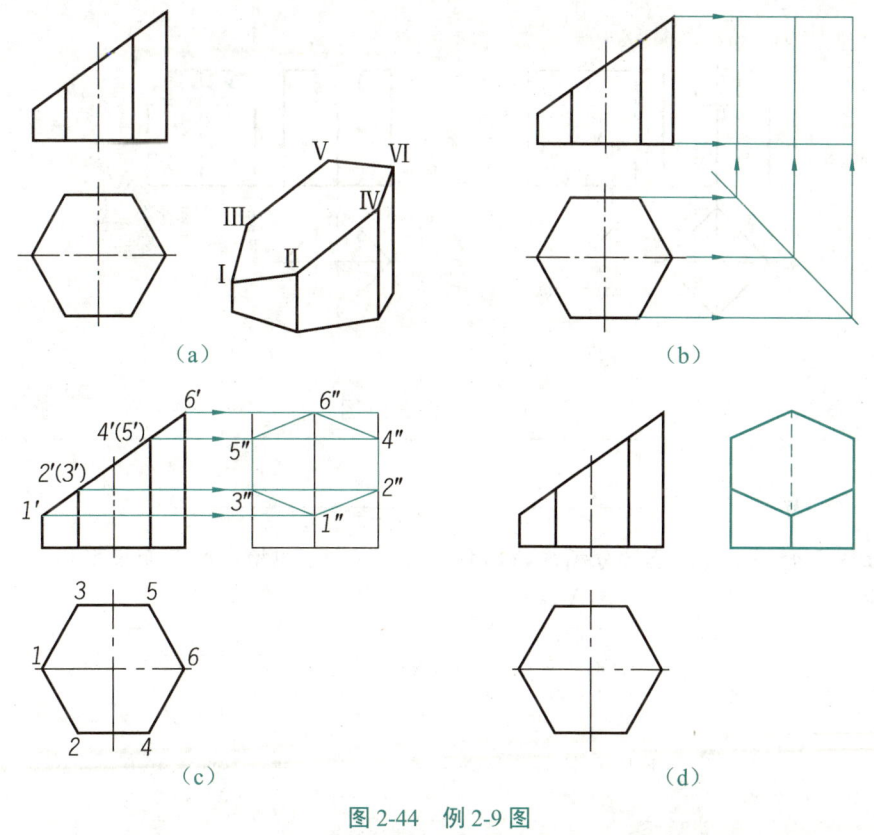

图2-44 例2-9图

【例2-10】如图2-45（a）所示，在四棱柱上方截切一个矩形通槽，试补作该立体的俯视图和左视图。

分析： 如图2-45（b）所示，四棱柱上方的矩形通槽是由三个特殊位置平面截切而形成的。其中，槽底是水平面，其正面投影和侧面投影均积聚为一条水平直线，其水平投影反映实形；两侧壁是侧平面，其正面投影和水平投影均积聚为竖直线，其侧面投影反映实形且重合在一起。

作图步骤：

（1）根据矩形通槽的正面投影，先在俯视图中作出两侧壁的积聚投影，再按"高平齐、宽相等"的投影规律，作出其侧面投影，如图2-45（c）所示。

（2）检查左视图，并画出遗漏的棱线和虚线。

（3）擦去作图线，校核截切后的图形轮廓线，描深加粗可见图线，如图2-45（d）所示。

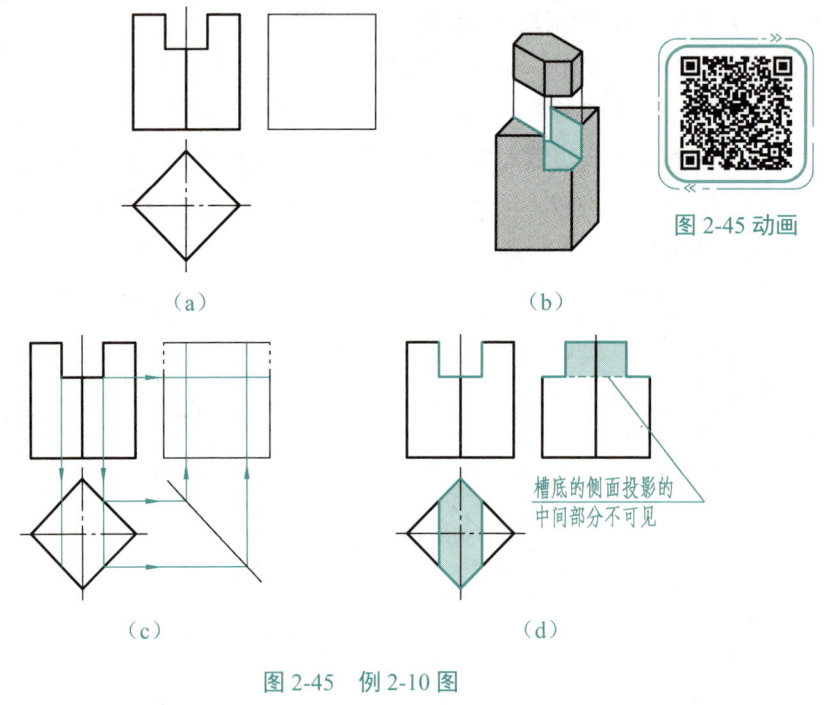

图 2-45　例 2-10 图

点拨

在图2-45中，要注意区分槽底侧面投影的可见性，即槽底的侧面投影积聚为直线，槽底中间的一段不可见，应画成虚线。

随堂笔记

2. 回转体截交线

用平面截切回转体时，截交线的形状取决于回转体表面的形状，以及截平面与回转体之间的相对位置。回转体截交线通常是封闭的平面曲线，或平面曲线与直线相连的平面图形，特殊情况下也可能是平面多边形。

1）圆柱的截交线

圆柱的截交线具体如表 2-5 所示。其中，当截平面平行于圆柱轴线时，截交线是矩形；当截平面垂直于圆柱轴线时，截交线是一个直径等于圆柱直径的圆；当截平面倾斜于圆柱轴线时，截交线是椭圆，该椭圆长轴的长度与截平面相对于圆柱轴线的倾斜角度有关，短轴的长度与圆柱的直径相等。

表 2-5 圆柱的截交线

名称	截平面与圆柱轴线平行	截平面与圆柱轴线垂直	截平面与圆柱轴线倾斜
立体图	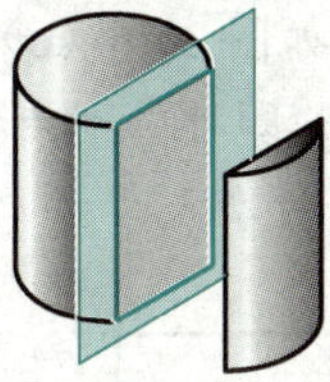	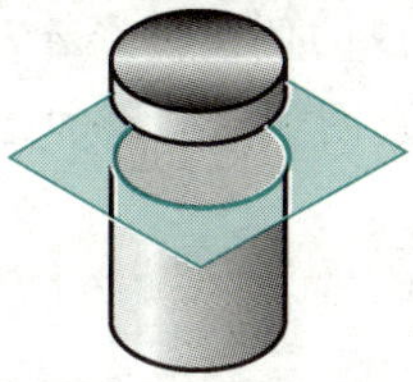	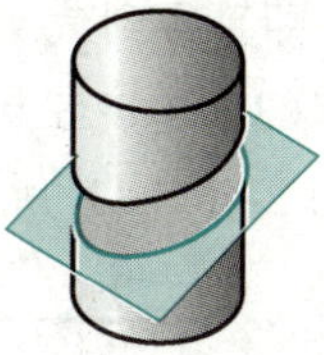
投影图	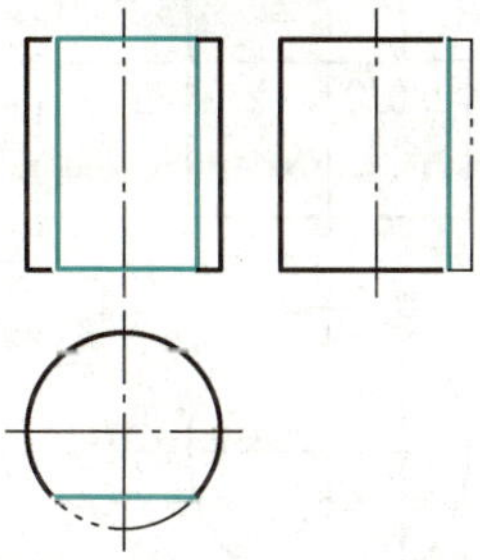	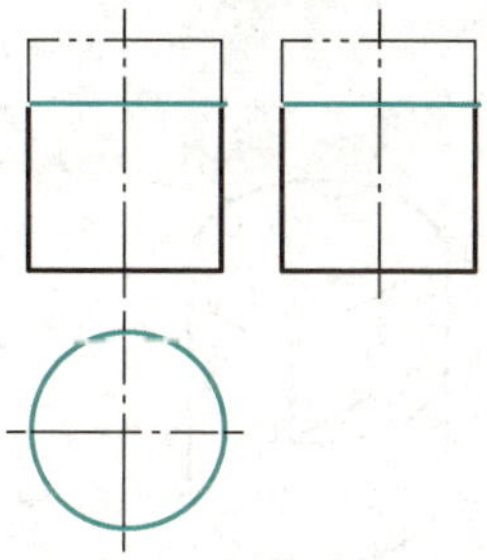	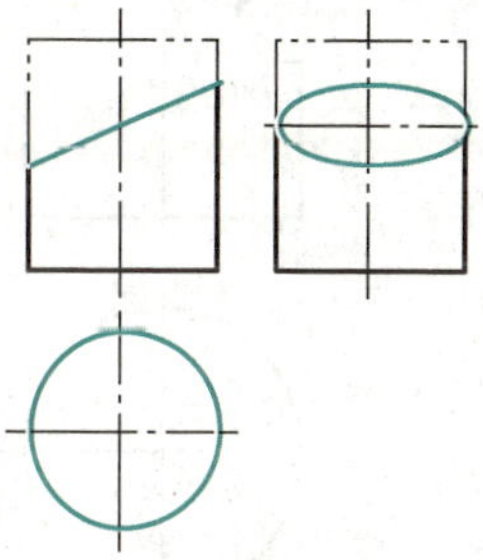
截交线的形状	矩形	圆	椭圆

作圆柱被截切后的三视图，主要是作截交线的投影。作截交线的投影时，应先根据截平面与圆柱轴线之间的相对位置判断截交线的形状，然后用在圆柱表面上取点的方法作图，最后依次连接各点即可。取点时，应先取特殊位置点，再取一般位置点。

> **点拨**
>
> 特殊位置点包括截交线上最高、最低、最前、最后、最左、最右的点以及立体轮廓线上的点等。

> **学以致用**
>
> 【例 2-11】如图 2-46（a）所示，试补作带切口圆柱的左视图。
>
> 分析：在图 2-46（a）中，圆柱切口由水平面 P 和侧平面 Q 截切而成。

（1）由水平面 P 截切圆柱面所产生的交线是一段圆弧，其正面投影是一段水平线（积聚在 p'上），水平投影是一段圆弧（与圆柱的水平投影重合）。

（2）截平面 P 与 Q 的交线是一条正垂线 BD，其正面投影积聚为点 b'（d'），水平投影 bd 与侧平面 Q 的积聚投影 q 重合。

（3）由侧平面 Q 截切圆柱面所产生的交线是两段铅垂线 AB 和 CD，它们的正面投影 a'b'、c'd'与 q'重合，水平投影分别积聚为圆上的点 a（b）、点 c（d）。侧平面 Q 与圆柱上底面的交线是一条正垂线 AC，其正面投影积聚为点 a'（c'），水平投影 ac 与 bd 重合，也积聚在 q 上。

作图步骤：

（1）作出圆柱被截切前的左视图，由 p'向右作辅助线，然后从俯视图上量取宽度，以确定点 b″、点 d″的位置，如图 2-46（b）所示。

（2）由点 b″、点 d″分别向上作竖直线，与顶面交于点 a″、点 c″，即可得到截交线 AB、CD 的侧面投影 a″b″、c″d″，如图 2-46（c）所示。

（3）连接各点，擦掉多余图线，描深加粗可见图线，即可得到带切口圆柱的左视图，如图 2-46（d）所示。

图 2-46 动画

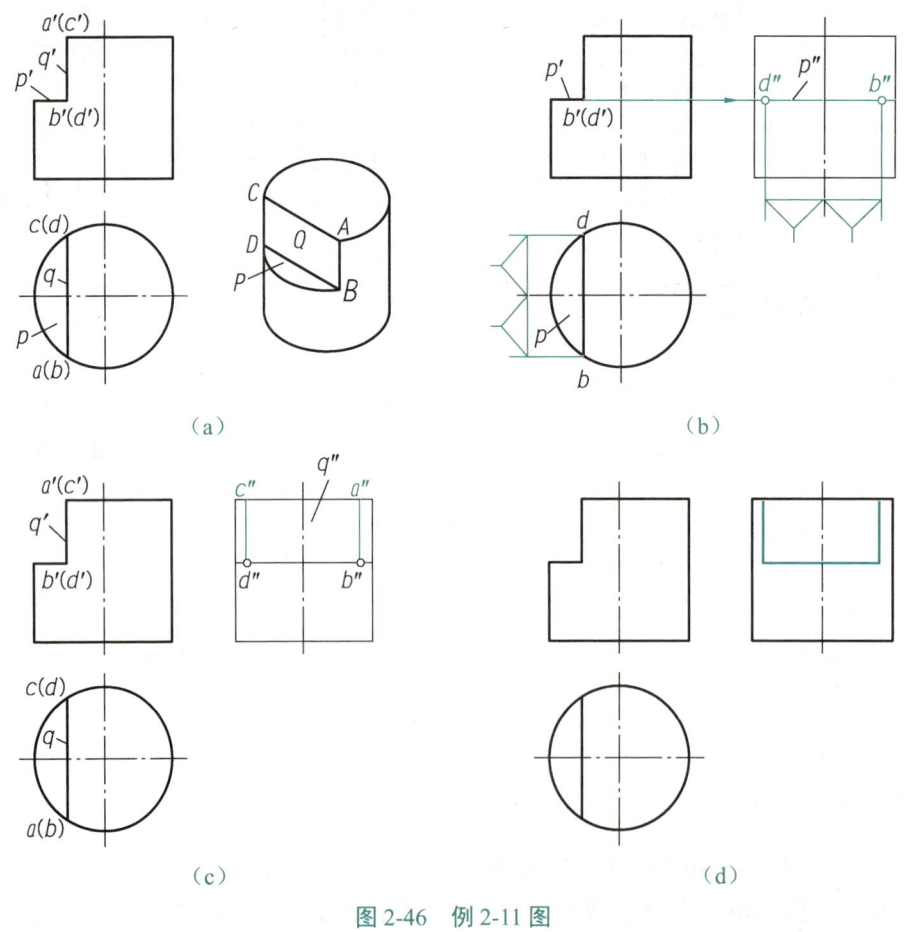

图 2-46　例 2-11 图

【例 2-12】 如图 2-47（a）所示，圆柱被切口开槽，试补作该圆柱的三视图。

分析： 如图 2-47（b）所示，该圆柱开槽部分的侧壁为两个侧平面，槽底为一个水平面，圆柱面上的截交线分别位于这些平面上。由于这些平面均为投影面平行面，其投影具有积聚性或真实性，因此截交线的投影应依附于这些面的投影，不需要另行作出。

作图步骤：

（1）根据圆柱的主视图，先在俯视图中作出开槽部分两侧壁的积聚投影，再按"高平齐、宽相等"的投影规律，作出其侧面投影，如图 2-47（c）所示。

（2）擦去多余图线，描深加粗可见图线即可完成作图，如图 2-47（d）所示。注意槽底侧面投影的不可见部分，应画成虚线。

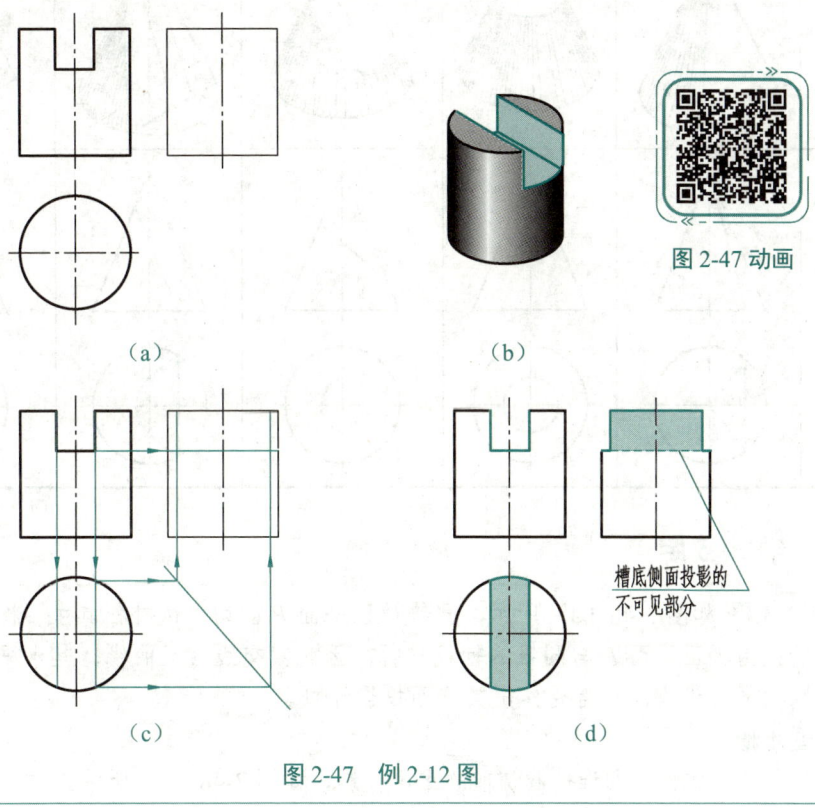

图 2-47 例 2-12 图

📝 随堂笔记

2）圆锥的截交线

圆锥被平面截切时，其截交线具体如表 2-6 所示。

表 2-6　圆锥的截交线

名称	截平面过锥顶	截平面垂直于轴线	截平面不过锥顶，与所有素线相交	截平面不过锥顶，平行于某条素线	截平面不过锥顶，平行于轴线
截交线	直线	圆	椭圆	抛物线	双曲线
立体图			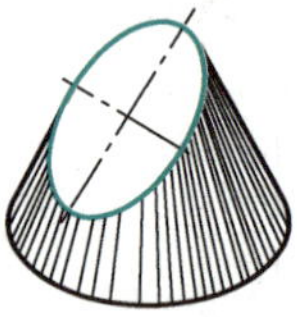	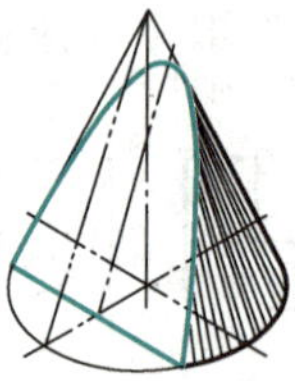	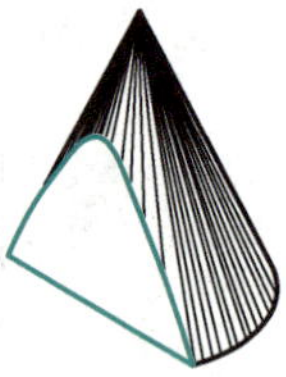
投影图	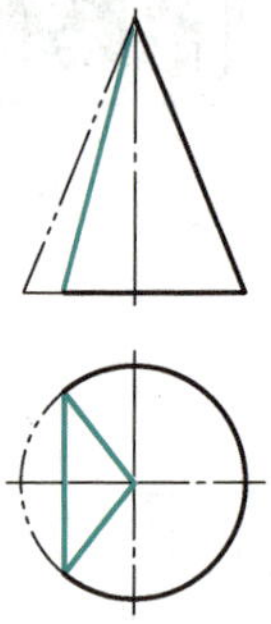	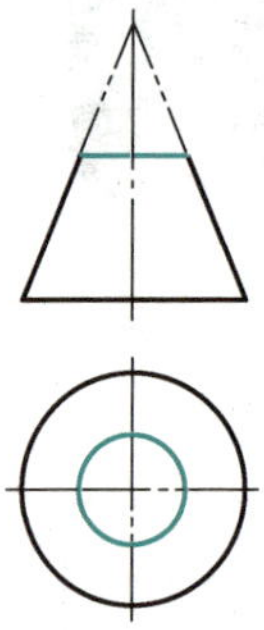	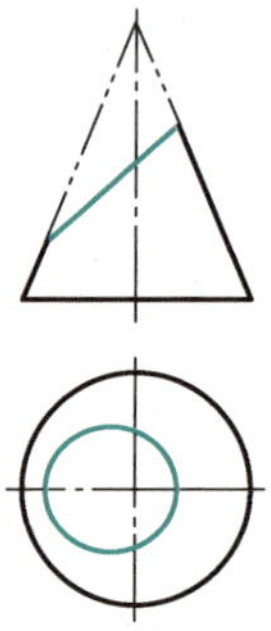	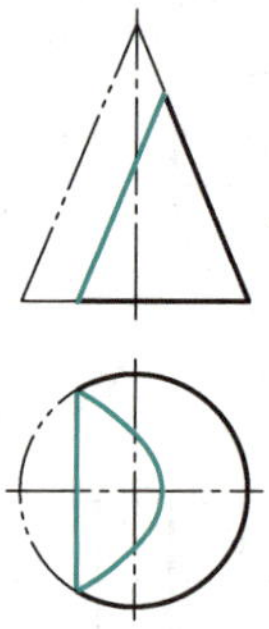	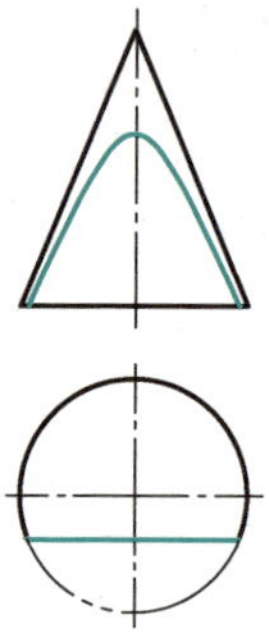

学以致用

【例 2-13】如图 2-48（a）所示，圆锥被正平面 P 截切，试补作其主视图。

分析：由于正平面 P 与圆锥的轴线平行，因此截交线为双曲线，其水平投影和侧面投影分别积聚为线段，只需要作出其正面投影即可。

作图步骤：

（1）用细实线作出圆锥被截切前的正面投影，如图 2-48（b）所示。

（2）作特殊位置点。点 C 为截交线上的最高点，在最前素线上，因此可由点 c'' 直接作出点 c 和点 c'。点 A 和点 B 为截交线上的最低点，其水平投影 a、b 和侧面投影 a''、b'' 可在俯视图和左视图中直接作出，然后可根据点的投影规律在主视图上作出点 a' 和点 b'，如图 2-48（b）所示。

（3）作一般位置点。为了使双曲线更加精确，可利用辅助圆法为该双曲线作出一系列一般位置点。在正面投影 c' 和 a'、b' 之间作与圆锥轴线垂直的水平线，该水平线与圆锥最左、最右素线正面投影的交点为点 $3'$、点 $4'$。以 $3'4'$ 为直径，在圆锥的水平投影中作同心圆，与截交线的积聚投影（直线 ab）交于点 1 和点 2，由此可得到点 $1'$、点 $2'$ 和点 $1''$、点 $2''$，如图 2-48（b）所示。

（4）用光滑曲线依次连接点 a'、点 $1'$、点 c'、点 $2'$、点 b'，擦去多余图线，描深加粗可见图线，结果如图2-48（c）所示。

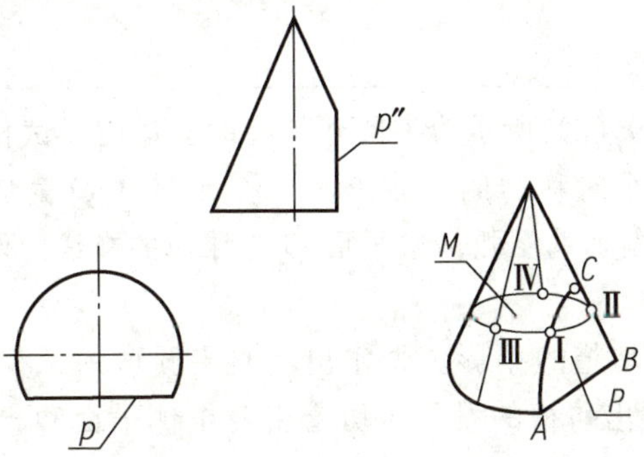

图 2-48 动画

图 2-48 例 2-13 图

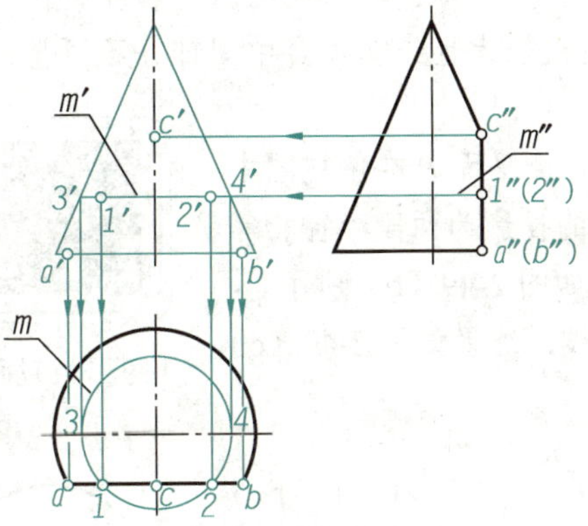

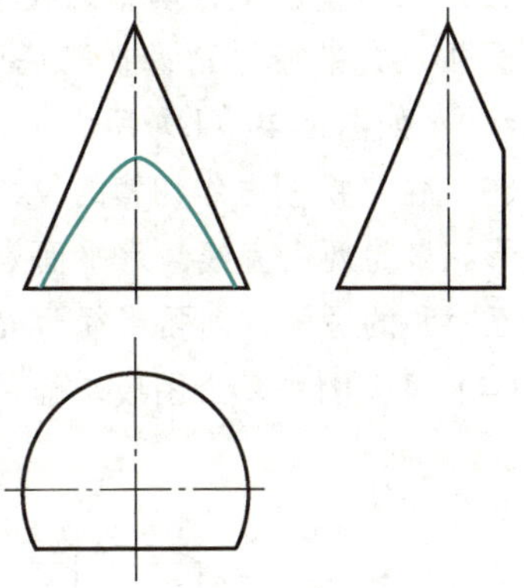

3）圆球的截交线

圆球被平面截切后，不论截平面处于什么位置，其截交线总为圆。当圆球被投影面平行面截切时，截断面在与其平行的投影面上的投影为圆，在其他两个投影面上的投影为直线；当截平面与投影面倾斜时，其投影为椭圆，如表2-7所示。

表 2-7 圆球的截交线

名称	截平面与水平面平行	截平面与正面平行	截平面与正面垂直
投影图	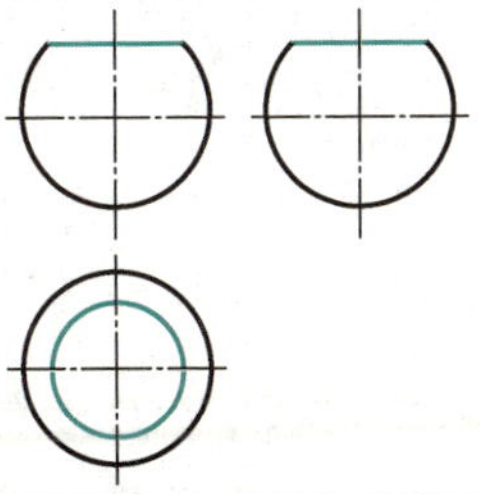	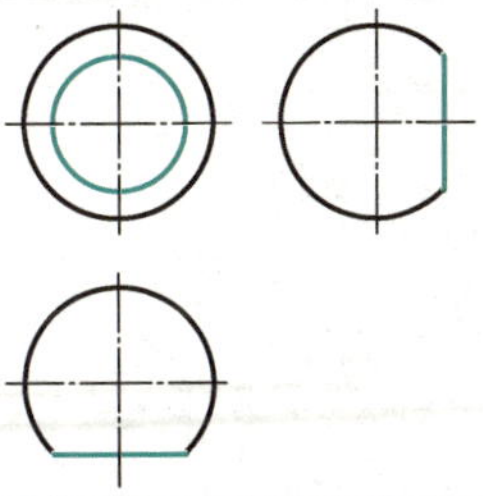	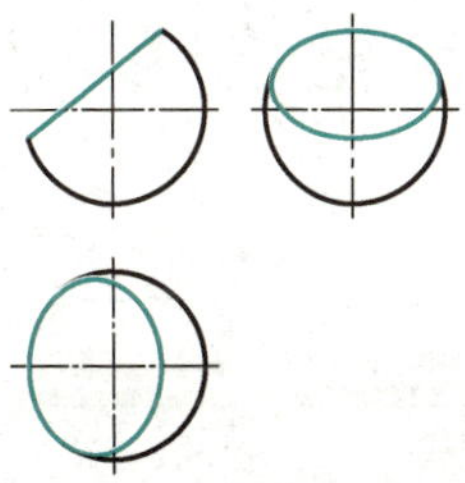

作被截圆球的三视图时，应先分析截平面与投影面之间的相对位置，确定截交线的形状，然后根据投影规律作图即可。

学以致用

【例2-14】 如图2-49（a）所示为半圆球切槽的立体图，试作出其三视图。

分析： 半圆球被两个对称的侧平面 P 和一个水平面 Q 截切，两个侧平面 P 与球面的交线各为一段平行于侧面的圆弧，水平面 Q 与球面的交线为两段水平圆弧。

作图步骤：

（1）在主视图中作切槽的投影。先作出完整半圆球的三视图，然后根据切槽的宽度和深度在主视图中作出切槽的投影（切槽由两个侧平面和一个水平面组成，因此在主视图中均积聚为直线），如图2-49（b）所示。

（2）在左视图中作切槽的投影。切槽的两个侧平面 P 与球面的交线在左视图中的投影为圆弧，其半径为 R_1；切槽底面在左视图中积聚为直线（注意中间部分不可见，应画成虚线），如图2-49（b）所示。

（3）在俯视图中作切槽的投影。切槽的两个侧平面 P 在俯视图中的投影积聚为两条直线，水平面 Q 在俯视图中的投影为两段半径相等且相互对称的圆弧，圆弧半径为 R_2，作图方法如图2-49（b）所示。

（4）擦去图中多余图线，描深加粗可见图线，结果如图2-49（c）所示。

图2-49 动画

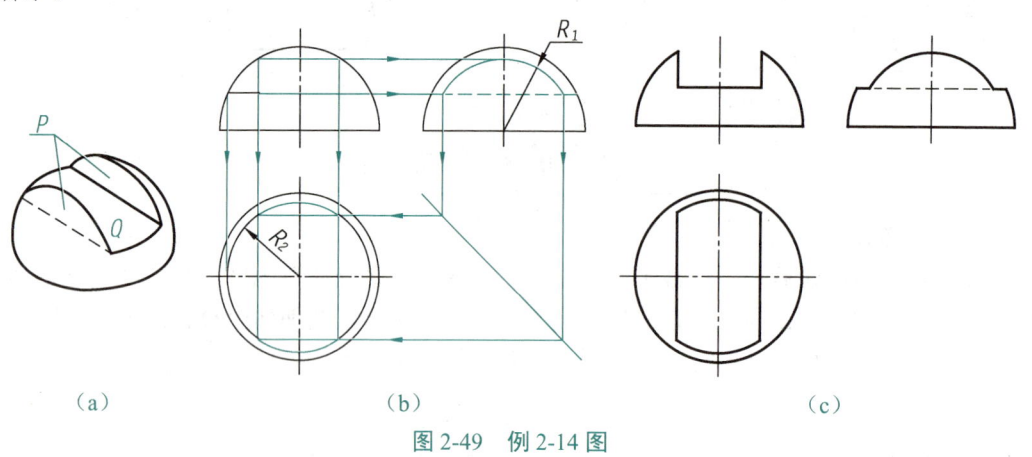

图2-49 例2-14图

随堂笔记

二、相贯线的画法

两立体相交称为相贯，其表面所形成的交线称为相贯线。相贯线是两相交立体表面的共有线。相交立体的形状、大小和相对位置不同，相贯线的形状也不同，如图2-50所示。

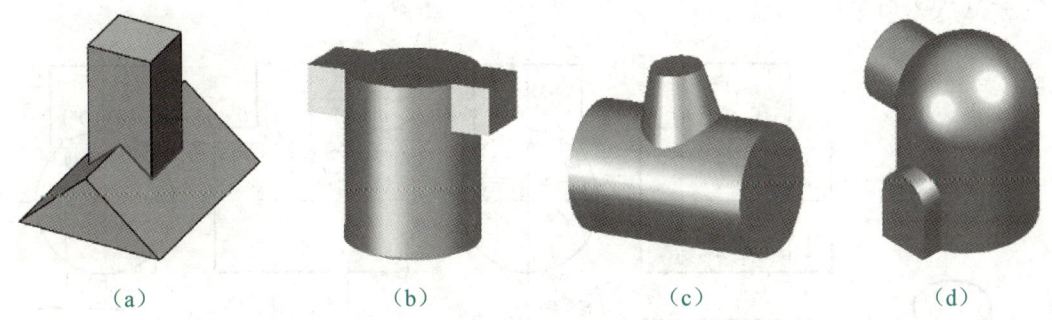

图2-50 不同相交立体的相贯线

无论相贯线的形状如何，它都具有封闭性和共有性两个基本性质。

（1）封闭性。由于立体的表面是封闭的，而相贯线是立体表面之间的交线，因此相贯线一般是封闭的空间曲线，在特殊情况下也可能是平面曲线或直线。

（2）共有性。由于相贯线是两相交立体表面的共有线，也是它们的分界线，因此相贯线上的点是两立体表面的共有点和分界点。

根据相贯线的基本性质可知，作相贯线就是作两相贯体表面上一系列共有点的集合。作相贯线常采用表面取点法和辅助平面法。作图时，首先应根据两立体的相交情况分析相贯线的形状，然后依次作出特殊位置点和一般位置点的投影，接着判断其可见性，最后将作出的各点用光滑曲线依次连接即可。

1. 表面取点法

当相交两立体中的某一立体表面积聚在某一投影面上时，其相贯线在该投影面上的投影一定与该立体的积聚投影重合，根据这个已知投影，就可用表面取点法作出相贯线在其他投影面上的投影。

学以致用

【例2-15】如图2-51（a）所示，已知两圆柱正交，试作出该相贯体的三视图。

分析：在图2-51（a）中，该相贯体由一个铅垂圆柱与侧垂圆柱正交所得，相贯线为曲线。相贯线的水平投影与铅垂圆柱面的水平投影重合，其侧面投影与侧垂圆柱的侧面投影重合，因此只需要作出相贯线的正面投影即可。

作图步骤：

（1）作出两圆柱的三视图，主视图中的相贯线先不作出。

（2）作特殊位置点的投影。在相贯体上取特殊位置点A、B、C、D。其中，点A和点B是两圆柱正面投影中转向轮廓线的交点，它们在各视图中的投影可直接作出；点C和点D是铅垂圆柱侧面投影中转向轮廓线与侧垂圆柱表面的交点，它们在左、俯视图中的投影可直接作出，在主视图中的投影可根据点的投影规律作出，如图2-51（b）所示。

图2-51 动画

(3) 作一般位置点的投影。在铅垂圆柱的水平投影圆上取对称的两点 e、f，它们的侧面投影和正面投影都可根据点的投影规律作出，如图 2-51（c）所示。

(4) 用光滑曲线依次连接主视图中各点的投影，即可得到相贯线的正面投影，如图 2-51（c）所示。

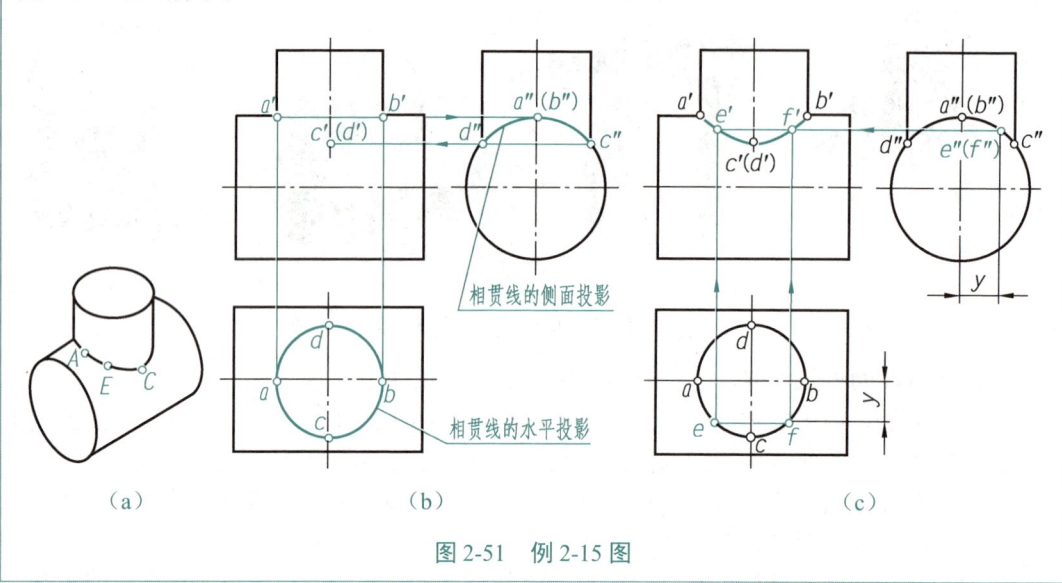

图 2-51　例 2-15 图

两圆柱正交时，相贯的形式可根据圆柱面投影可见性的不同分为圆柱与圆柱相贯、圆柱与圆孔相贯、圆孔与圆孔相贯，其相贯线的画法如表 2-8 所示。其中，当圆孔与圆孔相贯时，相贯线在立体的内部，其投影因不可见而应画成虚线。

表 2-8　两圆柱正交时相贯线的画法

形式	圆柱与圆柱相贯	圆柱与圆孔相贯	圆孔与圆孔相贯
立体图			
投影图			

2. 辅助平面法

当单纯利用两相贯体投影的积聚性不易作出相贯线时，可采用辅助平面法作出相贯线。例如，两回转体相贯时，假想用一辅助平面在两回转体交线范围内截切两回转体，则辅助平面与两回转体表面都产生截交线，这两条截交线的交点既属于辅助平面，又属于两回转体表面，是三面的共有点，即相贯线上的点。

为了作图方便，选择辅助平面时应选择特殊位置辅助平面（一般为投影面平行面），以使截交线的投影为直线或圆。

学以致用

【例 2-16】 圆柱与圆台组成的相贯体如图 2-52（a）、(b) 所示，试补作该相贯体的相贯线。

分析： 在图 2-52（a）中，圆台的轴线为铅垂线，圆柱的轴线为侧垂线，两轴线正交且都平行于正面，因此相贯线前后对称，其正面投影重合。由于圆柱的侧面投影为圆，相贯线的侧面投影积聚在该圆上，因此只需要作出相贯线的水平投影和正面投影即可。

作图步骤：

（1）作特殊位置点的投影。如图 2-52（c）所示，点 a''、点 b'' 是相贯线上最高点和最低点的侧面投影，它们是两回转体特殊位置素线的交点，因此可直接作出其正面投影点 a'、点 b' 和水平投影点 a、点 b；点 c''、点 d'' 是相贯线上最前点和最后点的侧面投影，以过圆柱轴线的水平面 P 为辅助平面，由此可作出平面 P 与圆台表面截交线的水平投影，该水平投影为圆，它与圆柱面水平投影的外轮廓线交于 c、d 两点，最后可作出点 $c'(d')$。

（2）作一般位置点的投影。如图 2-52（d）所示，分别在主视图和左视图中作水平辅助平面 Q 的投影 q'、q''，作出投影 q'' 与圆柱面的交点 e''、f''；由主视图中投影 q' 与圆台表面的交点，可在俯视图中作出辅助平面 Q 与圆台截交线的水平投影。根据点的投影规律，可作出点 e、点 f 及点 $e'(f')$。采用同样的方法作另外一个辅助平面 R 的投影 r' 和 r''，然后作出该平面上一般位置点 G、H 在各投影面上的投影。

（3）用光滑曲线依次连接各点。在主视图中，由于相贯线前后对称且重合，因此只需要用粗实线画出可见的前半部分曲线。在俯视图中，以点 c、点 d 为分界点，上半圆柱面上相贯线的投影可见，因此将曲线 $ceafd$ 画成粗实线；下半圆柱面上相贯线的投影不可见，因此将曲线 $cgbhd$ 画成虚线，如图 2-52（e）所示。

（4）检查图形并擦去多余图线，描深加粗可见图线，结果如图 2-52（f）所示。

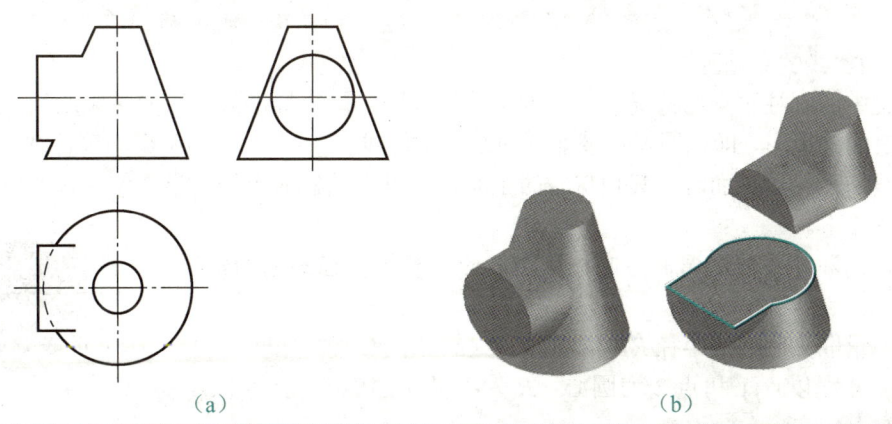

（a）　　　　　　　　　　（b）

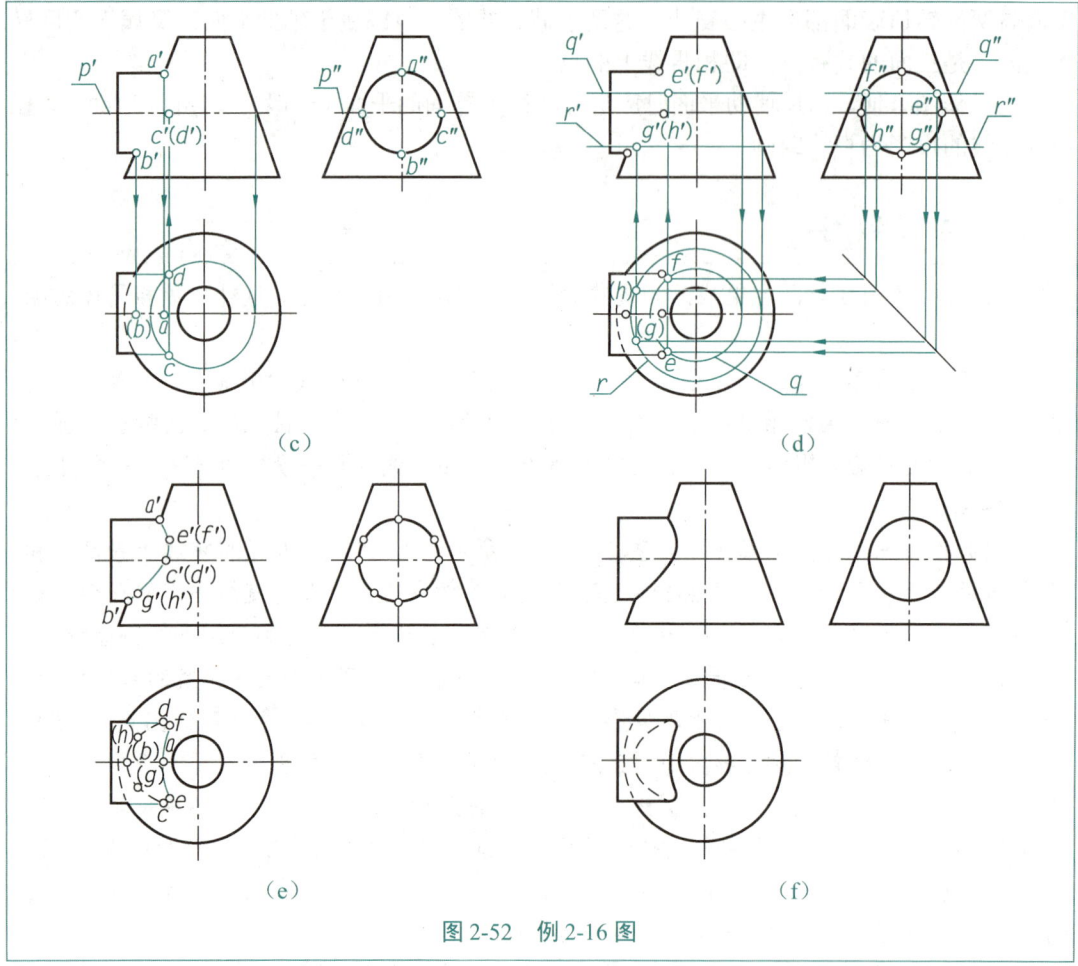

图 2-52 例 2-16 图

3. 相贯线的简化画法

工程中两圆柱正交的情况很多,为了简化作图,国家标准规定,允许采用简化画法作出其相贯线的投影,即以圆弧代替非圆曲线(相贯线)。对于正交的两个不等径圆柱,当它们的轴线均平行于正面时,其相贯线的正面投影以大圆柱的半径为半径作圆弧即可,具体作图步骤如下。

(1)判断相贯线的弯曲方向,相贯线应向着大半径圆柱的轴线方向弯曲。

(2)量取大圆柱的半径 R,如图 2-53(a)所示。

(3)分别以点 1 和点 2 为圆心、R 为半径作圆弧并交于点 O,如图 2-53(b)所示。

图 2-53 动画

(4) 以点 O 为圆心、R 为半径作圆弧,该圆弧即为相贯线的正面投影,如图 2-53(c)所示。

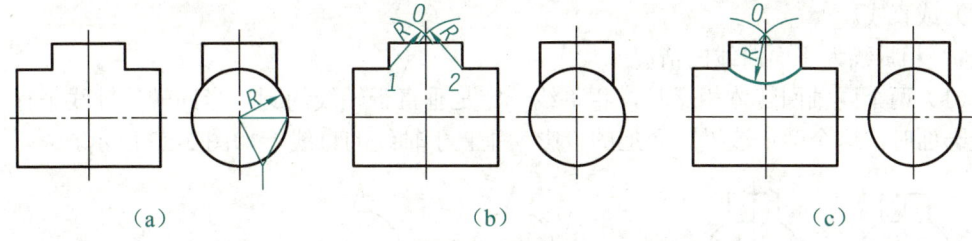

图 2-53 正交两圆柱相贯线的简化画法

> **点拨**
>
> 使用相贯线的简化画法时,需要注意以下事项。
> ① 用圆弧代替相贯线要量取大圆柱的半径。
> ② 相贯线朝大半径圆柱的轴线方向弯曲。
> ③ 相贯线的圆心在小半径圆柱的轴线上。

4. 相贯线的变化趋势

相贯线的形状除了与两圆柱之间的相对位置有关,还与圆柱半径的大小有关。当正交两圆柱之间的相对位置不变,而圆柱直径的大小发生变化时,相贯线的形状和位置也将随之变化。

设竖直放置的圆柱直径为 ϕ_1,水平放置的圆柱直径为 ϕ。当 $\phi_1 < \phi$ 时,相贯线的正面投影为上下对称的曲线,如图 2-54(a)所示。当 $\phi_1 = \phi$ 时,相贯线在空间为两个相交的椭圆,其正面投影为两条相交的直线,如图 2-54(b)所示。当 $\phi_1 > \phi$ 时,相贯线的正面投影为左右对称的曲线,如图 2-54(c)所示。

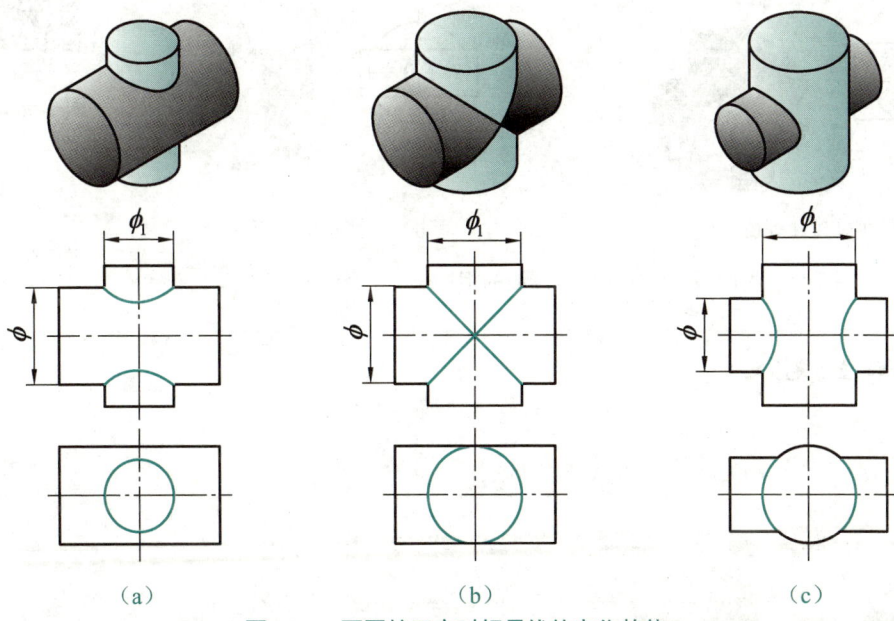

图 2-54 两圆柱正交时相贯线的变化趋势

5．相贯线的特殊情况

通常情况下，相贯线为闭合的空间曲线，但在特殊情况下，也可能是平面曲线（圆或椭圆）或直线。

1）相贯线为平面曲线的情况

（1）两个同轴回转体相交时，相贯线一定是垂直于轴线的圆。当回转体轴线平行于某一投影面时，这个圆在该投影面上的投影为垂直于轴线的直线，如图 2-55 所示。

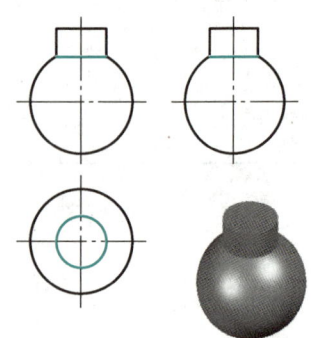 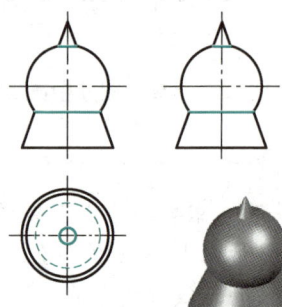 

图 2-55 动画

（a）圆柱与圆球同轴相交　　　　（b）圆球与圆锥同轴相交

图 2-55　同轴回转体的相贯线——圆

（2）当轴线相交的两圆柱（或圆柱与圆锥）与同一球面相切时，它们的相贯线一定是平面曲线，即两个相交的椭圆，如图 2-56 所示。

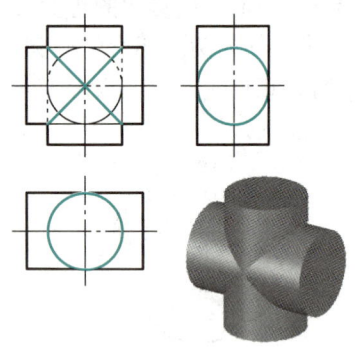 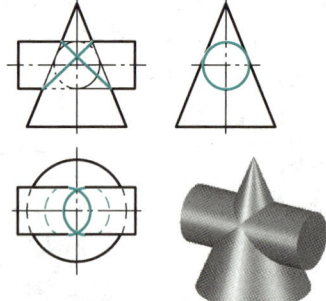 

图 2-56 动画

（a）圆柱与圆柱等径正交　　　　（b）圆柱与圆锥正交

图 2-56　两回转体公切于同一球面的相贯线——椭圆

2）相贯线为直线的情况

当两相交圆柱的轴线平行时，相贯线为直线，如图2-57（a）所示。当两圆锥共顶时，相贯线为直线，如图2-57（b）所示。

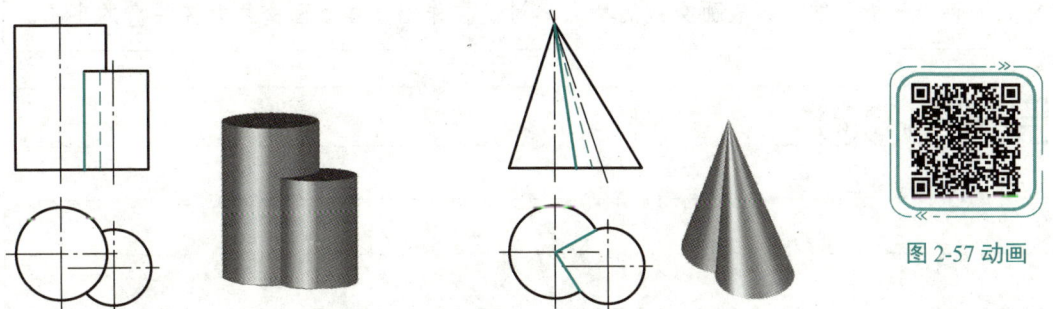

（a）两相交圆柱的轴线平行　　　　　（b）两圆锥共顶

图2-57　相贯线为直线的情况

任务实施——作出立体表面交线

形体分析：

由图2-42可知，该相贯体由一竖直圆筒与一水平半圆筒正交而成，其内外表面都有相贯线。其中，外表面为两个等径圆柱面相交，外表面上的相贯线为两条平面曲线（椭圆），其水平投影和侧面投影分别与两圆柱面的投影重合，其正面投影为两条直线；内表面的相贯线为两条空间曲线，其水平投影和侧面投影也分别与两圆孔的投影重合，正面投影为两段不可见的曲线。

作图步骤：

（1）作出两等径圆柱外圆轮廓线的正面投影，作出外表面相贯线的正面投影，如图2-58（a）所示。

（2）用虚线作出两圆孔的轮廓线，用相贯线的简化画法作出两圆孔相贯线的正面投影（两段虚线圆弧），如图2-58（b）所示。

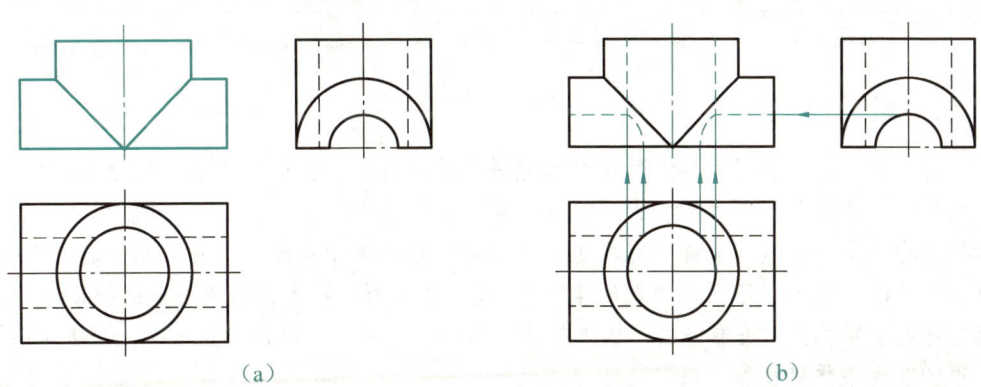

图2-58　作出机体的表面交线

机械制图与AutoCAD

创想天地

两立体相交时,它们之间的相对位置不同,立体表面交线有时会相差很大。请查阅有关资料,分析不同立体表面交线的特点,讨论在作出立体表面交线时要注意的事项。

随堂笔记

思想启迪

当今世界,综合国力的竞争归根到底是人才的竞争、劳动者素质的竞争。近年来,我国技能人才队伍不断发展壮大,越来越多的青年因技能成长、成才。技能成才的成功者都是在经历长期艰苦磨炼、克服重重困难后,才迎来了属于自己的"高光时刻"。新时代的技能工作者应不只是"熟能生巧",还应成为新兴技术、新兴产业的推动者。面对前路的重重挑战,唯有坚持不懈地努力,不断精进技艺,提升专业水平,方能在创新创造的征途中勇攀技能之巅。

学习成果评价

指导教师对学生的实际学习成果进行评价,学生配合指导教师共同完成表 2-9。

表 2-9 学习成果评价表

班级		组号		日期	
姓名		学号		指导教师	
学习成果名称		立体的投影规律及应用			
评价项目	评价内容		评价方式	满分/分	评分/分
知识 (40%)	投影法的基本知识和三视图		理论测试	3	
	点、直线、平面的投影规律和画法			9	
	平面立体的画法			6	
	回转体的画法			6	
	基本体的尺寸注法			4	
	截交线的画法			6	
	相贯线的画法			6	
技能 (40%)	作出连接直线的投影		实践检验	12	
	作出三棱柱及其表面直线的三视图			14	
	作出立体表面交线			14	
素养 (20%)	积极参加教学活动,主动学习、思考、讨论		综合评判	6	
	认真负责,按时完成学习、实践任务			4	
	团结协作,与组员之间密切配合			4	
	服从指挥,遵守课堂和实训室纪律			4	
	守正创新,自信自强			2	
合计				100	
自我评价					
指导教师评价					

项目三 组合体与轴测图的画法

项目导读

形状复杂的立体可以看作是由简单立体组合而成的,这种由两个或两个以上简单立体组合而成的立体称为组合体。掌握组合体的画法和识读方法是绘制与识读零件图的重要基础。除三视图外,工程中还常用轴测图来辅助表示物体的立体效果和外形特征。

本项目主要介绍组合体的画法和识读方法,以及轴测图的画法,为绘制和识读零件图打基础。

知识目标

- 了解组合体的组合形式和表面连接形式。
- 掌握组合体的画法和尺寸注法。
- 掌握组合体视图的识读方法。
- 了解轴测图的形成和分类。
- 掌握正等轴测图和斜二等轴测图的画法。

技能目标

- 能够正确分析组合体的形体。
- 能够正确绘制组合体的三视图。
- 能够正确绘制正等轴测图。
- 能够正确绘制斜二等轴测图。

素质目标

- 具备创新性思维和系统性思维的能力。
- 具备敏锐的观察力和丰富的想象力。

项目三 组合体与轴测图的画法

任务一 组合体的画法和识读

任务引入

支座是一种常用的机械零件,主要用于安装和固定其他零部件。如图 3-1 所示为某支座的三视图,试根据该图形设想其立体形体。

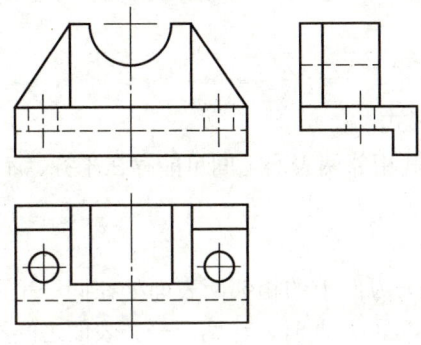

图 3-1 某支座的三视图

本任务首先介绍组合体的组合形式和表面连接形式,然后在此基础上学习组合体的画法和组合体视图的识读方法。

相关知识

一、组合体的形体分析

组合体是由机械零件抽象而成的几何模型,它们大多可看作是由一些简单立体按照一定形式及相对位置组合而成的。在绘制和识读组合体的三视图时,通常采用形体分析法来分析组合体,即先将组合体分解成若干个简单立体,再分析各简单立体的形状、各简单立体之间的相对位置及表面连接形式,从而对组合体形成完整的认识。

1. **组合体的组合形式**

组合体的组合形式可分为叠加式、切割式和综合式三种。其中,叠加式组合体可看作是由若干个简单立体叠加而形成的,切割式组合体可看作是在一个简单立体上切割掉某些部分而形成的,综合式组合体是由若干个简单立体叠加并经过若干次切割而形成的,如图 3-2 所示。

图 3-2 三维模型

81

  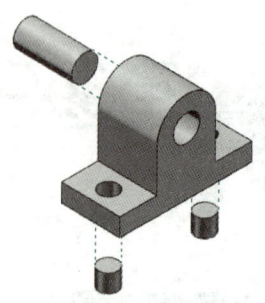

（a）组合体　　　　　（b）两个长方体和一个半圆柱叠加　　（c）切割掉三个圆柱

图 3-2　综合式组合体的形成

2. 组合体的表面连接形式

立体经叠加或切割后，其相邻两表面之间可能存在平齐、不平齐、相切和相交等表面连接形式。

1）两相邻表面平齐

当两立体叠加时，若同一方向上的相邻两表面处在同一平面上，则称这两个表面平齐（又称共面）。此时，这两个平齐表面之间不画分界线，如图 3-3 所示。

2）两相邻表面不平齐

当两立体叠加时，若同一方向上的相邻两表面处在不同平面上，则称这两个表面不平齐（又称相错）。此时，这两个不平齐表面之间要画分界线，如图 3-4 所示。

图 3-3　三维模型

图 3-4　三维模型

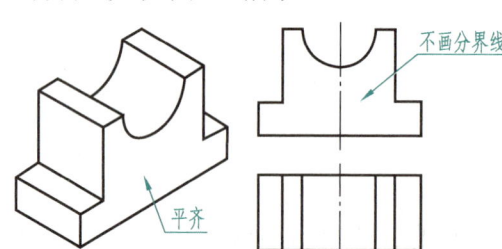 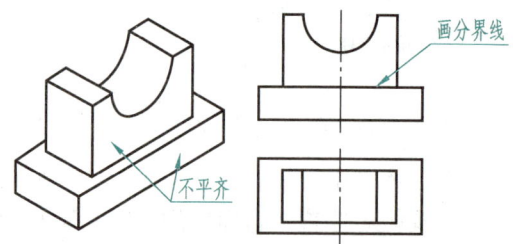

图 3-3　两相邻表面平齐　　　　　图 3-4　两相邻表面不平齐

3）两相邻表面相切

当两相邻表面相切时，这两个表面之间为光滑过渡，不存在分界线，因此这两个相切表面之间一般不画分界线，如图 3-5 所示。

4）两相邻表面相交

当两相邻表面相交时，这两个表面之间的连接处将产生交线，该交线的投影应画出，如图 3-6 所示。

图 3-5　三维模型

项目三　组合体与轴测图的画法

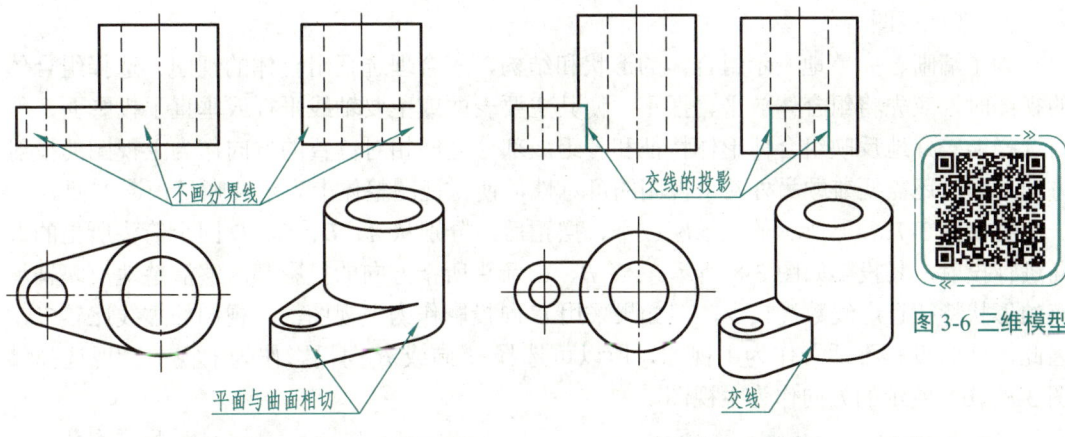

图 3-5　两相邻表面相切　　　　图 3-6　两相邻表面相交

二、组合体的画法和尺寸注法

在绘制组合体的三视图之前，应先利用形体分析法确定该组合体的组合形式，以及各简单立体之间的相对位置和表面连接形式，再按照组合体的形成过程逐一作出各简单立体的三视图。

绘制组合体的三视图时，需要注意以下两个顺序。

（1）组成组合体的各简单立体，一般按组合体的形成过程先作基础立体的三视图，再逐个作其他叠加部分或切割部分的三视图。

（2）同一简单立体的三视图，一般先作能较好反映形体特征或有积聚性的视图，再作其他两个视图。

1．叠加式组合体的画法

下面以如图 3-7（a）所示的轴承座为例，介绍叠加式组合体的画法。

1）分析形体

如图 3-7（b）所示，轴承座由底板、圆筒、支承板和肋板四部分叠加而成。其中，支承板的左、右侧面与圆筒的外圆柱面相切，肋板在底板上并与圆筒的外圆柱面相交，底板、支承板和圆筒三者的后端面平齐，底板上有两个圆柱通孔。

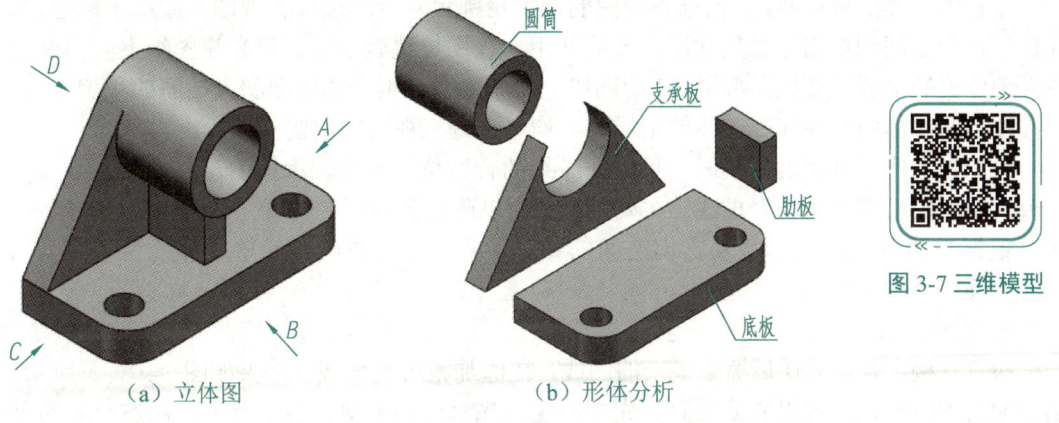

　　（a）立体图　　　　　　　　　　（b）形体分析

图 3-7　轴承座

83

2）选择视图

为了清晰、完整地表示组合体的形状和结构，应合理选择组合体的视图。选择组合体的视图时，应先将组合体放平、摆正，使其主要表面或主要轴线平行或垂直于投影面，然后选择能较好地反映组合体形体特征和各组成部分之间相对位置的方向作为主视图的投射方向，同时还需要兼顾另外两个视图的可见性，使得视图整体上表示清晰且识读方便。

将如图 3-7（a）所示的轴承座放平、摆正后，分别从 A、B、C、D 四个箭头所指的方向进行投射，其投影如图 3-8 所示。A、B、C 箭头所指方向的投影都能够清楚地反映轴承座的形状特征且虚线数量较少，但如果采用 C 向投影作为主视图，左视图的虚线比较多，因此，C 向投影不适合作为主视图，所以可选择 A 向或 B 向投影作为主视图。现选择如图 3-8（b）所示的方向作为主视图。

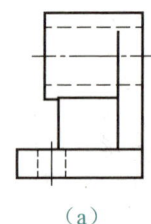 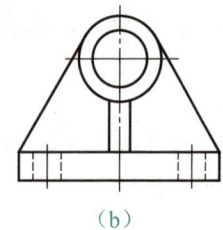 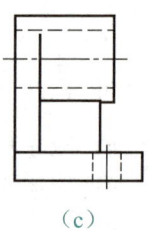 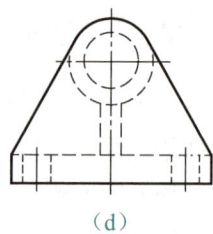

（a） （b） （c） （d）

图 3-8　轴承座四个箭头所指方向的投影

📋 随 堂 笔 记

3）选比例、定图幅

组合体的视图确定后，应根据组合体的大小和复杂程度，选择国家标准规定的比例和图幅尺寸。确定图幅尺寸时，除考虑绘图面积外，还要预留出标注尺寸的空间。

4）布置视图并绘制底稿

布置组合体的视图时，应根据各视图的最大轮廓尺寸合理选择各视图在图纸上的位置，并在各视图之间预留出标注尺寸所需要的间距。视图位置确定后，可先在图纸上画出确定各视图位置的主要基准线，再用 2H 绘图铅笔绘制底稿。组合体底面和大端面的积聚直线、对称图形的对称中心线和回转体的轴线等，均可作为三视图的主要基准线。

绘制轴承座三视图的底稿时，可先在图纸的合适位置作出轴承座的左右对称中心线、底板及支承板后端面的积聚直线等主要基准线，以确定各视图的位置，如图 3-9（a）所示；然后根据各简单立体的形状及它们之间的相对位置，逐一作出各简单立体的三视图，如图 3-9（a）～图 3-9（d）所示。

5）描深加粗图线

检查底稿，确认无误后擦去多余的图线，描深加粗可见图线，结果如图 3-9（e）所示。描深加粗图线时，一般以先曲后直、先细后粗、先水平再竖斜、由上至下、由左至右的顺序进行。

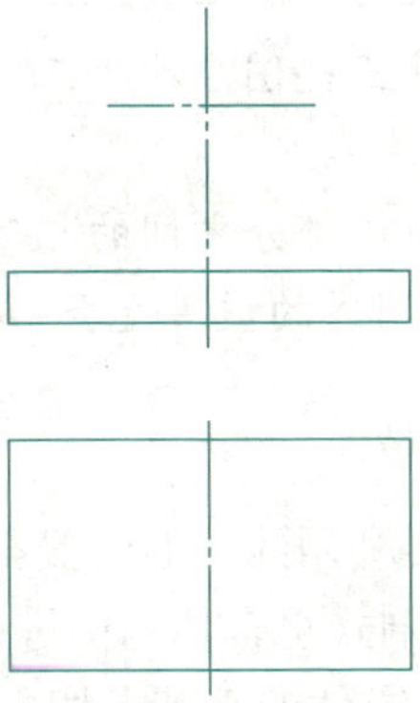

（a）画主要基准线和底板 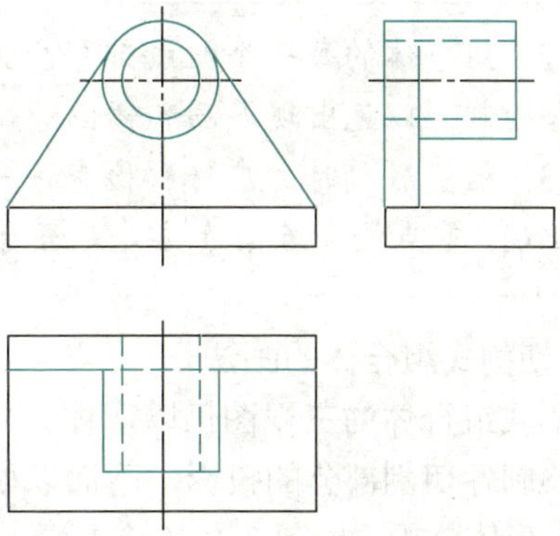　　　　　（b）画圆筒和支承板

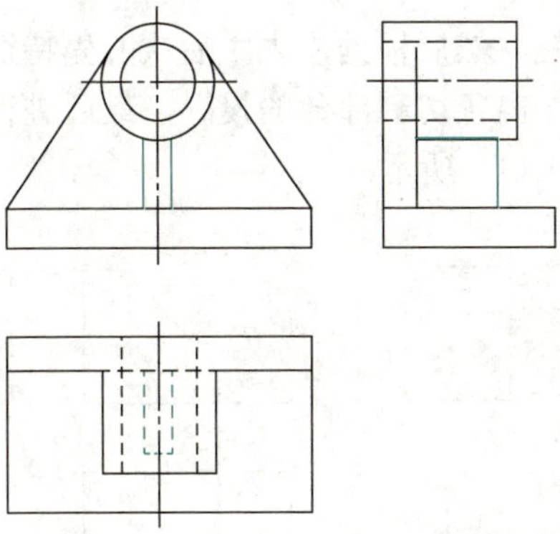

（c）画肋板 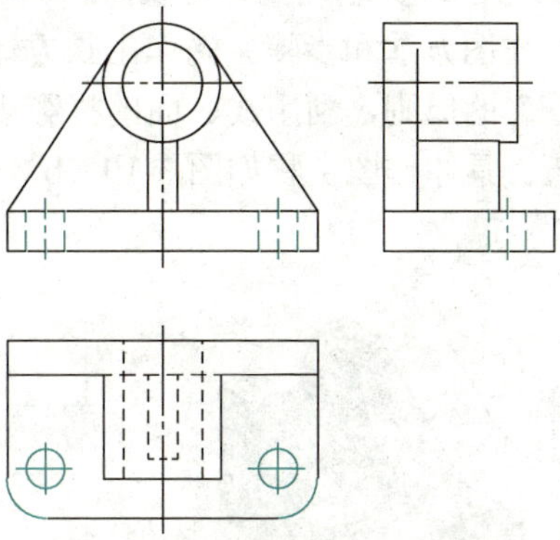　　　　　（d）画底板上的孔及圆角

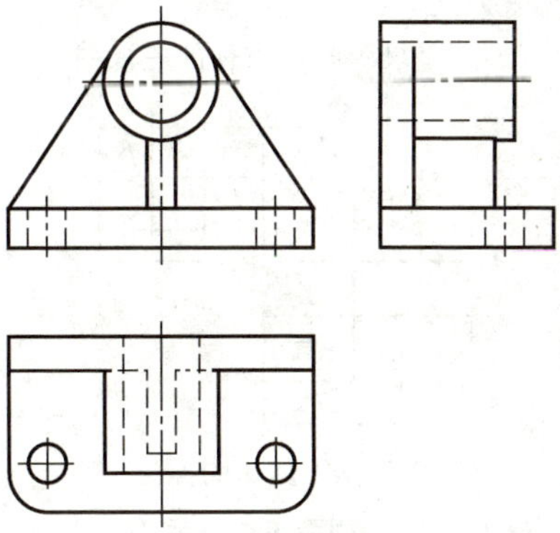

（e）描深加粗

图 3-9　轴承座三视图的作图步骤

 点拨

绘制叠加式组合体三视图的底稿时，需要注意以下事项。

（1）通常应从能较好反映组合体形体特征的视图入手，先画主要部分，后画次要部分；先画可见部分，后画不可见部分；先画圆或圆弧，后画直线。所画图线颜色越浅越好，以能看清楚为宜，以便于修改。

(2)组合体的每一个组成部分应正确确定其相对位置,其三视图应按"三等"规律配合绘制,以免出现漏画和错画等情况。

(3)检查底稿时,应仔细检查每一个简单立体,核对各组成部分之间的相对位置是否正确,重点检查表面连接处是否有多画或漏画图线,以及图线的虚实是否正确等。

2. 切割式组合体的画法

切割式组合体的三视图仍以形体分析法为主来绘制,但需要利用线、面的投影规律来分析和绘制各切割部分的投影。下面以如图 3-10(a)所示的切割式组合体为例进行介绍。

(1)形体分析。如图 3-10(a)所示,该切割式组合体是在长方体的基础上切去立体 1、2、3 后形成的,其基础立体是长方体。

(2)作图方法和步骤。先作出长方体的三视图,然后根据"先主后次、先特征视图后其他视图"的原则,利用线、面的投影规律逐一作出各切割部分的投影,最后进行综合整理、检查。具体作图步骤如图 3-10(b)~图 3-10(f)所示。

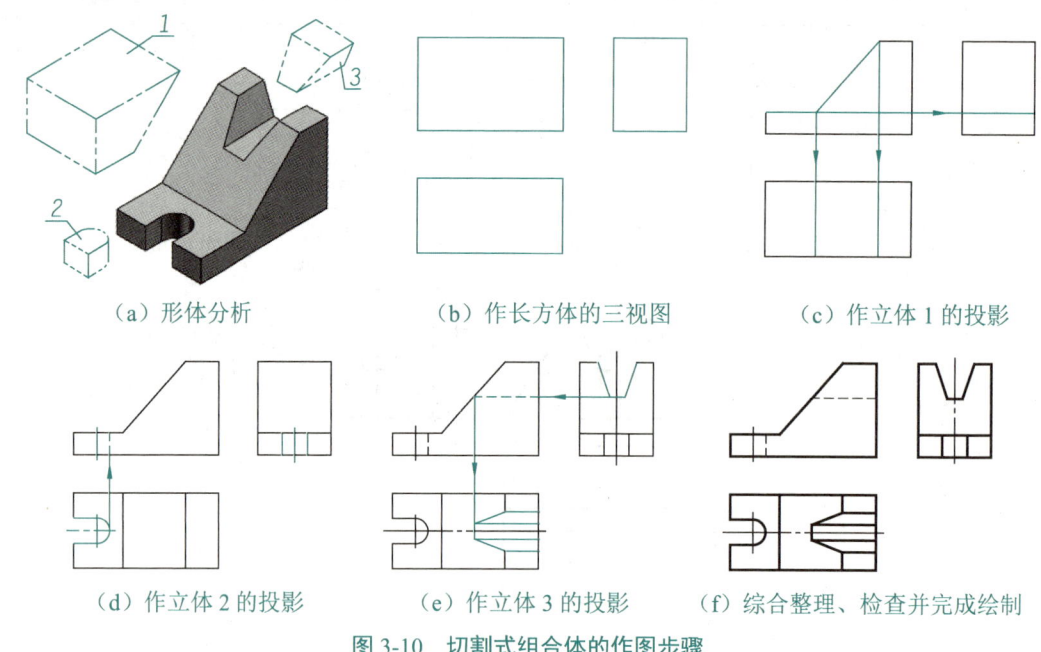

图 3-10 切割式组合体的作图步骤

> **点拨**
>
> 在绘制每个切割部分的投影时,应先作反映形体特征或有积聚性的投影,再作其他投影。如图 3-10(c)所示,应先作切口的正面投影,再作其水平投影和侧面投影。

3. 组合体的尺寸注法

1)尺寸注法的基本要求

视图只能表示组合体的形状和结构,要表示其真实大小,还需要在视图上标注尺寸,所标注的尺寸应正确、完整、清晰。

（1）正确是指所标注的尺寸数值正确，注法符合国家标准的规定。

（2）完整是指所标注的尺寸必须齐全，不允许有遗漏或重复。如果存在尺寸遗漏，将使机件无法加工；如果存在尺寸重复，则可能使几个尺寸相互矛盾，同样使零件无法加工，而且即使尺寸相互不矛盾，也将使尺寸注法混乱，不利于识读。

（3）清晰是指所标注的尺寸应布置整齐、清楚，便于识读。

2）尺寸注法的一般步骤

标注组合体的尺寸时，应在对组合体进行形体分析的基础上，逐个标注各简单立体的定形尺寸和各简单立体之间的定位尺寸，然后标注组合体的总体尺寸（即外形尺寸），并进行必要的尺寸调整。

> **点拨**
>
> 在明确了组合体视图中应标注哪些尺寸的同时，还需要考虑尺寸基准问题。组合体有长度、宽度、高度三个方向上的尺寸基准，每个方向上必须有一个主要尺寸基准，有时还需要有一个或几个辅助尺寸基准。尺寸基准通常为组合体的对称平面、底面、重要端面以及回转体的轴线等。

下面以图 3-9（e）所示的轴承座三视图为例，介绍标注组合体尺寸的一般步骤。

（1）形体分析。分析轴承座各组成部分的形状和结构，初步明确底板、圆筒、支承板和肋板上需要标注的尺寸。

（2）确定长度、宽度和高度方向上的尺寸基准。如图 3-11（a）所示，轴承座左右对称平面为长度方向上的尺寸基准，底板的底面为高度方向上的尺寸基准，底板和支承板的后端面为宽度方向上的尺寸基准。

（3）标注定形尺寸和定位尺寸。按组合体的形成过程，从相应的尺寸基准处逐个标注各简单立体的定形尺寸和定位尺寸，如图 3-11（a）～图 3-11（d）所示。

（4）标注总体尺寸。如图 3-11（d）所示，底板的长度尺寸 32 就是轴承座的总长，底板的宽度尺寸 18 就是轴承座的总宽。

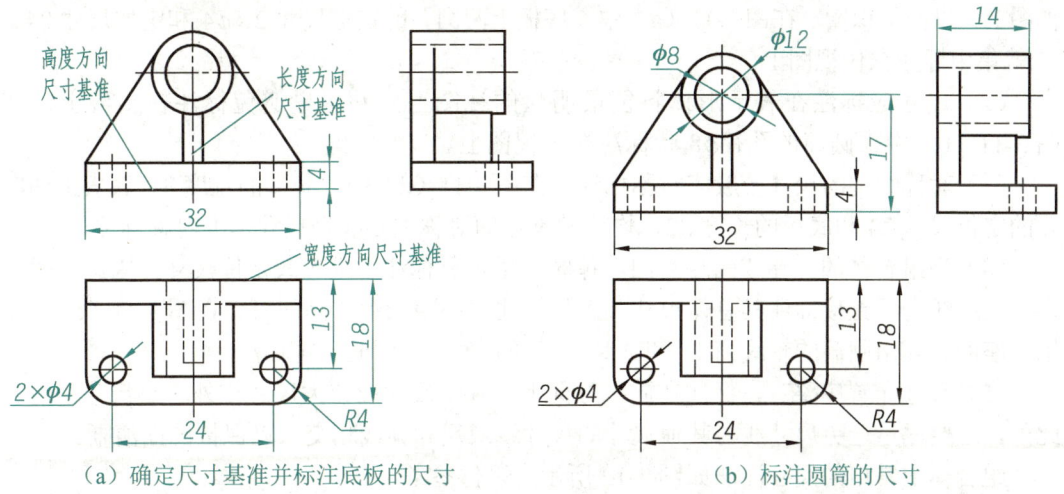

（a）确定尺寸基准并标注底板的尺寸　　　　（b）标注圆筒的尺寸

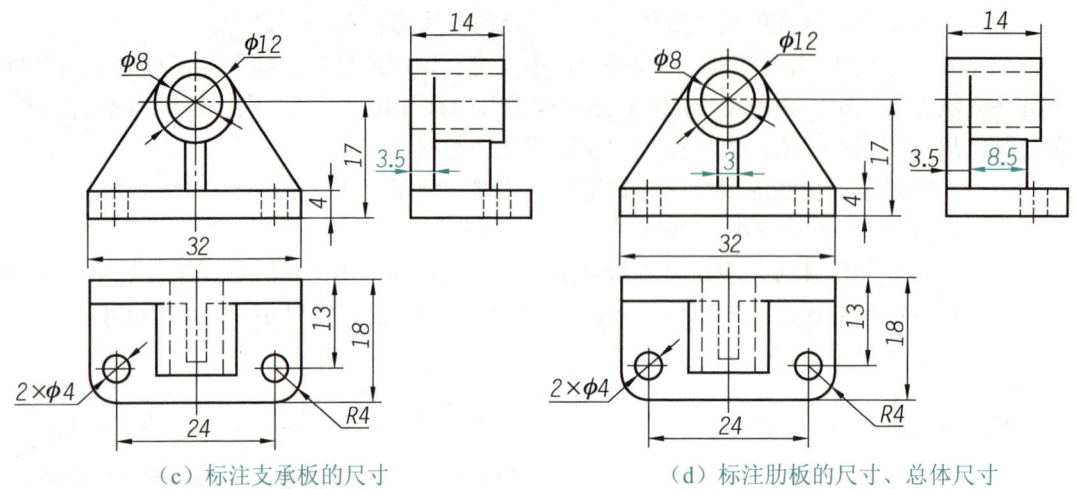

(c)标注支承板的尺寸　　　　　　　（d）标注肋板的尺寸、总体尺寸

图 3-11　轴承座三视图的尺寸注法

> **随堂笔记**
>
>
>
>
>

3）尺寸注法的注意事项

标注组合体三视图的尺寸时，除了要完整、清晰地标注定形尺寸、定位尺寸和总体尺寸，尺寸的布局还要便于识读，以防出现误解或混淆，具体应注意以下事项。

（1）组成组合体的各简单立体的定形和定位尺寸，要尽量集中标注在一个或两个相邻视图上，以便于识读。在图 3-11（a）中，底板上两圆孔的定形尺寸 2×φ4 和定位尺寸 24、13 就集中标注在俯视图上。

（2）尺寸应标注在表示形体特征最明显的视图上，并尽量避免标注在虚线上。在图 3-11（b）中，圆筒的孔径φ8 就标注在主视图上。

（3）对称结构的尺寸一般应对称标注。在图 3-11（d）中，肋板的宽度 3、底板上两圆孔的定位尺寸 24 和底板的长度 32，均以轴承座的对称中心线为尺寸基准对称标注。

（4）当组合体的一端或两端为回转体时，由于已标注了定形或定位尺寸，因此一般不再以轮廓线为界直接标注其总体尺寸，而只标注中心距或中心高即可。在图 3-11（d）中，轴承座的总高由圆筒的轴线高 17 和圆筒的半径 6 表示，因此不再标注。

（5）尺寸布置应整齐，标注在同一方向上的几个尺寸应使大尺寸在外、小尺寸在内。此外，还要尽量避免尺寸线与其他尺寸的尺寸线或尺寸界线相交，以保持图面清晰。

组合体上常用的尺寸注法如图 3-12 所示，以供参考。

项目三 组合体与轴测图的画法

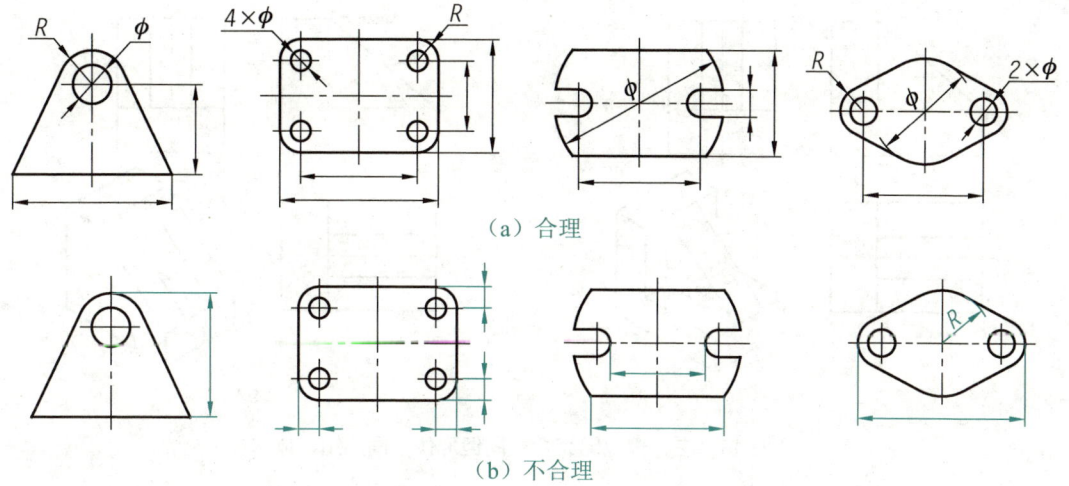

（a）合理

（b）不合理

图 3-12 组合体上常用的尺寸注法

📝 随堂笔记

三、组合体视图的识读方法

作图是把立体用正投影法表示在平面图纸上，即由物生图；读图则是根据给定的视图，通过分析立体的投影，设想出立体的空间形状，即由图生物。作图和读图是相辅相成的，读图是作图的逆过程。

1. 识读的基本要领

1）从反映形体特征的视图读起

识读组合视图的关键是抓住其形体特征。由于主视图通常能较多地反映组合体各部分的形体特征，因此在读图时一般从主视图读起。

2）将几个视图联系起来设想

组合体的形体一般是通过几个视图来表示的，每个视图只能反映其一个方向上的形体特征。因此，仅由一个或两个视图往往不能唯一地表示组合体的形体，而需要在读图时将几个视图联系起来综合分析。如图 3-13 所示，虽然这两个组合体的左、俯视图完全相同，但这两个组合体的形体却不完全相同。

3）要注意利用虚线分析组成部分的位置

虚线"不可见"的特点对读图很有帮助，尤其对判断组合体的表面或交线的位置非常有用。如图 3-13（a）所示，主视图中的三角形为实线，说明由前向后看时该直角三棱柱的轮廓线可见，因此该直角三棱柱是叠加在基础立体上的；如图 3-13（b）所示，主视图中的三角形为虚线，说明由前向后看时该直角三棱柱的轮廓线不可见，因此该直角三棱柱是在基础立体上切割而形成的。

89

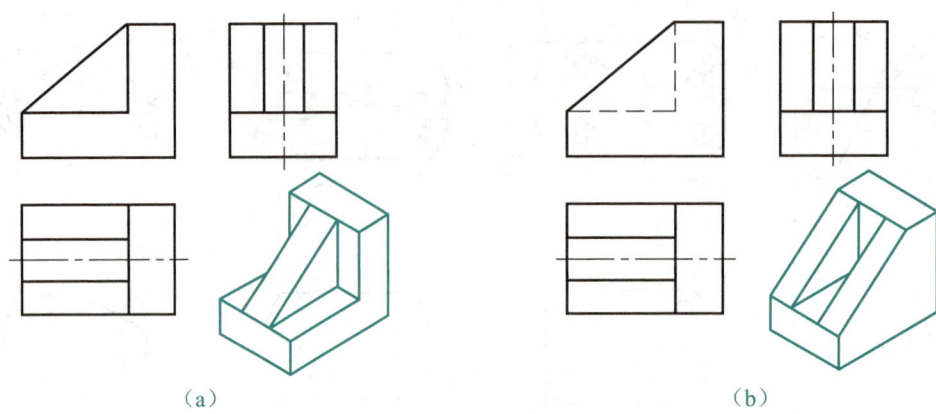

图 3-13　左、俯视图完全相同但形体不同的组合体

_____

_____

_____

_____

2. 识读的基本方法

识读的基本方法主要有形体分析法和线面分析法两种。

1）形体分析法

用形体分析法识读组合体视图的基本思路是"分部分想形体，合起来想整体"，具体如下。

首先，从能够反映组合体主要形体特征的视图入手，以轮廓线所构成的封闭线框为基本单位，从主视图分出几个相对独立的部分（线框），每个独立的部分（线框）基本上对应某简单立体的一个投影；其次，针对每个简单立体，按照投影规律找出它们在其他视图上对应的投影，通过综合分析设想出该简单立体的形体；最后，分析各简单立体之间的相对位置，综合设想出整个组合体的形体。

学以致用

【例 3-1】根据如图 3-14（a）所示的视图，设想该组合体的形体并补作其左视图。

作图步骤：

（1）划分线框。利用"长对正"的投影规律，并结合俯视图中各组成部分的位置，可从主视图中分出 1′、2′、3′三个线框，如图 3-14（b）所示。

（2）对照投影，设想形体。线框 1′对应的简单立体是圆柱，线框 2′对应的简单立体是长方体，线框 3′对应的简单立体是半圆柱，三者之间的相对位置如图 3-14（b）中的立体图所示。

(3) 作出各简单立体的左视图。按照各简单立体之间的相对位置，依次作出各简单立体的左视图，如图3-14（b）中的左视图所示。

(4) 结合虚线，设想细节。由俯视图中的虚线及主视图中的圆可知，立体Ⅰ和立体Ⅲ上钻了一个通孔；再由主视图和俯视图上的虚线可知，立体Ⅱ的左侧部分切割了一个阶梯槽，如图3-14（c）中的立体图所示。

(5) 检查图形，补画细节。根据分析结果补画左视图中的细节，如图3-14（c）中的左视图所示。

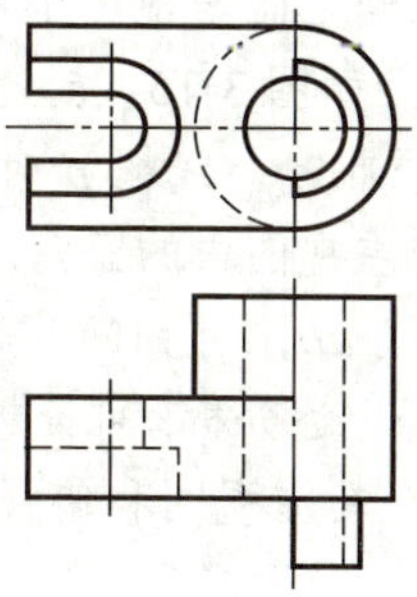

图 3-14 三维模型

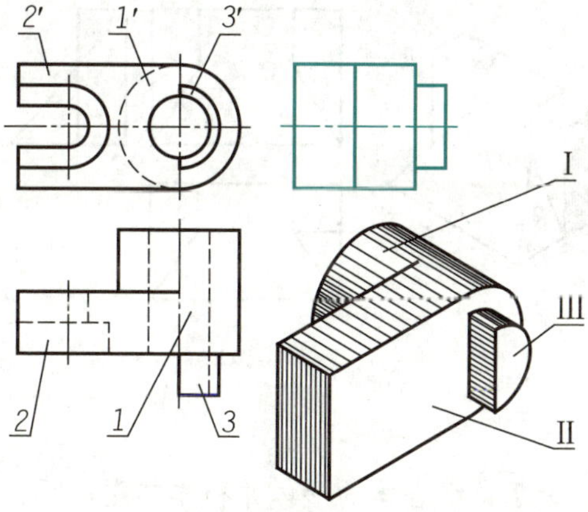

图 3-14　例 3-1 图

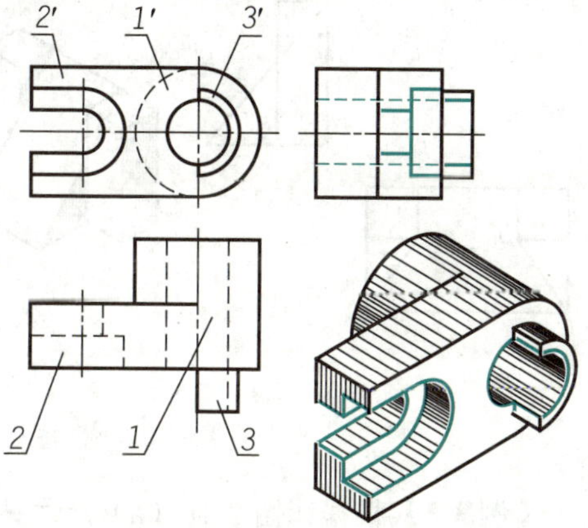

2）线面分析法

当切割式组合体不易被分为几个独立的部分时，其视图可在进行形体分析的基础上采用线面分析法来识读，具体方法如下。

首先，根据给定的视图进行形体分析，设想出组合体的基础立体；其次，从视图中分出几个线框，并以线框为基础，采用线面分析法逐个分析各线框的投影，即根据线、面的投影规律去判断线、面的空间位置，从而设想出基础立体的切割情况；最后，根据基础立体的切割情况及各切割部分之间的相对位置，综合归纳、整理，设想出切割式组合体的整体结构。线面分析法常用于分析视图中较难识读的线框，它是形体分析法的补充。

学以致用

【例3-2】根据如图3-15（a）所示的视图，设想该组合体的形体并补作其主视图。

作图步骤：

（1）形体分析。结合俯视图观察左视图，左视图由一个三角形和一个长方形组成，俯视图的外形轮廓是一个矩形。据此，可初步确定该组合体的基础立体为两个长方体中间夹一个三棱柱，如图3-15（b）所示。此时，左视图正确，而俯视图不对。

图3-15 三维模型

（2）划分线框，进行线面分析。如图3-15（a）所示，从俯视图中划分出一个"喇叭"形线框 p 和两个三角形线框 r。此时，线框 p 对应左视图中的斜线 p''，所对应的平面为侧垂面；两个三角形线框 r 对应左视图中的三角形 r''，所对应的平面为两个三角形斜面；由线框 p 和线框 r 之间的连接线 ab，可判断这两个三角形斜面的位置。

（3）综合设想，补作主视图。综合上述分析，可设想出该组合体的立体图，如图3-15（c）所示。根据该组合体的立体图并结合其左视图和俯视图，逐步作出该组合体的主视图，结果如图3-15（d）所示。

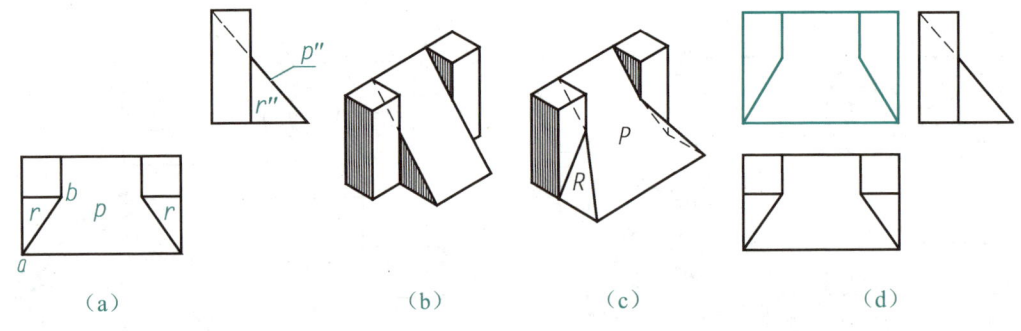

图3-15 例3-2图

【例3-3】根据如图3-16（a）所示的视图，设想该组合体的形体并补作其左视图。

作图步骤：

（1）形体分析。由主视图和俯视图可知，该组合体的基础立体是一个长方体，如图3-16（b）所示。

（2）划分线框，进行线面分析。从俯视图中划分出四个线框，从主视图中划分出两个线框，如图3-16（b）所示。其中，俯视图中的线框 1 和 2 对应主视图中的两条水平线 $1'$ 和 $2'$，由此可知这两个平面为水平面，如图3-16（c）所示；俯视图中的两个矩形线框 3 和 4 对应主视图中的斜线 $3'$ 和 $4'$，由此可知这两个平面为正垂面，其侧面投影为类似形，如图3-16（d）所示；主视图中的线框 $5'$ 和 $6'$ 对应俯视图中的线段 5 和 6，由此可知这两个平面为正平面，如图3-16（e）所示。

（3）综合设想，补作左视图。综合上述分析，可设想出该组合体的形体是一个被六个平面切割的长方体，是楼梯的一个简化模型。按照上述分析过程，逐步作出其左视图，结果如图3-16（e）所示。

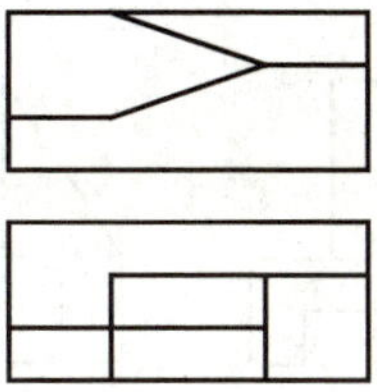

图 3-16 三维模型

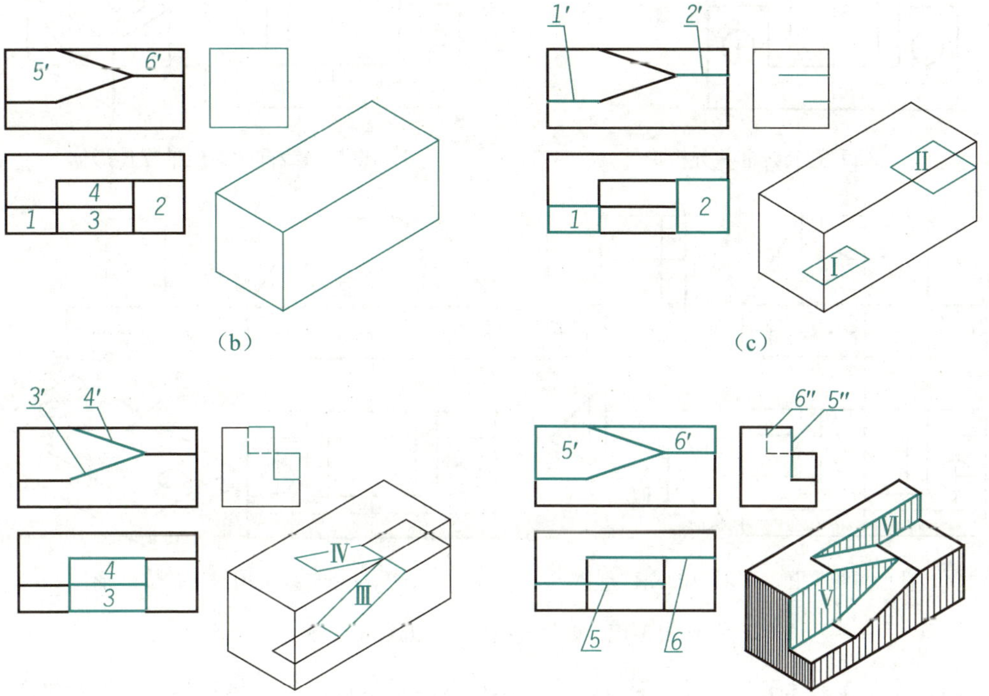

图 3-16 例 3-3 图

任务实施 ——设想组合体的立体形体

形体分析：

(1) 划分线框，分析形体。由图 3-1 可知，该组合体三视图中的主视图能较多地反映各部分的形体特征，因此识读时可从主视图入手。经分析，可从中划出Ⅰ、Ⅱ、Ⅲ、Ⅳ四个线框，如图 3-17（a）所示。

(2) 对照投影，设想形体。按所划分的线框分别找出与其对应的另外两个投影，从而设想出与各线框对应的立体形体，如图 3-17（b）～图 3-17（d）所示。

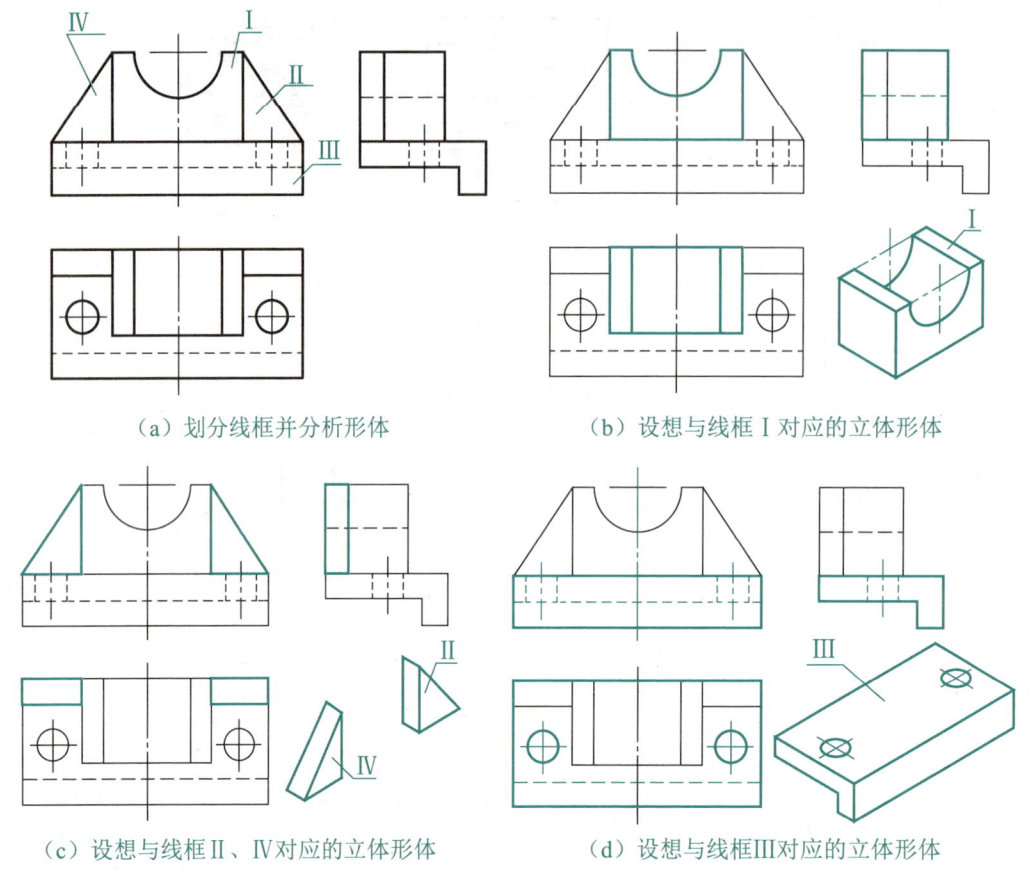

(a) 划分线框并分析形体　　　　(b) 设想与线框Ⅰ对应的立体形体

(c) 设想与线框Ⅱ、Ⅳ对应的立体形体　　(d) 设想与线框Ⅲ对应的立体形体

图 3-17　设想各线框对应的立体形体

（3）综合各立体形体，设想整体。在设想出与各线框对应的立体形体后，根据组合体的三视图，确定各立体之间的相对位置，从而综合设想出整个组合体的形体，如图 3-18 所示。

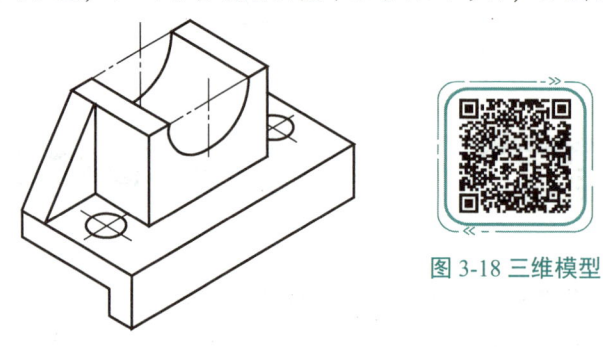

图 3-18 三维模型

图 3-18　组合体的形体

创想天地

形体分析法和线面分析法是绘制与识读组合体视图的主要方法。请查阅有关资料，分析这两种方法各自的优点，讨论它们在实际应用中的注意事项。

项目三 组合体与轴测图的画法

任务二 轴测图的画法

任务引入

用正投影法绘制的三视图虽然能准确表示立体的形体,作图简便且度量性好,但是缺乏立体感,只有具有一定专业基础的人才能读懂。因此,工程中常用轴测图作为辅助图样,以直观地表示立体的形体。试根据图 3-19 所示立体的三视图,作出该立体的正等轴测图。

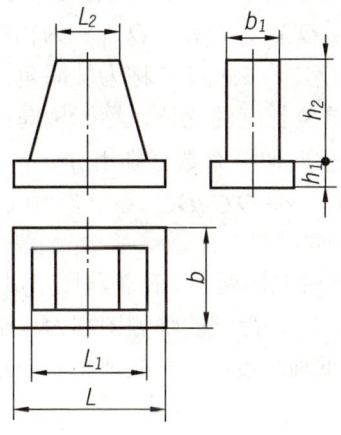

图 3-19 立体的三视图

本任务首先介绍轴测图的形成和分类,然后在此基础上介绍正等轴测图与斜二等轴测图的画法。

相关知识

一、轴测图的基本知识

1. 轴测图的形成

将空间立体连同其参考直角坐标系,沿不平行于任一坐标平面的方向,用平行投影法投射到单一投影面上所得到的图形,称为轴测投影图,简称"轴测图",如图 3-20 所示。

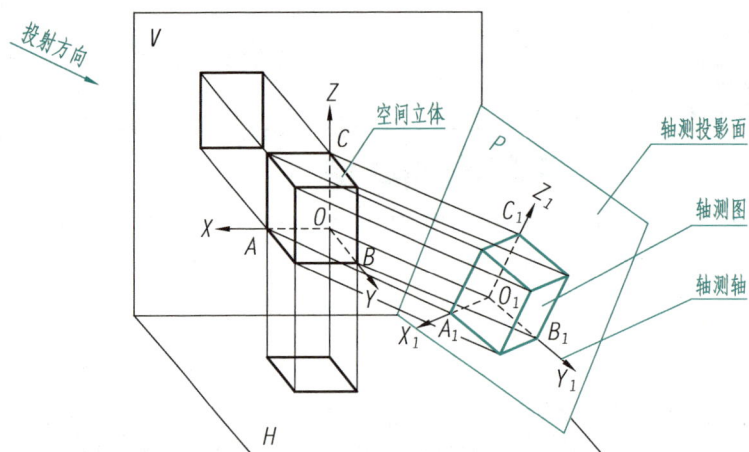

图 3-20 动画

图 3-20 轴测图的形成

在图 3-20 中，轴测图所在的平面 P 称为轴测投影面；投影轴 OX、OY、OZ 在轴测投影面上的投影 O_1X_1、O_1Y_1、O_1Z_1 称为轴测轴；两轴测轴之间的夹角 $\angle X_1O_1Y_1$、$\angle Y_1O_1Z_1$、$\angle X_1O_1Z_1$ 称为轴间角；轴测轴上的单位长度与相应投影轴上的单位长度的比值，称为轴向伸缩系数。将轴测轴 O_1X_1、O_1Y_1、O_1Z_1 的轴向伸缩系数分别用 p、q、r 表示，则有 $p=O_1A_1/OA$，$q=O_1B_1/OB$，$r=O_1C_1/OC$。

图 3-21 动画

2. 轴测图的分类

轴测图可分为正轴测图和斜轴测图两种。在轴测图形成的过程中，若投射方向垂直于轴测投影面，则所得到的轴测图称为正轴测图，如图 3-21 所示；若投射方向倾斜于轴测投影面，则所得到的轴测图称为斜轴测图，如图 3-22 所示。

图 3-22 动画

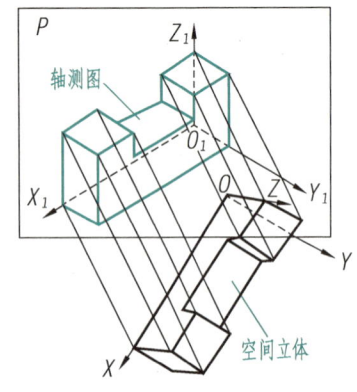

图 3-21 正轴测图

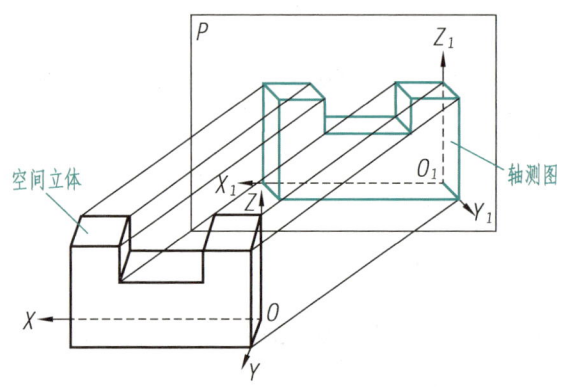

图 3-22 斜轴测图

根据轴向伸缩系数的不同，上述两类轴测图又可分为很多种，但为了作图简便，国家标准规定通常采用正等轴测图、正二等轴测图和斜二等轴测图三种。其中，正等轴测图和斜二等轴测图在机械图样中的应用较为广泛，它们的主要参数如表 3-1 所示。

项目三　组合体与轴测图的画法

表 3-1　正等轴测图和斜二等轴测图的主要参数

名称	立体图	轴间角	轴向伸缩系数（括号内为简化的轴向伸缩系数）
正等轴测图	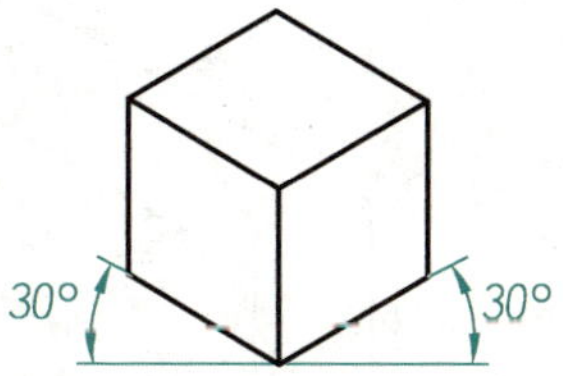 30°，30°	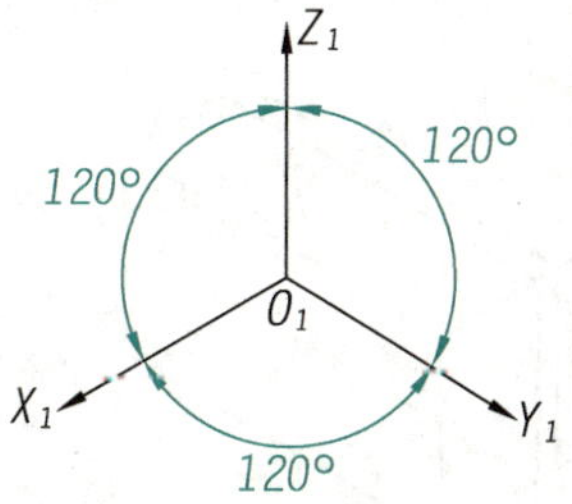 X_1、Y_1、Z_1 之间均为 120°	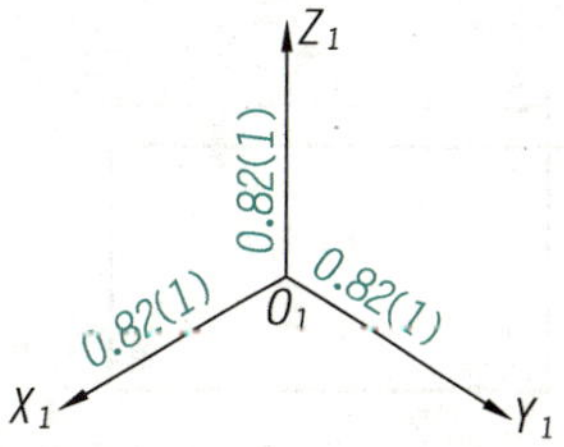 $p = q = r = 0.82(1)$
斜二等轴测图	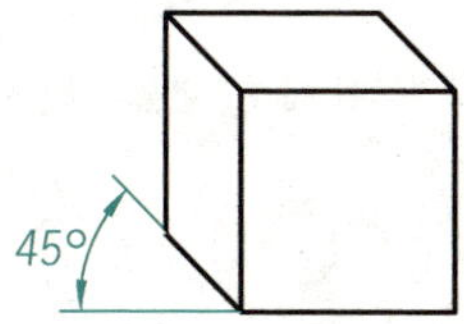 45°	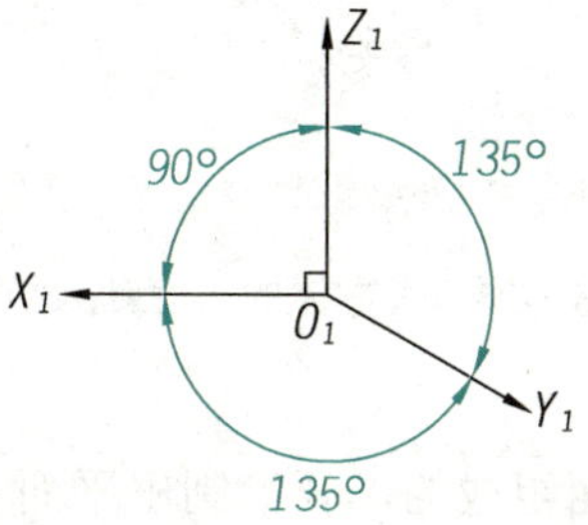 $X_1 O_1 Y_1 = 135°$，$Y_1 O_1 Z_1 = 135°$，$X_1 O_1 Z_1 = 90°$	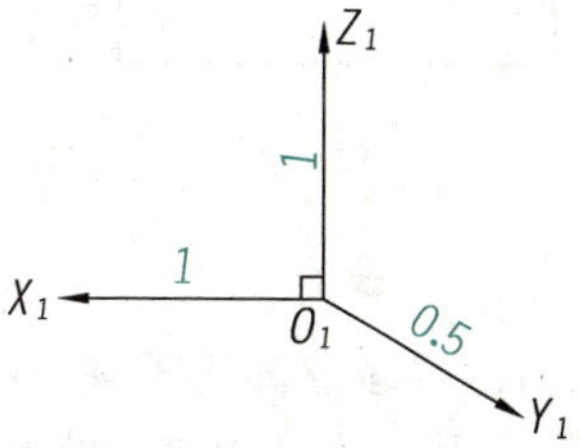 X_1 轴 1，Y_1 轴 0.5，Z_1 轴 1

> **点拨**
>
> 轴间角与轴向伸缩系数是绘制轴测图的两个主要参数。立体上与投影轴平行的线段，将其实际测量的长度乘以相应的轴向伸缩系数，就是该线段在轴测图中投影的长度，"轴测"就是因此而得名；但与投影轴不平行的线段，必须确定其两个端点在轴测图中的投影后，才能确定该线段在轴测图中投影的长度。

随堂笔记

二、正等轴测图的画法

正等轴测图简称"正等测"，其三个轴间角均为 120°，三个轴测轴的轴向伸缩系数相等，即 $p = q = r = 0.82$。其中，$O_1 X_1$ 轴表示长度方向，$O_1 Y_1$ 轴表示宽度方向，$O_1 Z_1$ 轴表示高度方向，且规定 $O_1 Z_1$ 轴画成铅垂线，如表 3-1 所示。

为便于作图,正等轴测图在实际作图时通常采用简化的轴向伸缩系数,即 $p=q=r=1$。此时,立体在各轴测轴方向上的所有尺寸都用实际量取的长度,均放大了 $1/0.82≈1.22$ 倍,这会使所绘制出的图形比原立体有所放大,但不影响理解立体的形体,如图 3-23 所示。

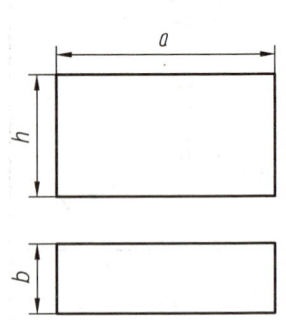 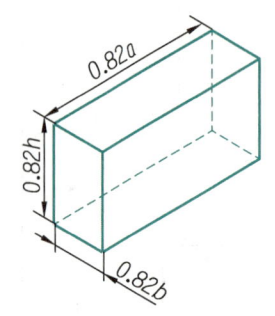 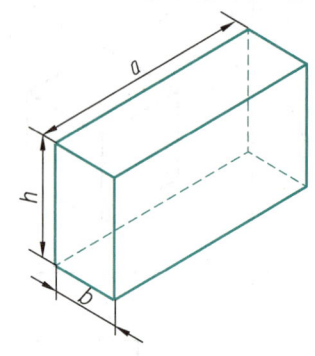

（a）正投影图　　（b）未简化轴向伸缩系数的正等轴测图　（c）简化轴向伸缩系数的正等轴测图

图 3-23　长方体的正等轴测图比较

1. 平面立体正等轴测图

平面立体是由点、线和平面组成的,要绘制出平面立体的正等轴测图,只需要在轴测投影面上作出平面立体上各点的投影,然后依次连接各点的投影即可。

学以致用

【例 3-4】如图 3-24（a）所示,已知正六棱柱的三视图,试绘制其正等轴测图。

分析：作正六棱柱的正等轴测图,首先需要在轴测轴上找到正六棱柱上底面各顶点的位置并画出,然后连接各顶点,接着过各顶点作长度相等的垂线,最后连接垂线各端点并擦去不可见轮廓线。

作图步骤：

（1）在视图中建立参考直角坐标系,如图 3-24（b）所示。

（2）画正六棱柱的上底面。首先,画出正等轴测轴,在 O_1X_1 轴上量取 $O_1A_1=oa$ 取点,得到点 A 的轴测投影 A_1,并采用同样的方法得到点 B、C、D 的投影 B_1、C_1、D_1；然后,过点 C_1、D_1 作 O_1X_1 轴的平行线,在平行线上分别量取 $L/2$ 取点,可得到六边形的其他顶点；最后,用直线依次连接各顶点,如图 3-24（c）所示。

（3）画正六棱柱的侧棱线。由六边形各顶点向下引 O_1Z_1 轴的平行线（不可见的侧棱线可省略不画）,取长度为正六棱柱的实际高度 h,这些平行线即为正六棱柱的侧棱线,如图 3-24（d）所示。

（4）画正六棱柱的下底面。用直线依次连接相邻侧棱线的端点（不可见的侧棱线可省略不画）,最后检查图形,确认无误后擦去多余的图线并描深加粗可见图线,即可得到正六棱柱的正等轴测图,结果如图 3-24（e）所示。

图 3-24 动画

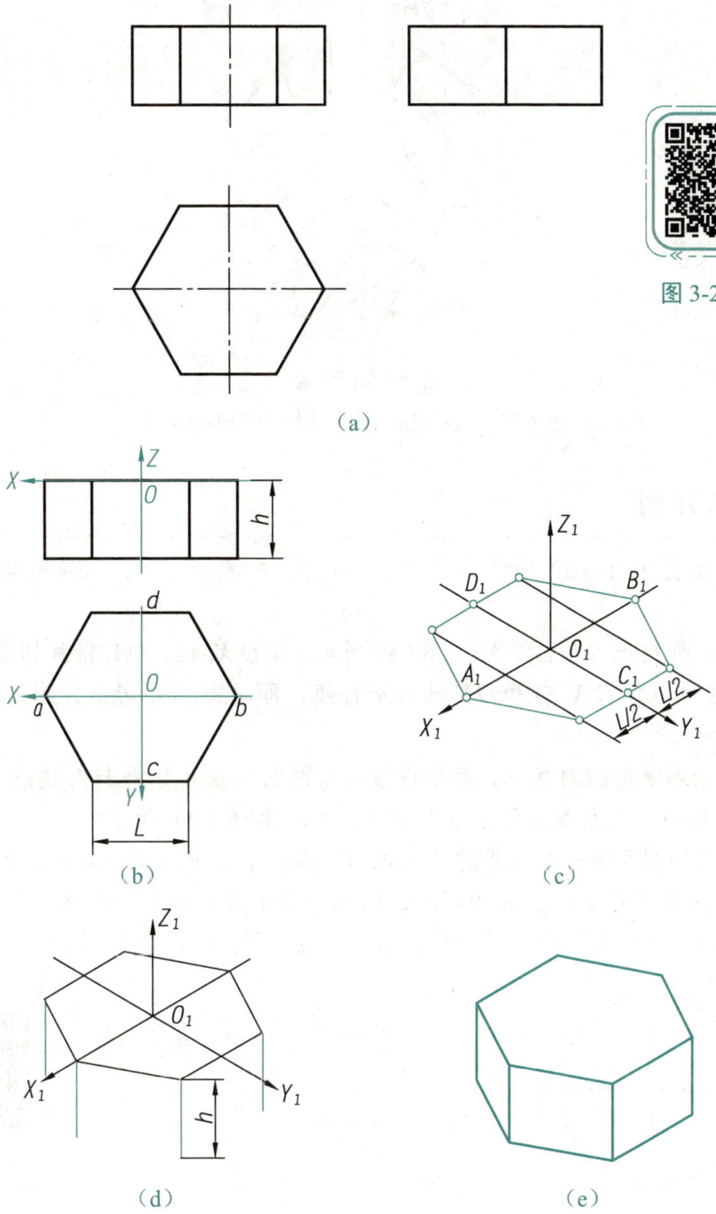

图 3-24 例 3-4 图

2. 回转体正等轴测图

在由三视图绘制正等轴测图时,由于三视图各投影面相对于轴测投影面都是倾斜的,且倾角相等,因此与三视图中的圆相对应的轴测投影均为大小相等、方向不同的椭圆,而椭圆的方向则取决于其长、短轴的方向,如图 3-25 所示。实际作图时,一般不要求准确地作出椭圆的曲线,只需要采用四心圆弧法作出近似椭圆即可。

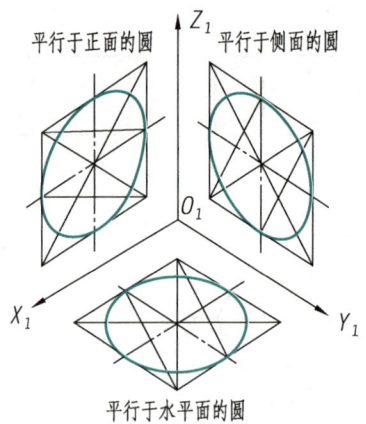

图 3-25 三视图各投影面中圆的轴测投影

学以致用

【例 3-5】如图 3-26（a）所示，已知水平位置圆的水平投影，试绘制其正等轴测图。

作图步骤：

（1）作圆的外接正方形，如图 3-26（a）所示；作 O_1X_1 轴、O_1Y_1 轴和切点 A_1、B_1、C_1、D_1，然后过这些点作 O_1X_1 轴和 O_1Y_1 轴的平行线，即可得到外切正方形的轴测菱形，如图 3-26（b）所示。

（2）连接轴测菱形的对角线，然后将短对角线的顶点 4 分别与对边的中点 B_1、C_1 连接起来，并分别与长对角线交于点 2 和点 3，如图 3-26（c）所示。

（3）分别以轴测菱形短对角线的顶点 4、1 为圆心，以 R_2（即 B_14）为半径作圆弧 C_1B_1 和 D_1A_1，接着分别以点 2 和点 3 为圆心，以 R_1（即 C_13）为半径作圆弧 B_1A_1 和 C_1D_1，这 4 段圆弧连成的近似椭圆即为水平位置圆的正等轴测图，如图 3-26（d）所示。

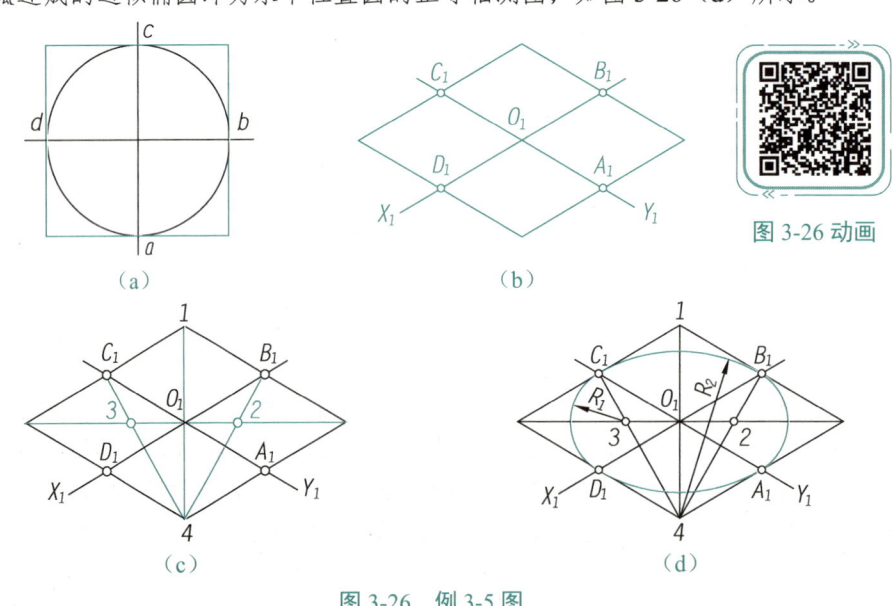

图 3-26 例 3-5 图

项目三　组合体与轴测图的画法

【例 3-6】 如图 3-27（a）所示，已知圆柱的视图，试绘制其正等轴测图。

分析： 首先在视图中建立参考直角坐标系；然后利用四心圆弧法作出顶圆的轴测投影（椭圆），将该椭圆各段圆弧的圆心沿 O_1Z_1 轴向下量取一个圆柱的高度取点（这些点就是下底椭圆各段圆弧的圆心），判别下底椭圆的可见性并作出其可见部分的轮廓线；最后作两椭圆的公切线，即可完成作图。作图过程如图 3-27 所示。

图 3-27 动画

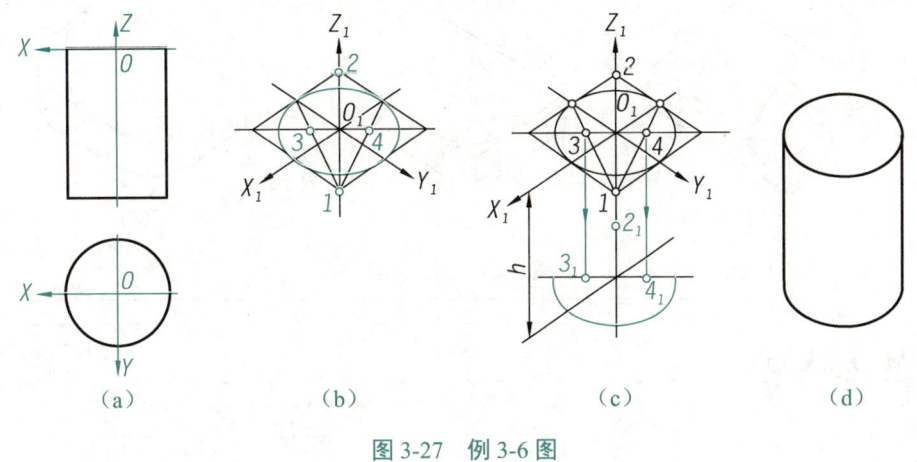

图 3-27　例 3-6 图

3. 圆角正等轴测图

对于具有圆角（1/4 圆柱面）结构立体，其正等轴测图可先绘制出立体的棱边，然后找出棱边与圆角之间的切点并过各切点作棱边的垂线，最后以垂线的交点为圆心来绘制圆角的圆弧即可。

　学以致用

【例 3-7】 根据如图 3-28（a）所示的视图，试绘制该立体的正等轴测图。

作图步骤：

（1）作长方形板的正等轴测图，接着在其顶面上量取圆角的四个切点 1、2、3、4，如图 3-28（b）所示。

（2）分别过圆角各切点作其所在棱边的垂线，其交点分别为 O_1、O_2，如图 3-28（c）所示；然后以点 O_1 为圆心，以 O_11 为半径作圆弧连接切点 1、2，接着以点 O_2 为圆心，以 O_23 为半径作圆弧连接切点 3、4，即可得到顶面的圆角，如图 3-28（d）所示。

图 3-28 动画

（3）将圆心 O_1、O_2 以及切点 1、2、3、4 沿竖直方向向下量取 h（板的高度）取点，即可得到底面两圆弧的圆心和切点，按照相同的方法作出底面圆角的正等轴测图，如图 3-28（e）所示。

（4）擦去多余图线，作长方形板右侧顶面、底面两个圆弧的公切线，描深加粗可见图线，结果如图 3-28（f）所示。

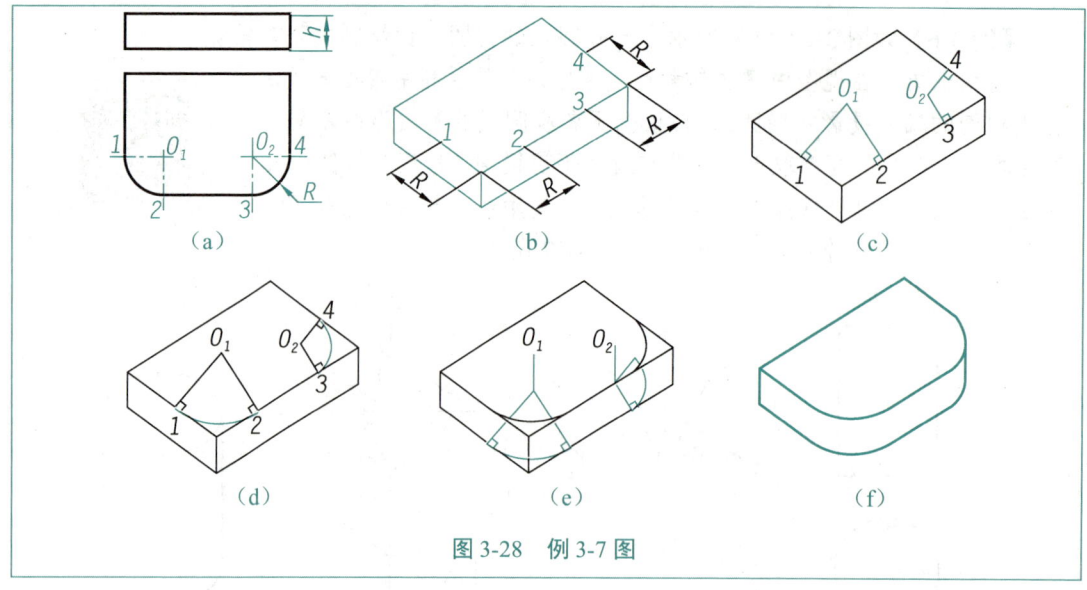

图 3-28　例 3-7 图

三、斜二等轴测图的画法

当空间立体上的 XOZ 坐标平面平行于轴测投影面，并将 OZ 轴置于铅垂位置时，用斜投影法将立体连同其参考直角坐标系一起向正面投射，所得到的轴测图称为斜二等轴测图。

如表 3-1 所示，在斜二等轴测图中，由于立体上的 XOZ 坐标平面与轴测投影面平行，因此立体上平行于 XOZ 坐标平面的直线和图形在轴测投影面上均反映实长和实形，O_1X_1 轴和 O_1Z_1 轴的轴向伸缩系数相等，且 $p=r=1$、轴间角 $\angle X_1O_1Z_1=90°$；O_1Y_1 轴与其他两轴测轴之间的轴间角、O_1Y_1 轴的轴向伸缩系数都随着投射方向的不同而不同，可任意选定，但为了作图简便通常选取轴间角 $\angle X_1O_1Y_1=\angle Y_1O_1Z_1=135°$，选取 $q=0.5$。

 **学以致用**

【例 3-8】根据如图 3-29（a）所示的视图，试绘制该立体的斜二等轴测图。

分析： 该立体由四周有四个通孔的扁圆柱和一个圆柱筒叠加而成。作图时，可根据该立体的形成过程逐一作出各部分。为作图方便，可将参考直角坐标系的原点设在底板前端面的中心处。

作图步骤：

（1）在图 3-29（a）中建立参考直角坐标系，并在合适位置画出斜二等轴测轴，然后在 $X_1O_1Z_1$ 面上按 1∶1 的比例画出圆柱的前端面，如图 3-29（b）所示。

（2）取 $p=r=1$，$q=0.5$，即在 O_1X_1、O_1Z_1 轴方向上的投影取实长，在 O_1Y_1 轴方向上的投影取实长的一半。由于底板前、后表面的距离为 L，因此可将点 O_1 沿 O_1Y_1 轴向后移动 $L/2$，然后以该点为中心，按 1∶1 的比例画圆柱后端面，最后在两个大圆之间作公切线并擦去不可见部分，如图 3-29（c）所示。按照上述方法绘制该立体前方的圆柱筒，如图 3-29（d）所示。

（3）擦去图中多余图线，描深加粗可见图线，结果如图 3-29（e）所示。

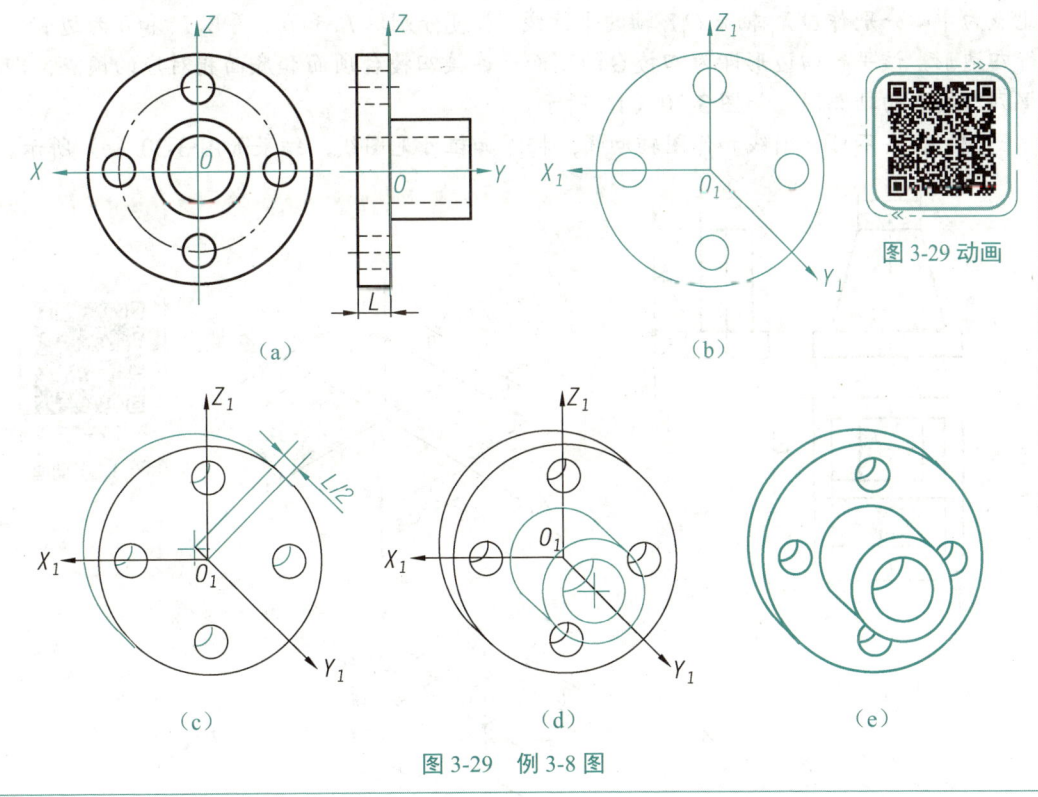

图 3-29 例 3-8 图

 点拨

绘制斜二等轴测图时，应尽量使立体上形体较复杂的一面平行于 $X_1O_1Z_1$ 面；凡是平行于 O_1Y_1 轴的线段，其长度为立体上实际长度的一半。

任务实施——作出立体的正等轴测图

分析： 根据三视图设想该立体的形体，它是在长方体上方叠加一个四棱台而形成的。作出该立体的正等轴测图时，应按其形成过程先画出长方体，再画叠加的四棱台。

作图步骤：

（1）在三视图中建立参考直角坐标系，如图 3-30（a）所示。

（2）作轴测轴和长方体的轴测图。先画出三个正等轴测轴，然后在 O_1X_1 轴正、反方向上分别量取 $L/2$ 取点，在 O_1Y_1 轴的正、反方向上分别量取 $b/2$ 取点，得到四个点；过这四个点分别作 O_1X_1 轴和 O_1Y_1 轴的平行线，得到平行四边形，该平行四边形即为长方体顶面的四个顶点。过平行四边形的四个顶点分别向下作垂线，在各垂线上分别量取 h_1 取点，得到四个点；连接这四个点，即可得到长方体的轴测图，如图 3-30（b）所示。

（3）作四棱台的轴测图。在 O_1X_1 轴正、反方向上分别量取 $L_1/2$ 取点，过这两点作 Y_1 轴的平行线；在 O_1Y_1 轴的正、反方向上分别量取 $b_1/2$ 取点，过这两点作 O_1X_1 轴的平行线，可得到四棱台底面的平行四边形，如图 3-30（c）所示。在 O_1Z_1 轴的正方向上量取 h_2 取点，以此点为中心分别作 O_1X_1 轴和 O_1Y_1 轴的平行线，长度分别取 L_2 和 b_1，再以 L_2 和 b_1 为边长作平行四边形，该平行四边形即为四棱台的顶面；连接四棱台顶面和底面相对应的顶点，即可得到四棱台的轴测图，如图 3-30（d）所示。

（4）擦去不可见图线和作图辅助线，描深加粗可见图线，结果如图 3-30（e）所示。

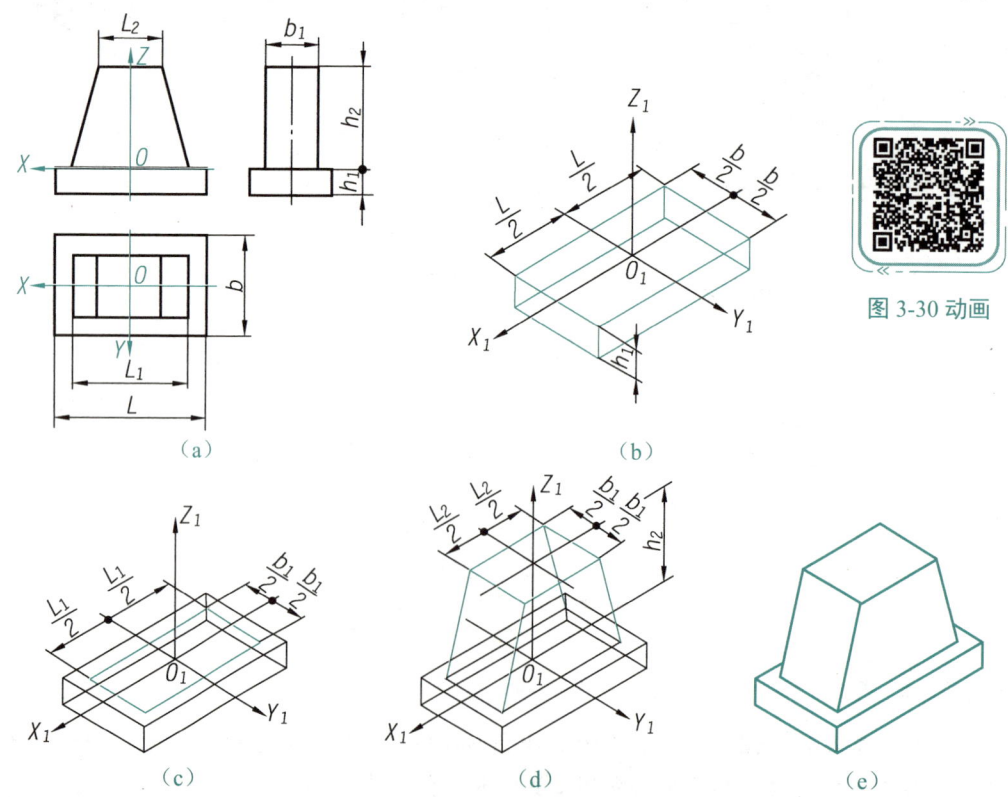

图 3-30 动画

图 3-30 作出立体的正等轴测图

项目三　组合体与轴测图的画法

💡 创想天地

轴测图具有较好的立体感，因此常被机械产品的使用说明书、维修手册等技术资料所采用。请查阅有关资料，搜集轴测图在表示零部件装配关系方面的典型应用，并分析其画法。

📝 随堂笔记

❓ 思想启迪

绘制组合体和轴测图时，不仅需要具备良好的空间感知力和想象力，还需要具备空间推理能力和审美能力等。这些综合能力的培养，不仅深化了我们对客观世界的认知，还激发了我们的创新精神和探索未知的热情。在绘制过程中，我们要学会从多角度、多层次审视问题，以便更全面地把握空间结构的复杂性和多样性。同时，这种综合能力的提升，也为我们追求卓越、实现创新奠定了坚实的基础。

学习成果评价

指导教师对学生的实际学习成果进行评价,学生配合指导教师共同完成表 3-2。

表 3-2 学习成果评价表

班级		组号		日期		
姓名		学号		指导教师		
学习成果名称		组合体与轴测图的画法				
评价项目	评价内容		评价方式	满分/分	评分/分	
知识（40%）	组合体的形体分析		理论测试	4		
	组合体的画法和尺寸注法			10		
	组合体视图的识读方法			6		
	轴测图的形成和分类			4		
	正等轴测图的画法			8		
	斜二等轴测图的画法			8		
技能（40%）	设想组合体的立体形体		实践检验	20		
	作出立体的正等轴测图			20		
素养（20%）	积极参加教学活动，主动学习、思考、讨论		综合评判	6		
	认真负责，按时完成学习、实践任务			4		
	团结协作，与组员之间密切配合			4		
	服从指挥，遵守课堂和实训室纪律			4		
	守正创新，自信自强			2		
合计				100		
自我评价						
指导教师评价						

项目四 机件的表示方法

项目导读

在工程中，机件的形状和结构多种多样，仅采用三视图有时难以清楚、完整地表示机件。为此，国家标准《技术制图》和《机械制图》中规定了视图、剖视图、断面图等基本表示方法，以及局部放大图、简化画法等其他表示方法，以满足工程实际对图样的各种需要。

本项目主要介绍机件表示方法的画法及注意事项，并通过案例来介绍这些表示方法的综合应用。

知识目标

- ◇ 掌握视图的分类、画法和注意事项。
- ◇ 掌握剖视图的形成、画法和分类方法。
- ◇ 掌握移出断面图与重合断面图的画法和注意事项。
- ◇ 掌握局部放大图的画法和注意事项。
- ◇ 掌握机件常用的简化画法。
- ◇ 掌握机件表示方法的综合应用。

技能目标

- ◇ 能够正确绘制视图、剖视图和断面图。
- ◇ 能够正确绘制局部放大图。
- ◇ 能够正确应用简化画法绘制机械图样。
- ◇ 能够综合应用各种表示方法绘制机械图样。

素质目标

- ◇ 秉持严谨细致、精益求精的科学态度。
- ◇ 具备逻辑缜密、层次分明的表达能力。

任务一 机件的基本表示方法

任务引入

在机械图样中，视图主要用于表示机件外部的形状和结构，通常只画出机件的可见部分，必要时才用虚线画出其不可见部分。当机件内部的结构比较复杂时，视图中就需要画出较多的虚线，从而给机械图样的识读、绘制及尺寸标注带来诸多不便。为此，国家标准规定可用剖视图来表示机件内部的形状和结构，它是机件常用的表示方法之一。如图 4-1 所示为底座的俯视图和剖切立体图，请作出其剖视图。

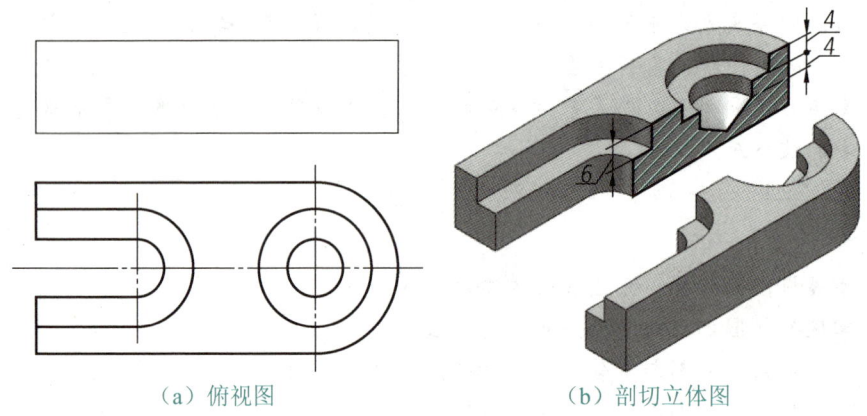

(a) 俯视图　　　　　　　(b) 剖切立体图

图 4-1　底座的俯视图和剖切立体图

本任务首先介绍视图、剖视图和断面图的形成、分类及基本要求，然后讲解视图、剖视图和断面图的画法和标注方法。

相关知识

一、视图

国家标准规定了机件的各种表示方法，包括视图、剖视图、断面图、局部放大图和简化画法等。其中，视图通常分为基本视图、向视图、局部视图和斜视图四种。

1. 基本视图

当机件的外形比较复杂时，为了清晰地表示其上、下、左、右、前、后的不同形状，可在三视图原有三个投影面的对面再分别增设一个投影面，这六个投影面便形成了一个六面体。该六面体的六个面称为基本投影面，机件在基本投影面上的投影称为基本视图，其形成及配置如图4-2所示。其中，除已介绍过的三视图外，基本视图还有右视图（由右向左投射所得到的图形）、仰视图（由下向上投射所得到的图形）、后视图（由后向前投射所得到的图形）。

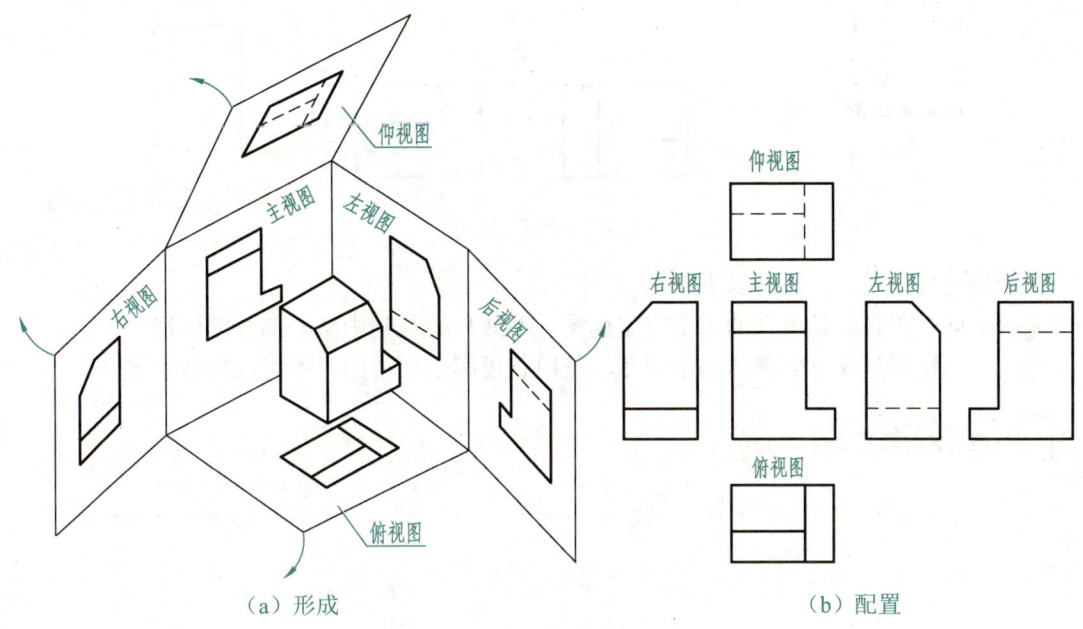

（a）形成　　　　　　　　　　　　（b）配置

图4-2　基本视图的形成及配置

由图4-2可知，六个基本视图之间有以下关系。

（1）六个基本视图之间仍然保持"长对正、高平齐、宽相等"的投影规律，即主、俯、仰、后视图等长，主、左、右、后视图等高，左、右、俯、仰视图等宽。

（2）六个基本视图按投影关系配置后，它们之间的相对位置有前后规律，即左、右、俯、仰视图上靠近主视图的一侧为机件的后面，而远离主视图的一侧为前面。

绘制基本视图时，应注意以下事项。

（1）应根据机件的形状和结构特点合理选择视图，在表示清楚的前提下尽量使视图的数量最少，并优先选用主、俯、左三个基本视图，即三视图。

（2）在同一张图纸上，当机件的各基本视图按投影关系配置时，一律不标注视图的名称。

2. 向视图

向视图是指未按投影关系配置的视图。绘制向视图时，应在其正上方用大写字母标注视图的名称，并在相应的基本视图附近用字母和箭头指明投射的部位和方向，如图4-3中的向视图D、E、F。

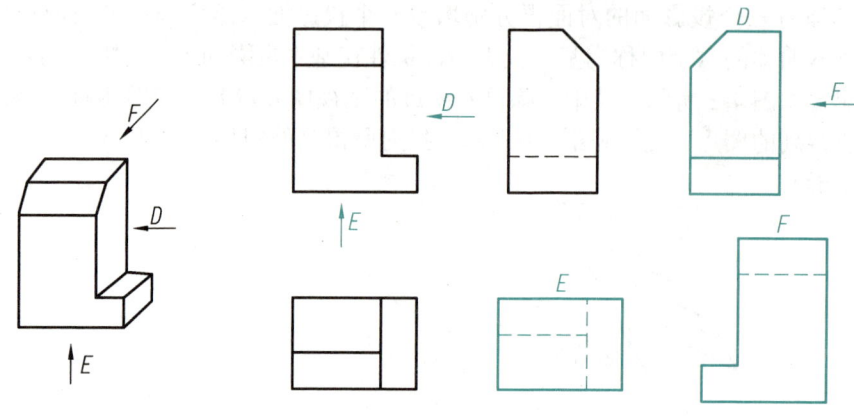

图 4-3　向视图示例

绘制向视图时，应注意以下事项。
（1）向视图必须是机件的一个完整视图，不能只绘制其中某一部分的图形。
（2）向视图是移位配置的基本视图，是用正投影法获得的，不可以旋转配置。

随堂笔记

3．局部视图

局部视图是指仅将机件中的某一部分向基本投影面投射所得到的视图，主要用于表示机件的局部外形。如图 4-4 所示，机件在选定主视图和俯视图后，只有 A 向和 B 向两个箭头所指凸起部分的结构尚未表示清楚，为此，可采用 A、B 两个局部视图加以补充。这样既简化了作图，又使机械图样简单明了。

局部视图可以按基本视图的形式配置，也可按向视图的形式配置。绘制局部视图时应注意以下事项。

（1）局部视图一般需要标注投射方向和视图名称，但当其按基本视图的形式配置且与相应的基本视图之间没有其他图形时，可省略标注，如图 4-4（b）中的字母 A 及箭头均可省略。

图 4-4　三维模型

（2）局部视图按向视图的形式配置时应配置在合适的位置，在其正上方用大写字母标出视图的名称，在相应的视图附近用箭头指明投射方向并注上同样的字母，如图 4-4（b）中的局部视图 B。

（3）局部视图中断开处的分界线用波浪线或双折线表示，如图 4-4（b）中的局部视图 A。但当所表示的局部结构是完整的且外形轮廓线呈封闭状态时，波浪线可省略不画，如图 4-4（b）中的局部视图 B。

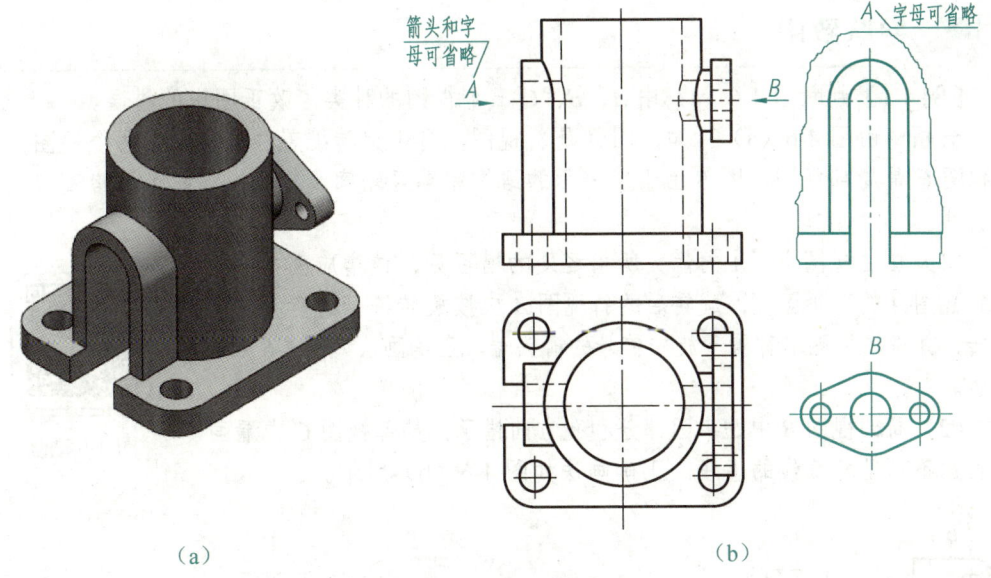

图 4-4 局部视图示例

4. 斜视图

斜视图是指将机件向不平行于基本投影面的平面投射所得到的视图，主要用于表示机件上倾斜部分的实形。如图 4-5 所示，斜视图通常只需要画出机件上倾斜部分的实形，不需要画出其余部分，倾斜部分与其他部分之间的断开处用波浪线或双折线表示。

图 4-5 动画

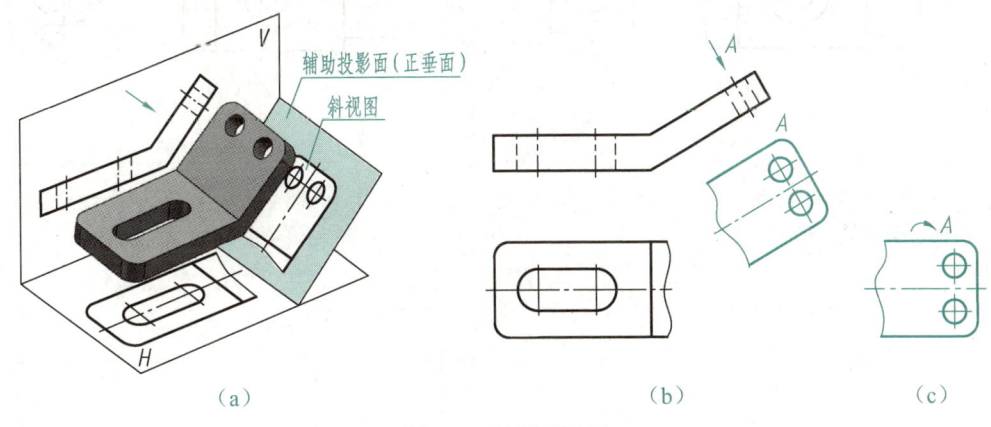

图 4-5 斜视图示例

斜视图的配置及标注通常参照向视图的有关规定，必要时允许将斜视图旋转配置。将斜视图旋转配置时，应在斜视图上方标注旋转符号和视图名称，即"⤴×"或"×⤴"。其中，表示该斜视图名称的大写字母"×"应靠近旋转符号的箭头端，旋转符号的箭头方向与斜视图的旋转方向应一致，如图 4-5（c）所示。

 **学以致用**

【例 4-1】判断图 4-6（a）中 A、B、C 三个视图的种类，改正图中的错误。

分析：由图 4-6（a）可知，图 A 是斜视图，有未旋转配置和旋转配置两个视图；图 B 和图 C 是局部视图，图 B 由于所表示的结构完整且轮廓线封闭，因此可省略波浪线或双折线。

（1）在主视图中，A 向箭头所指之处的槽可见，该槽应画在未旋转斜视图 A 的下半圆侧；旋转后的斜视图 A 应按旋转符号的箭头方向旋转，并将该视图名称置于旋转符号的箭头端。正确画法如图 4-6（b）所示。

（2）局部视图 B 中的半圆部分和孔方向错了；局部视图 C 中漏画了表示不可见轮廓线的虚线。正确画法如图 4-6（b）所示。

图 4-6 动画

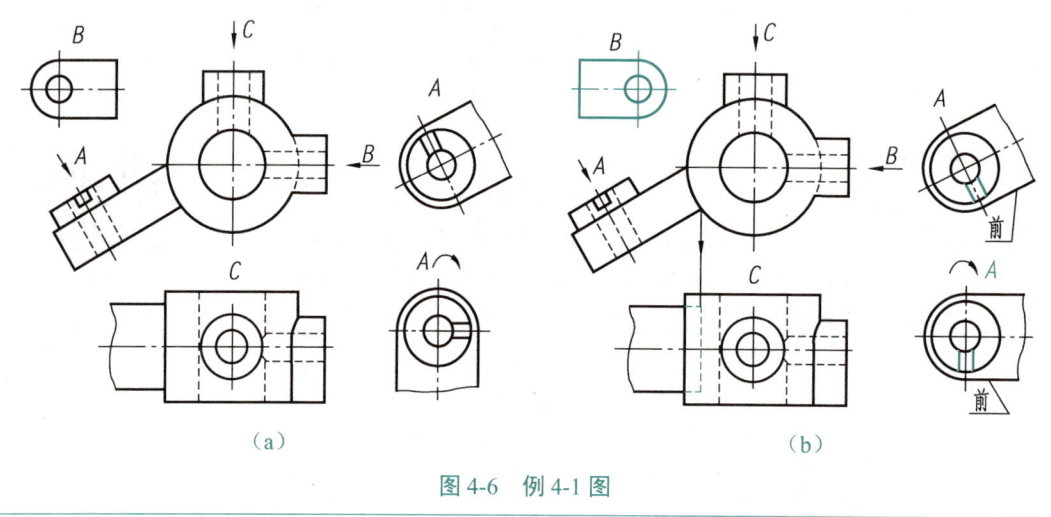

图 4-6 例 4-1 图

📋 **随堂笔记**

二、剖视图

用视图表示机件时，机件内部的形状不可见，需要用虚线表示。当机件内部的结构比较复杂时，视图中就会出现较多虚线，有时虚线会与外形轮廓线（粗实线）相互重叠而影响视图的清晰度，给读图和标注尺寸带来困难。为此，国家标准规定可用剖视图来表示机件内部的形状和结构。

1．剖视图的形成和画法

1）剖视图的形成

假想用剖切面剖开机件，将处在观察者和剖切面之间的部分移去，将余下部分向投影面投射所得的图形，称为剖视图，其形成过程如下。

当机件未剖开时，表示机件内部孔、槽的图线在主视图中均不可见，它们用虚线表示，如图 4-7（a）所示；假想以机件的前后对称平面作为剖切面将机件剖开，剖切面与机件的接触部分称为剖面区域，如图 4-7（b）所示；移去剖切面前面的部分，将余下部分向正面投射，即可得到该机件的剖视图，如图 4-7（c）所示。其中，表示机件内部孔、槽的图线在剖视图中均可见，为粗实线。

图 4-7 动画

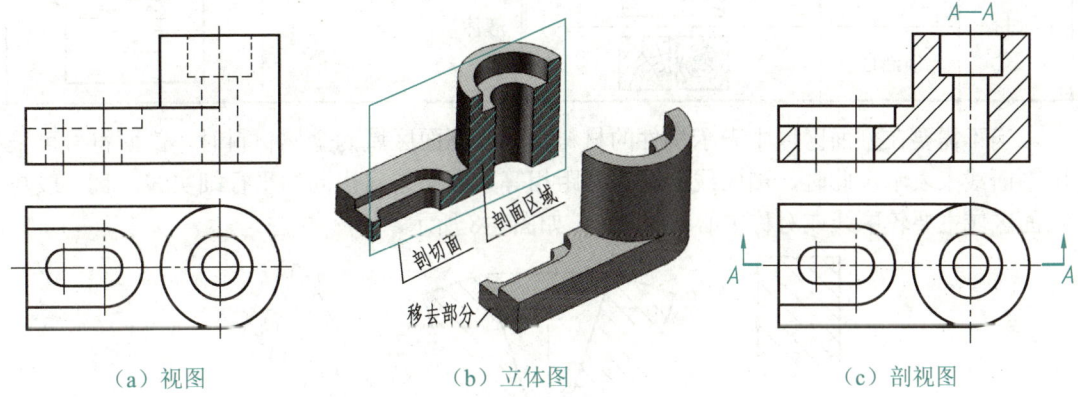

（a）视图　　　　　（b）立体图　　　　　（c）剖视图

图 4-7　剖视图的形成过程

2）剖视图的标注和配置

为了便于读图，剖视图一般应在其上方标注名称"×—×"（×为大写字母，如 A、B、C 等），在相应的视图上画出剖切符号（用长为 5～10 mm、宽为 d～$1.5d$ 的短粗线表示剖切位置，用箭头表示投射方向），并标注同样的字母，如图 4-7（c）所示。

当剖视图按投影关系配置且与相应的基本视图之间又没有其他图形时，剖切符号中的箭头可以省略；当剖切面通过机件的对称平面、剖视图按投影关系配置且与相应的基本视图之间又没有其他图形时，剖视图可不标注。例如，在图 4-7（c）中，剖视图的名称、俯视图中的剖切符号及字母均可不标注。

3）剖面符号与剖面线的画法

国家标准规定，剖视图中的剖面区域应画出剖面符号，并且不同材料的剖面区域要用不同的剖面符号表示。常用材料的剖面符号如表 4-1 所示。

表 4-1　常用材料的剖面符号

材料类型	剖面符号	材料类型	剖面符号
金属材料（已有规定剖面符号者除外）		非金属材料（已有规定剖面符号者除外）	
混凝土		钢筋混凝土	
型砂、填砂、粉末冶金、砂轮、陶瓷刀片、硬质合金刀片等		砖	
玻璃及供观察用的其他透明材料		格网（筛网、过滤网等）	
木材　纵断面		液体	
木材　横断面			

当不需要在剖面区域中表示机件的材料类型或剖面区域为金属材料时，剖面符号可采用剖面线来表示。此时，剖面线应画为间距相等、倾斜方向相同的平行细实线，且一般与剖面区域主要轮廓线或对称中心线呈 45°，如图 4-8 所示。

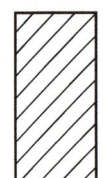
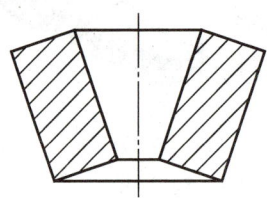
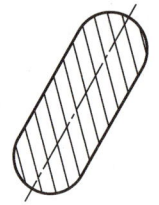

图 4-8　剖面线的画法

> **点拨**
>
> 同一机件中，各剖面区域中的剖面线应当一致；但当其中某个剖面区域的主要轮廓线与水平线呈 45°时，该剖面区域中的剖面线可适当调整倾斜角度，而其倾斜方向应与其他剖面区域剖面线的倾斜方向一致。相邻零件的剖面区域应采用倾斜方向相反，或倾斜方向相同但间距不同的剖面线。

4）剖视图的画法

下面以如图 4-9（a）所示的机件为例，介绍剖视图的画法。

（1）作基本视图。根据机件的形状和结构，作出其基本视图，如图 4-9（b）所示。

（2）确定剖切面。剖切面应选择机件的对称平面。

（3）作剖视图。剖切面与机件表面的交线以及剖切面后面的可见轮廓线，都用粗实线

图 4-9　三维模型

画出；剖切面后面的不可见轮廓线，若在其他视图中已经表示清楚，则一般不再画出。这样既可以保证剖视图清晰，又可以减少视图的数量。

（4）画剖面符号。在剖面区域画出与该材料对应的剖面符号，如图4-9（c）所示。

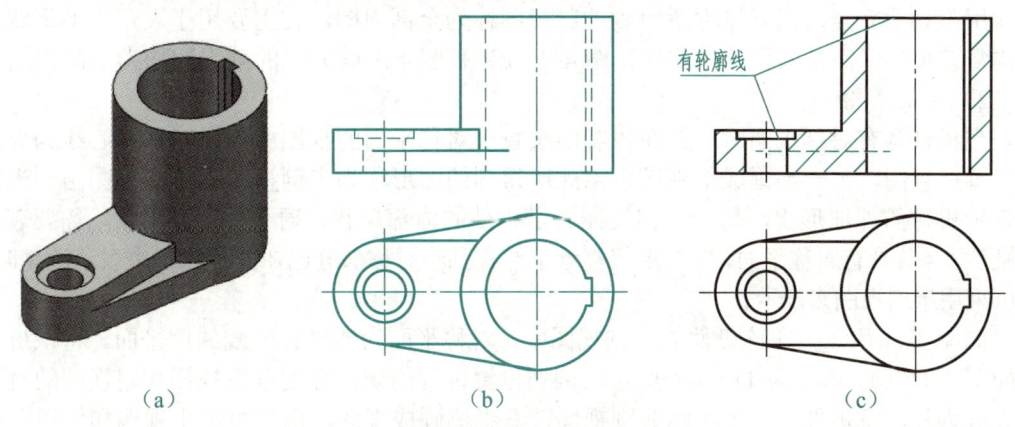

图 4-9　剖视图的画法

（5）标注剖视图。由于该机件的剖切面为机件的对称平面，剖视图按投影关系配置且与相应的基本视图之间又没有其他图形，因此该剖视图可省略标注。

绘制剖视图时，应注意以下事项。

（1）剖切是假想的，并不是真的将机件切去一部分，因此在剖切面后面的可见轮廓线应全部画出，不能遗漏。

（2）剖视图中被挡住的不可见轮廓线一般在其他视图中已表示清楚，通常省略不画；但对于尚未表示清楚的结构，其不可见轮廓线可用虚线画出，如图4-9（c）所示。

（3）对于机件上的肋板、轮辐及薄壁等，当剖切面沿其纵向剖切（即剖切面通过肋板、轮辐及薄壁的轴线或对称平面）时，这些结构的剖面区域中都不画剖面线，但需要用粗实线画出轮廓线，以将其与邻接部分分开；但当剖切面沿其横向剖切时，这些结构的剖面区域中仍应画出剖面线，如图4-10所示。

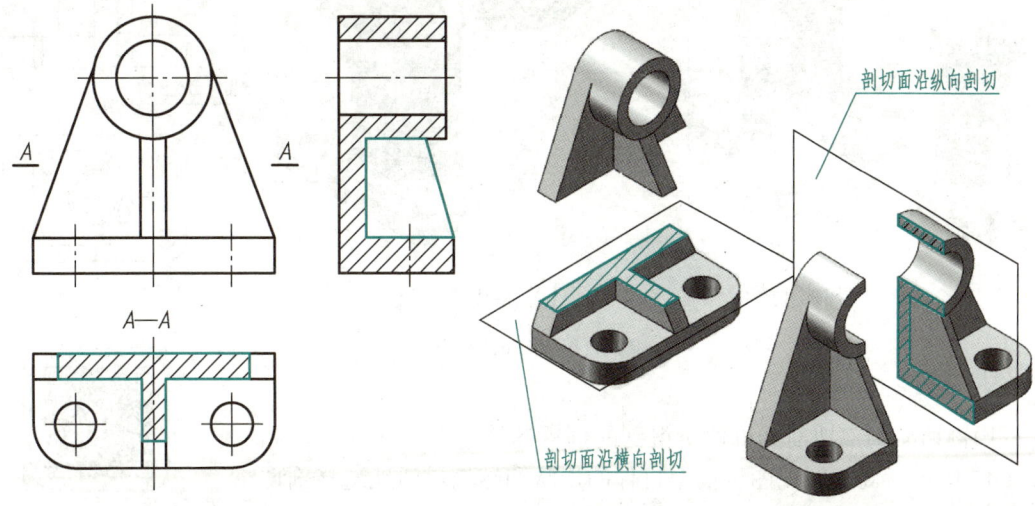

图 4-10　剖视图中肋板的画法

2. 剖视图的分类

根据机件剖切范围的不同，剖视图可分为全剖视图、半剖视图和局部剖视图三种。

1）全剖视图

用剖切面完全地剖开机件所得到的剖视图称为全剖视图，它主要用于表示内部形状和结构复杂但外形简单的机件。例如，图 4-7（c）和图 4-9（c）中的剖视图均为全剖视图。

2）半剖视图

当机件具有对称平面时，其在投影面垂直于对称平面的视图中，以对称中心线为界，一半画成视图，另一半画成剖视图，由此所得到的图形称为半剖视图。半剖视图由一半视图表示机件的外部形状，另一半剖视图表示机件的内部形状。对于内、外形状均需要表示的机件，当其具有对称平面，或其形状接近于对称且不对称部分已在其他图形中表示清楚时，均可采用半剖视图来表示。

如图 4-11 所示，在该机件的半剖视图中，对称平面为通过孔轴线的侧平面。将该机件按如图 4-11（a）和图 4-11（b）所示的剖切位置进行剖切，分别以主视图和俯视图的对称中心线为界，将机件的左半侧画成剖视图，右半侧画成视图，由此可将主视图和俯视图绘制成半剖视图，如图 4-11（c）所示。

绘制半剖视图时，应注意以下事项。

（1）视图与剖视图的分界线只能是对称中心线，并采用细点画线画出，如图 4-11（c）所示。

（2）机件的内部形状若在剖视图中已表示清楚，则在视图中不必再用虚线画出，但对称的孔或槽等，应画出表示其位置的中心线。

（3）对称机件当其轮廓线与对称中心线的投影重合时，不宜画成半剖视图。

（4）对于那些在半剖视图中不易表示的部分，可在视图中以局部剖视图的方式表示，如图 4-11（c）所示。

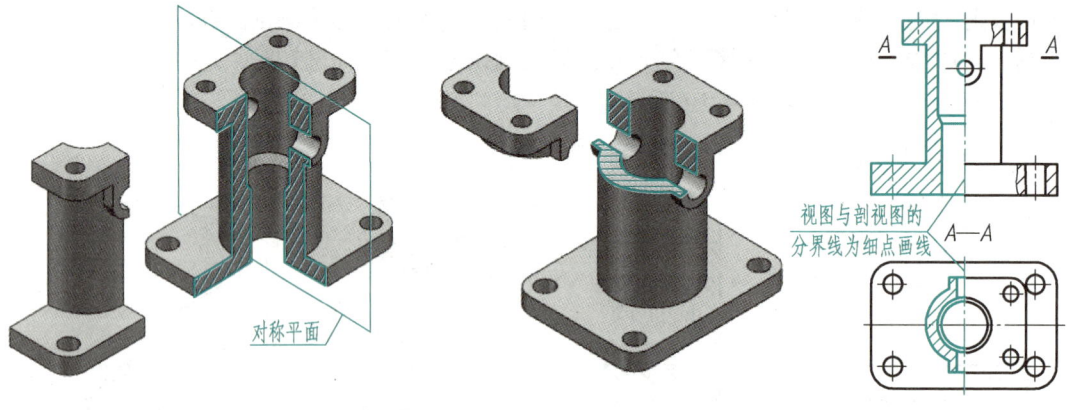

（a）主视图剖切位置　　（b）俯视图剖切位置　　（c）半剖视图

图 4-11　半剖视图示例

3）局部剖视图

用剖切面局部地剖开机件所得到的剖视图称为局部剖视图，如图 4-12 所示。局部剖视图可根据机件的形状和结构灵活地选择剖切位置和范围，适用于内、外形状都需要表示的不对称机件，以及轮

图 4-12 动画

廓线与对称中心线的投影相重合的对称机件。

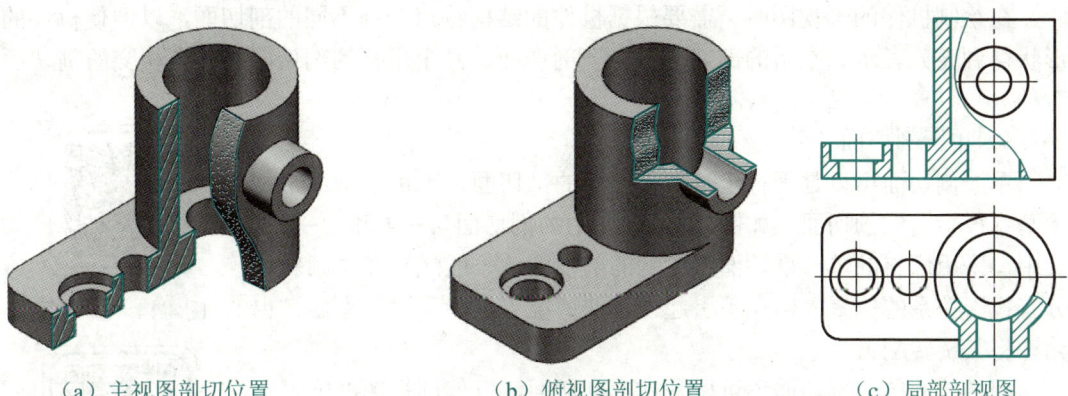

（a）主视图剖切位置　　　（b）俯视图剖切位置　　　（c）局部剖视图

图 4-12　局部剖视图示例

在局部剖视图中，视图与剖视图之间的分界线用波浪线表示，各部分的可见轮廓线应画到波浪线处，如图 4-13（a）所示。绘制局部剖视图时，应注意以下事项。

（1）在一个视图中，局部剖切的次数不宜过多，否则视图就会显得破碎，影响读图。

（2）波浪线只能画在机件表面的实体部分，不能直接穿过孔或槽，在孔、槽等结构的轮廓线处需要断开，如图 4-13（b）中箭头 1 和箭头 4 所指的位置。

（3）波浪线不能与其他图线重合或画在轮廓线的延长线上，也不能超出视图的轮廓线，如图 4-13（b）中箭头 2 和箭头 3 所指的位置。

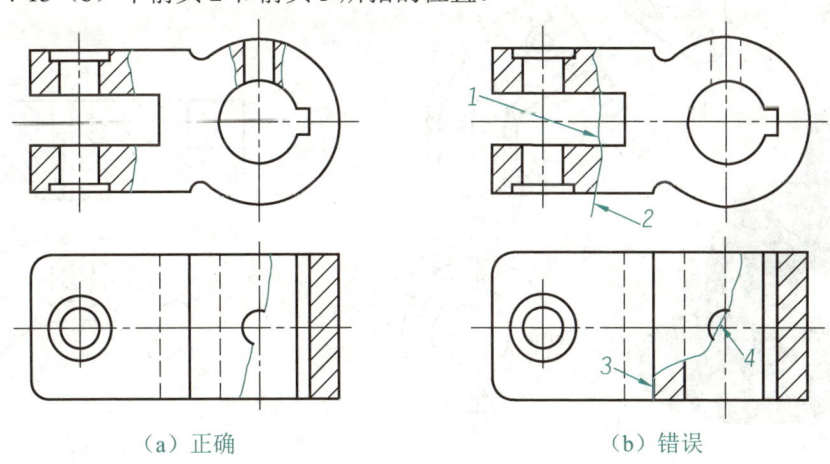

（a）正确　　　　　　　　（b）错误

图 4-13　局部剖视图中波浪线的画法

3. 剖切面的分类

在绘制机件的剖视图时，需要根据机件的结构特点选择不同的剖切面，以便使机件的形状得到充分表示。常用的剖切面有单一剖切面、几个平行的剖切面和几个相交的剖切面三种。

1）单一剖切面

单一剖切面可以是平行于基本投影面的剖切面，也可以是不平行于基本投影面的剖切面，如图 4-14（a）中的剖切面 $A—A$ 和 $B—B$。其中，采用倾斜的单一剖切面所绘制的剖视图，一般配置在与倾斜部分有投影关系的位置；但在不引起误解的情况下，为了读图方便，也允许将其旋转配置。

图 4-14（a）动画

回转体的单一剖切面还可以是柱形剖切面，以使剖视图准确表示某些处于圆周分布的内部结构要素（如孔、槽等）。此时，剖视图可采用展开画法来绘制，仅作出剖切面的展开图，而剖切面后面的有关结构则省略不画，并在剖视图名称"×—×"后加注"展开"二字，如图 4-14（b）所示。

图 4-14（b）动画

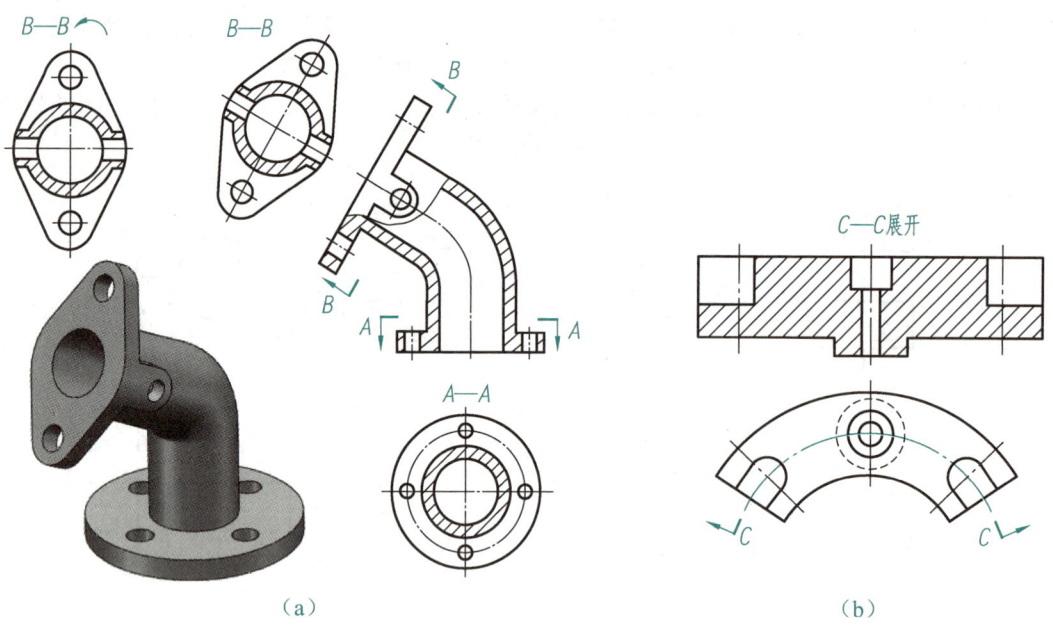

（a）　　　　　　　　　　　（b）

图 4-14　单一剖切面示例

> **点拨**
>
> 将剖视图旋转配置时，必须在其上方加注旋转符号"⌒"或"⌒"，剖视图名称"×—×"则应靠近旋转符号的箭头端。

2）几个平行的剖切面

当机件上几种不同的结构要素具有相互平行的对称平面，且同一投射方向的投影无重叠时，可采用几个平行的剖切面对机件进行剖切。如图 4-15 所示，该机件上三个孔的对称平面相互平行且正面投影无重叠，因此可用三个相互平行的剖切面对机件进行剖切，从而得到剖视图 A—A。

采用几个平行的剖切面绘制剖视图时，应注意以下事项。

（1）剖切面是假想的，因此剖视图中不画出剖切面转折处的投影。

（2）在剖切面的起、止和转折处应画出剖切符号，并在剖切符号的起、止位置处用垂直箭头表示投射方向；但当剖视图按投影关系配置，且与相应的基本视图之间又没有其他图形时，可省略垂直箭头。

（3）在剖视图的上方需要标注剖视图的名称"×—×"，并在剖切符号的外侧或上方标注相同的字母。

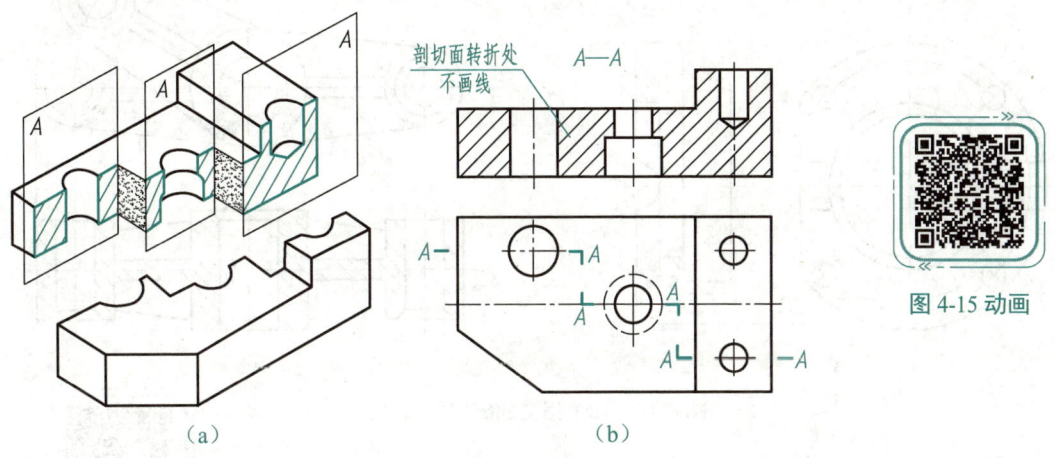

图 4-15　几个平行的剖切面示例

随堂笔记

3）几个相交的剖切面

当采用单一剖切面或几个平行的剖切面不能完整表示机件的内部结构时，可采用几个相交的剖切面剖开机件，然后将剖切面的倾斜部分旋转到与基本投影面平行的位置后再进行投射，即"先剖切，后旋转，再投射"，如图 4-16 所示。

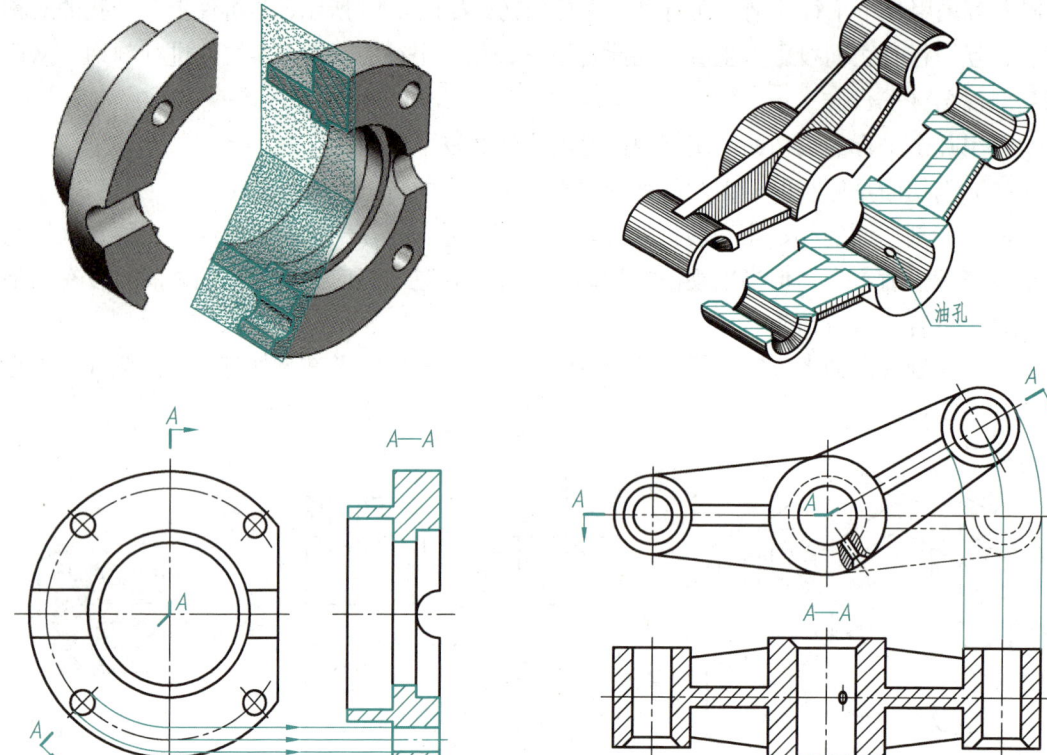

图 4-16 几个相交的剖切面示例

采用几个相交的剖切面绘制剖视图时，应注意以下事项。

（1）几个相交的剖切面在标注时必须用带字母的剖切符号表示出剖切面的起、止和转折位置，用垂直箭头表示出投射方向，并在剖视图上方标注剖视图的名称"×—×"。

（2）位于剖切面之后的其他结构要素，一般仍按原来位置投射，如图 4-16（b）中的油孔。

（3）若剖切后产生不完整结构要素，应将此结构要素按不剖绘制。

图 4-16（a）动画

图 4-16（b）动画

> **点拨**
>
> 绘制机件的剖视图时，采用的剖切面不同，机件剖切方法的名称不同，具体如下。
> ① 采用单一剖切面绘制机件的剖视图时，机件的剖切方法称为单一剖。
> ② 采用几个平行的剖切面绘制机件的剖视图时，机件的剖切方法称为阶梯剖。
> ③ 采用几个相交的剖切面绘制机件的剖视图时，机件的剖切方法称为旋转剖。

三、断面图

国家标准规定，机件断面的形状可用断面图来表示。假想用剖切面将机件某处切断，仅作出剖切面与机件接触部分的正投影所得到的图形，称为断面图。断面图与剖视图的区别在于：断面图只作出机件被剖切后的断面投影，而剖视图除作出断面投影之外，还必须作出机件上位于剖切面后面的其他可见部分的投影，如图 4-17 所示。

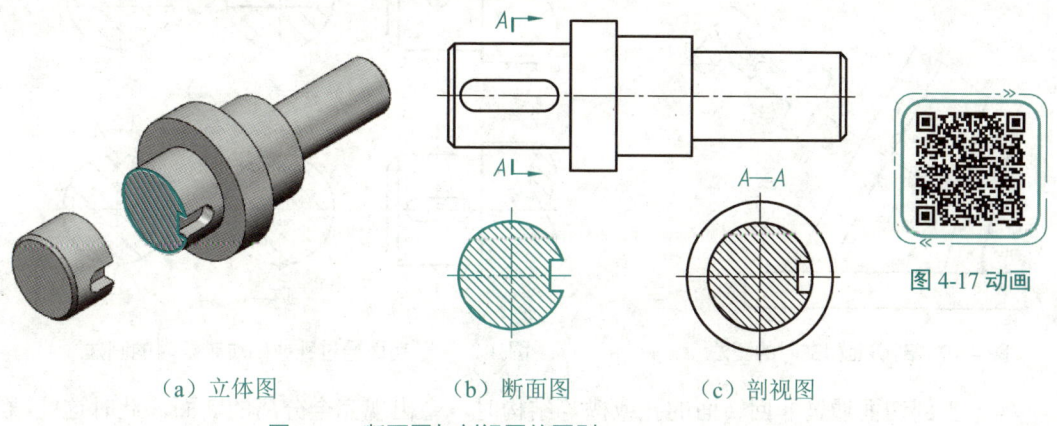

（a）立体图　　　　（b）断面图　　　　（c）剖视图

图 4-17　断面图与剖视图的区别

1. 移出断面图

绘制在视图之外的断面图称为移出断面图，它通常配置在剖切线的延长线上，其轮廓线用粗实线画出，如图 4-17（b）所示。绘制移出断面图时，应注意以下事项。

（1）移出断面图当其图形对称时，也可配置在视图的中断处，如图 4-18 所示。

图 4-18　移出断面图配置在视图的中断处

（2）采用旋转剖所得到的移出断面图，一般应在剖切面的相交处断开，如图 4-19 所示。

（3）当剖切面通过由回转面形成的孔或凹坑等结构的轴线时，这些结构应按剖视图的要求绘制，如图 4-20 所示。

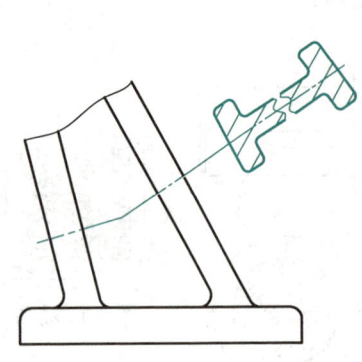

图 4-19　剖切面相交时的画法

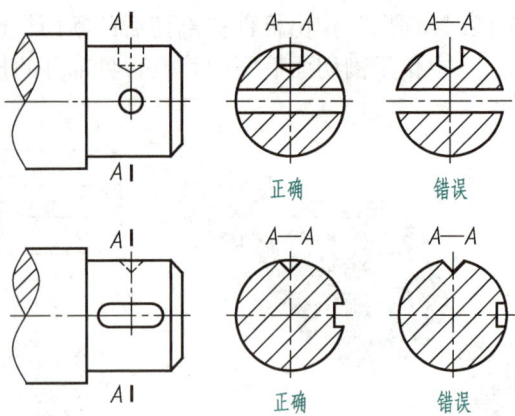

图 4-20　剖切面通过孔或凹坑轴线时的画法

（4）当剖切面通过非回转面的孔或槽等结构时，会出现完全分离的断面，此时这些结构应按剖视图的要求绘制；在不引起误解的情况下，允许将移出断面图旋转配置，但必须标注旋转符号，如图 4-21 所示。

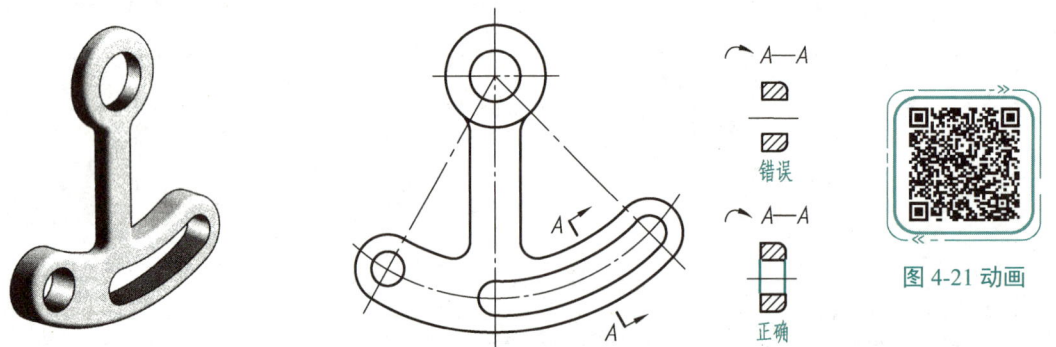

图 4-21　断面完全分离时的画法

图 4-21 动画

（5）移出断面图应按表 4-2 所示进行配置及标注。

表 4-2　移出断面图的配置及标注示例

配置	对称的移出断面图	不对称的移出断面图
配置在剖切线或剖切符号延长线上	剖切线（细点画线） 不必标注字母和剖切符号	不必标注字母

项目四 机件的表示方法

续表

配置	对称的移出断面图	不对称的移出断面图
按投影关系配置	不必标注箭头	不必标注箭头
配置在其他位置	不必标注箭头	应标注剖切符号（包括箭头）和字母

2. 重合断面图

绘制在视图之内的断面图称为重合断面图。重合断面图的轮廓线用细实线画出，如图 4-22（a）所示；当视图中的轮廓线与重合断面图重叠时，视图中的轮廓线仍应连续画出，不可间断，如图 4-22（b）所示。

通常情况下，对称的重合断面图不必标注，如图 4-22（a）所示；不对称的重合断面图，在不引起误解的情况下，可省略标注，如图 4-22（b）所示。

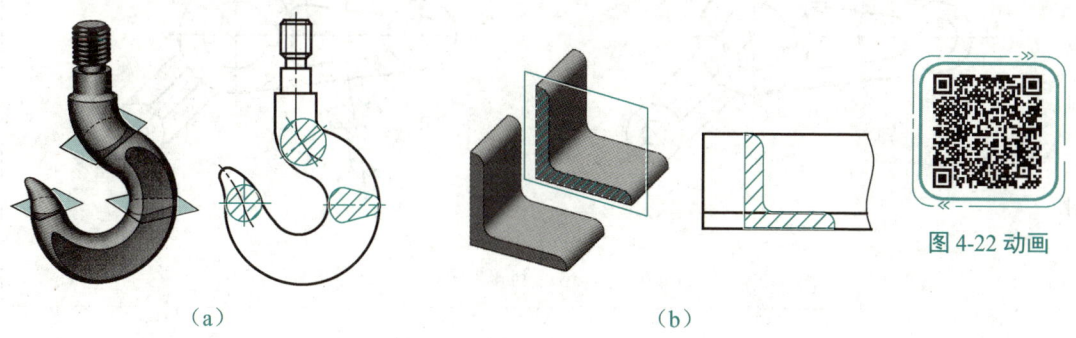

（a） （b）

图 4-22 重合断面图示例

图 4-22 动画

📝 随堂笔记

学以致用

【例 4-2】 分析如图 4-23（a）所示的视图，在指定位置绘制移出断面图和重合断面图。

分析： 由图 4-23（a）可知，该机件中有两个结构需要用断面图来表示，一处为梯形肋板，另一处为"工"字形肋板。其中，梯形肋板的断面图可采用单一剖，配置在视图的轮廓线内；"工"字形肋板的断面图可采用旋转剖，配置在俯视图中剖切线的延长线上。

作图步骤：

（1）梯形肋板的断面图是重合断面图。绘制时，先在俯视图上量取肋板的宽度，再用细实线绘制肋板的轮廓线，并用波浪线将其断开，如图 4-23（b）中的Ⅰ处所示。

（2）"工"字形肋板移出断面图的轮廓线用粗实线绘制，其断面由上、下两"横笔"和一"竖笔"组成。其中，两"横笔"的长及"竖笔"的宽可直接在主视图中量取，两"横笔"的宽可直接在俯视图中量取。"工"字形肋板需要采用旋转剖，因此其移出断面图应在剖切面的相交处断开，如图 4-23（b）中的Ⅱ处所示。

（3）由于主视图中已有剖面线，因此重合断面图中的剖面线应与其一致。但是，移出断面图在斜放后若仍采用与水平线呈 45°的剖面线，效果不好，因此可适当调整剖面线的倾斜角度。

（4）两个断面图均不需要标注，如图 4-23（b）所示。

图 4-23 三维模型

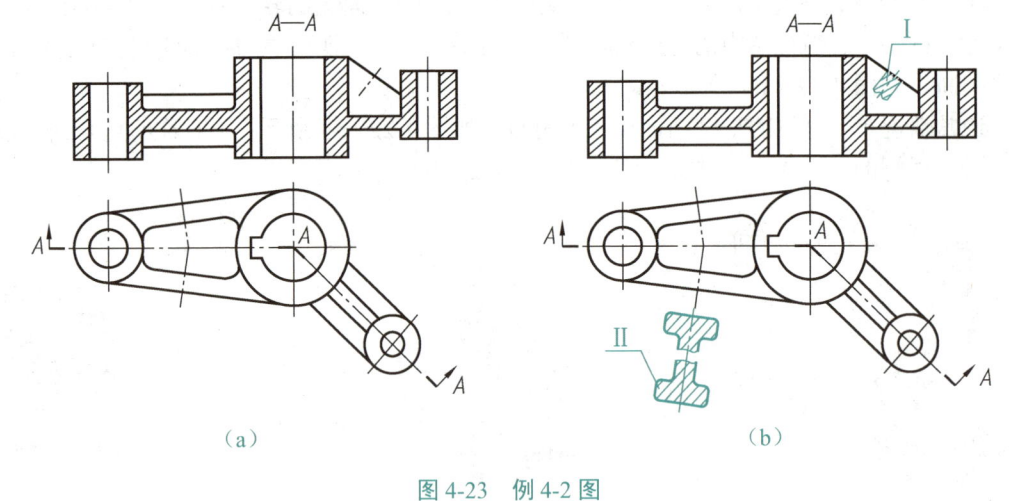

图 4-23 例 4-2 图

任务实施——作出剖视图

（1）根据"长对正"的投影规律及立体图上所标注的尺寸（6 mm），作出底座剖切后的外形轮廓图，如图 4-24（a）所示。

（2）根据"长对正"的投影规律及立体图上所标注的尺寸（4 mm），作出底座上的空心部分，如图 4-24（b）所示。

（3）在剖面区域内画出剖面线，即可作出底座剖视图，如图 4-24（c）所示。

项目四 机件的表示方法

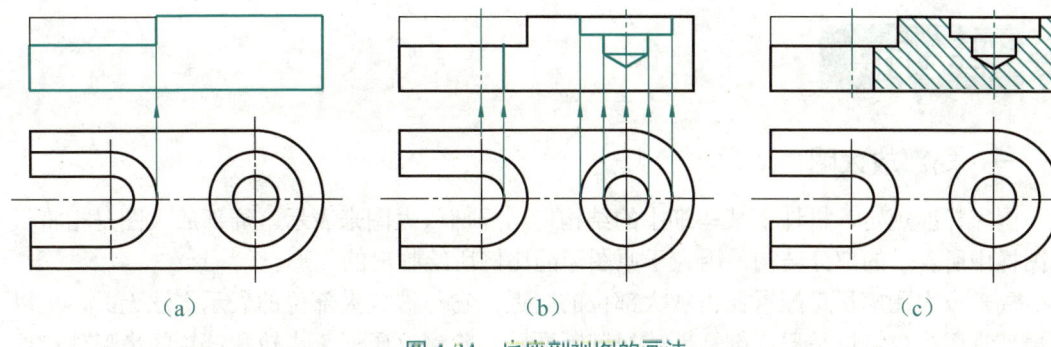

图 4-24 底座剖视图的画法

> **创想天地**
>
> 视图、剖视图和断面图是机件的基本表示方法。请查阅有关资料,分析视图、剖视图和断面图在工程中的典型应用,讨论其应用场合的不同之处。

任务二 机件的其他表示方法

 任务引入

除用视图、剖视图和断面图表示机件外,国家标准还规定了机件上一些特殊结构的表示方法,如局部放大图和简化画法等,以便这些特殊结构的绘制与识读。试用局部放大图表示图 4-25 中圆圈圈出的结构。

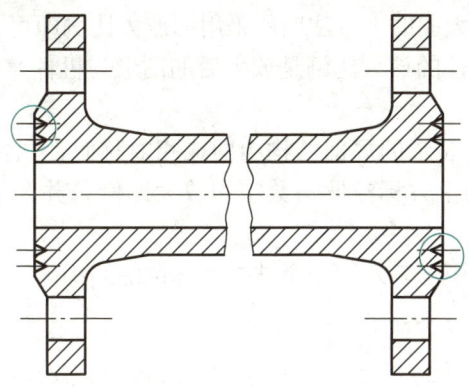

图 4-25 作出局部放大图

本任务主要介绍局部放大图的画法和机件常用的简化画法,并通过案例来介绍机件表示方法的综合应用。

125

相关知识

一、局部放大图

国家标准规定,机件上某些细小的结构可用局部放大图来表示。局部放大图是指将机械图样中所表示的部分结构,用大于原图形的比例所绘制出的图形。

局部放大图应尽量配置在被放大部位的附近,它与被放大部位的表示方法无关,可以是局部视图,也可以是局部剖视图或局部断面图。除螺纹牙型、齿轮和链轮的齿形外,局部放大图应采用细实线圈出被放大的部位,并采用国家标准规定的放大比例作出,如图4-26所示。

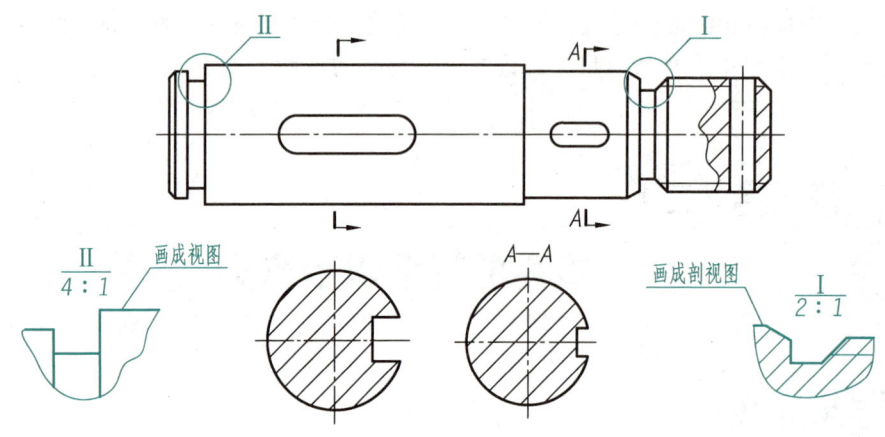

图4-26 局部放大图

绘制局部放大图时,需要注意以下事项。

(1)当同一图样上有多处被放大时,应用罗马数字标注被放大部位的顺序,并在相应局部放大图的上方标注相应的罗马数字和所采用的放大比例;当图样上被放大的部位仅有一处时,只需要在局部放大图的上方注明所采用的放大比例即可。

(2)局部放大图中标注的放大比例是放大后的图形与机件实形的尺寸之比,与原图形的比例无关。

(3)同一机件上所要表示的局部结构相同或相对称时,只需要作出其中一个局部放大图,在该局部放大图的上方标注罗马数字和放大比例,并在这几个被放大的部位标注同一罗马数字即可。

(4)必要时可用几个图形表示同一个被放大部位的结构。

项目四 机件的表示方法

二、简化画法

为提高读图和绘图效率,增加图样的清晰度,国家标准规定了一些通用简化画法,其中机件常用的简化画法如下。

(1)当机件上具有若干个按一定规律分布的相同结构(如齿、槽等)时,只需要画出其中一个或几个完整的结构,其余用细实线连接并在图上注明该结构的总数即可;当机件上具有若干个直径相同且按一定规律分布的孔时,只需要画出其中一个或几个孔,其余用细点画线表示其中心位置并注明孔的总数即可,如图4-27所示。

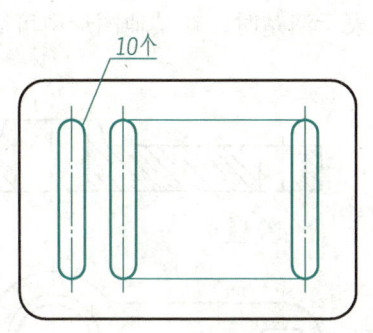

(a)若干个结构相同且按一定规律分布的槽　　(b)若干个直径相同且按一定规律分布的孔

图4-27 相同结构要素的简化画法

(2)在不引起误解的情况下,对称机件的视图可只画一半或四分之一,但需要在对称中心线的两端分别画出对称符号(两条与对称中心线垂直的平行细实线),如图4-28所示。

(3)当机件回转体上均匀分布的肋板、轮辐、孔等结构不在剖切面上时,可将这些结构旋转到剖切面上画出,如图4-29中均匀分布的孔。

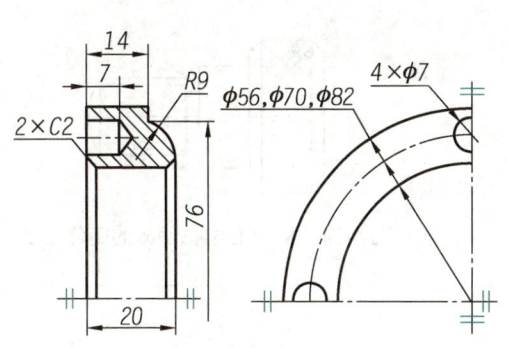 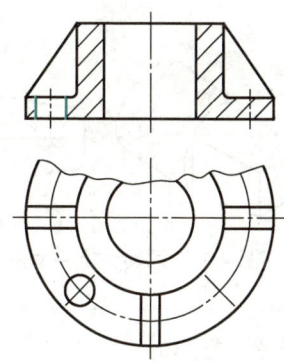

图4-28 对称机件视图的简化画法　　图4-29 机件回转体上均匀分布的孔的简化画法

(4)沿长度方向的形状一致或按一定规律变化的较长机件(如轴、杆等),可在断开后缩短绘制,并在断开处用波浪线或双点画线表示,但其长度尺寸必须按实际尺寸标注,如图4-30所示。

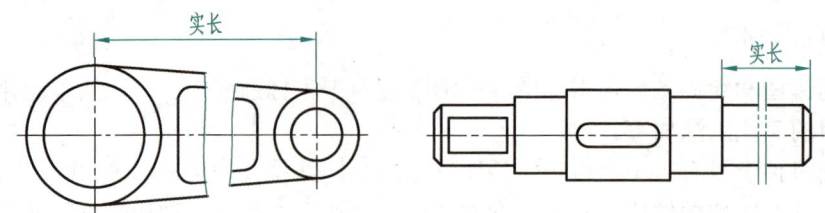

图 4-30　较长机件的简化画法

（5）在不引起误解的情况下，视图中的小圆角或小倒角允许省略不画，但必须注明尺寸或在技术要求中加以说明，如图 4-31 所示。

（6）当机件上较小的结构及斜度等在一个图形中已表示清楚时，在其他图形中可简化或省略，如图 4-32 所示。

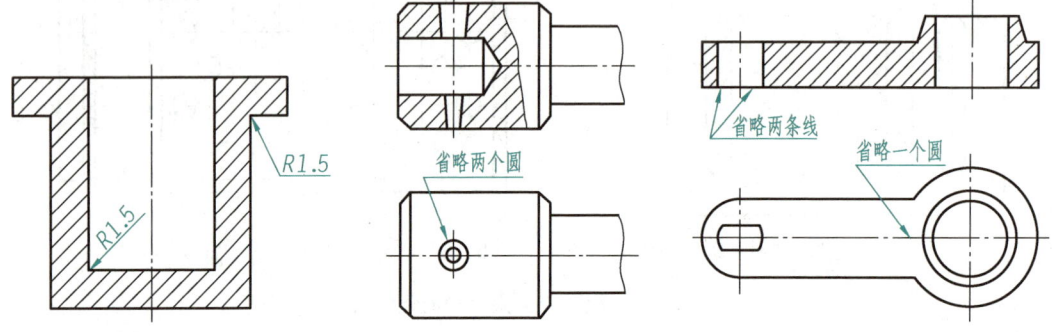

图 4-31　小圆角的简化画法　　　　　图 4-32　较小结构的简化画法

（7）当回转体零件上的平面在视图中不能充分表示时，可在图形上用相交的两条细实线表示，如图 4-33 所示。

（8）机件上的滚花部分一般采用在轮廓线附近的局部用粗实线画出的方法来表示，如图 4-34 所示。

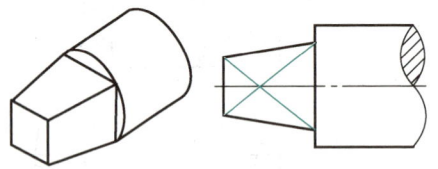 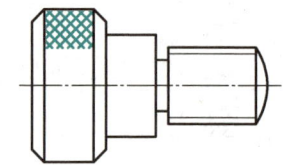

图 4-33　回转体上平面的简化画法　　　　图 4-34　机件上滚花部分的简化画法

三、机件表示方法的综合应用

在工程实践中，无论绘图还是读图，都需要正确、灵活地运用机件的各种表示方法，以完整、清晰地将机件的内、外部形状和结构表示出来。

1. 选择机件的表示方法，画出机械图样

机件的表示方法应根据机件的结构特点来选择。选择时，在能够完整、清晰地表示机件形状和结构的前提下，应力求作图简单、读图方便。选择机件的表示方法时，应先确定主视图，再逐个增加其他视图，每个视图应突出各自的表示重点。

 学以致用

【例4-3】分析如图4-35（a）所示的支架，确定其表示方法。

分析：

（1）形体分析。该支架主要由 A、B 两个轴座、"工"字形肋板 C 和倾斜凸耳 D 组成。其中，"工"字形肋板 C 连接着 A、B 两个轴座，轴座 B 连接着倾斜凸耳 D，倾斜凸耳 D 上有两个阶梯孔 E。

（2）选择主视图。该支架主视图的位置应选择工作位置，其投射方向要能尽量多地表示出支架各组成部分的实形及它们之间的相对位置。

如图4-35（a）所示，当以箭头1所指方向作为主视图的投射方向时，A、B 两个轴座及倾斜凸耳 D 的实形及它们之间的相对位置可以真实地表示出来；当以箭头2所指方向作为主视图的投射方向时，A、B 两个轴座的实形及两者之间的相对位置可以真实地表示出来，但凸耳 D 的投影将不能反映实形，且不能准确表示出倾斜凸耳 D 与其他组成部分之间的相对位置。因此，应选择箭头1所指方向作为主视图的投射方向。

（3）选择其他视图。主视图确定后，应综合考虑机件的复杂程度和内、外结构特点，灵活选择其他视图。选择其他视图时，应优先选择基本视图或基于基本视图所作出的剖视图，并尽量按投影关系配置各视图。

在图4-35（a）中，将箭头2所指方向作为 $F—F$ 剖视图的投射方向，倾斜凸耳 D 的实形可用 G 向斜视图进行表示。同时，G 向斜视图上还可表示出两个阶梯孔 E 之间的间距。

此外，为了表示阶梯孔 E 的内部结构，可以两个阶梯孔 E 的轴线所在的平面为剖切面，作出 $H—H$ 剖视图；"工"字形肋板 C 的截面形状可用移出断面图来表示。

综上所述，该支架的表示方法如图4-35（b）所示。

图4-35 三维模型

机械制图与AutoCAD

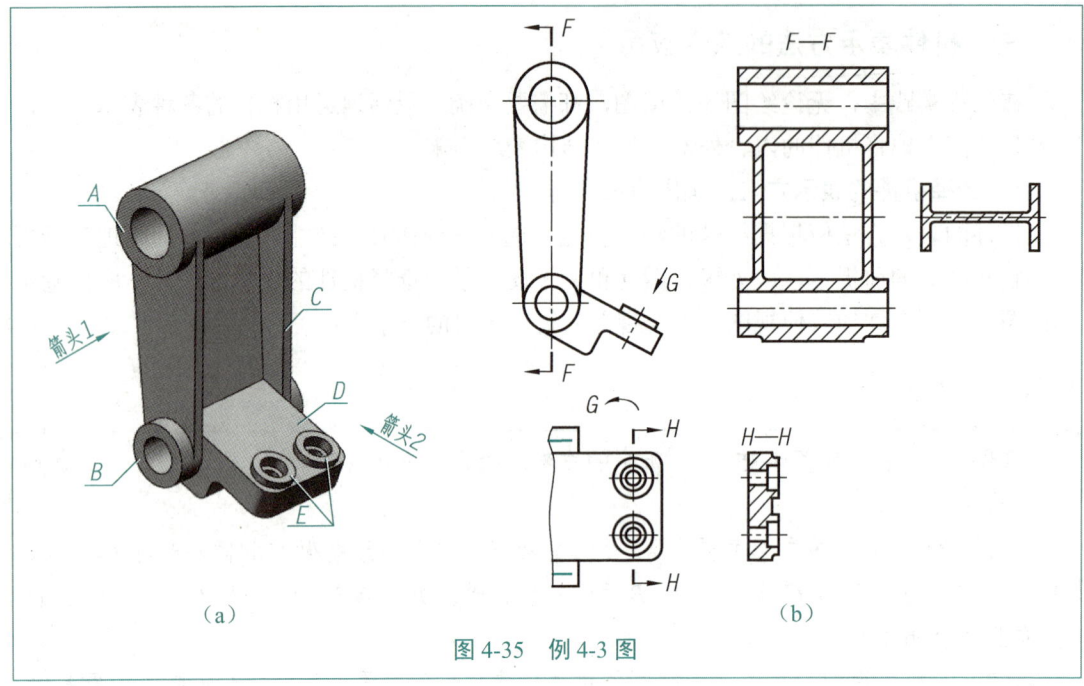

图 4-35 例 4-3 图

绘制机械图样时，同一机件有多种表示方法，各种表示方法又各有优缺点，因此应仔细揣摩各种表示方法，在保证图样完整、清晰的原则下，做到合理选择、灵活运用。

2. 根据机件的表示方法，设想其形状和结构

在识读机械图样时，不仅要弄清楚各视图的表示方法及各视图之间的关系，还要设想出该机件的空间形状和结构。对于其中的剖视图和断面图，要先辨别其种类，然后分析剖切面的位置、投射方向、各视图所表示的对象以及它们之间的关系，从而设想出机件的整体形状。

【例 4-4】分析如图 4-36（a）所示的视图，说明该机件各视图所采用的表示方法，设想出该机件的形状和结构。

分析：

（1）了解概况。首先浏览全图，确定视图、剖视图、断面图等的数量、投射方向及所表示的对象等，以便对机件的复杂程度有一个初步了解。图 4-36（a）中共有全剖的主视图 $B—B$ 和俯视图 $A—A$、剖视图 $C—C$ 和 $E—E$、局部视图 D 共五个视图。

（2）分析各视图。根据各视图的名称，在相应视图上找出剖切符号、剖切位置、投射方向及所表示的对象。

① 主视图 $B—B$ 是采用旋转剖、由前向后投射所得到的全剖视图，主要表示机件的内腔形状。

② 俯视图 $A—A$ 是采用阶梯剖、由上向下投射所得到的全剖视图，主要表示机件左、右两处凸缘部分的形状及安装孔的分布情况。

项目四 机件的表示方法

③ 剖视图 C—C 是采用单一剖、由右向左投射所得到的全剖视图，主要表示机件左侧凸缘部分的截面形状及安装孔的分布情况。

④ 剖视图 E—E 是采用单一剖、沿 E—E 箭头所指方向投射所得到的全剖视图，主要表示机件右侧凸缘部分的形状及安装孔的分布情况。

⑤ 视图 D 是由上向下投射所得到的局部视图，主要表示机件顶部方形凸缘的形状及安装孔的分布情况。

（3）深入分析，设想整体形状。读剖视图的基本方法也是形体分析法，即"分部分想形体，合起来想整体"。

在图 4-36（a）中，由主视图、俯视图可确定线框Ⅰ是带凹坑的圆筒，其下端有带四个小圆孔的圆盘形凸缘；由局部视图 D 可确定线框Ⅰ的上端是带有四个小圆孔的方形凸缘；线框Ⅱ、Ⅲ表示不在同一高度的两个圆筒；由剖视图 C—C 可进一步确定线框Ⅱ为带小圆孔的圆盘形凸缘；由剖视图 E—E 可确定线框Ⅲ为带两个小圆孔的菱形凸缘。

综合上述分析，可设想出该机件的形状，如图 4-36（b）所示。

图 4-36 三维模型

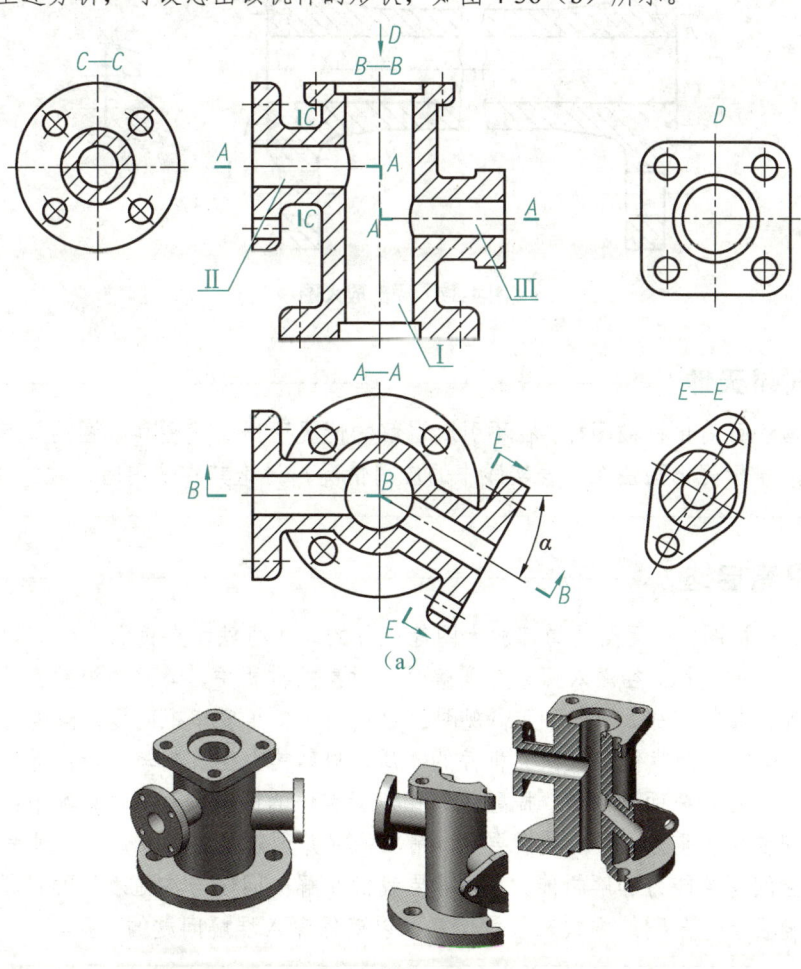

图 4-36 例 4-4 图

任务实施——作出局部放大图

作图步骤:

(1) 选择放大比例。按照国家标准,放大比例应优先选择第一系列,必要时选择第二系列。这里选择放大比例2:1。

(2) 绘制局部放大图。在该图样中,局部放大的部位有两个,但这两个部位的结构对称,因此只需要按照原图形的2倍大小,作出其中一个局部放大图即可。

(3) 标注局部放大图。在局部放大图的上方标注罗马数字和放大比例,并在这两个被放大的部位标注同一罗马数字,如图4-37所示。

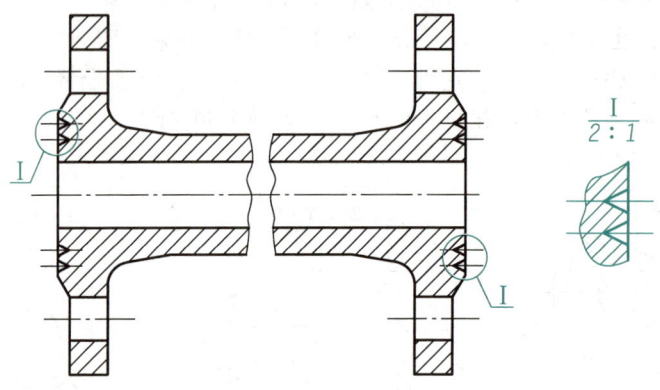

图4-37 局部放大图

创想天地

简化画法可简化机械图样,在不引起误解的情况下提高读图和绘图的效率。请查阅有关资料,分析简化画法在工程实践中的应用情况,讨论其在使用时的注意事项。

思想启迪

视图、剖视图、断面图及局部放大图等机件的表示方法,为我们全面认知复杂对象提供了强有力的支撑。在深入探索与理解复杂对象的过程中,全面的视角、深刻的剖析与详尽的观察相辅相成,缺一不可。视图引导我们从多角度审视问题,构建出全面的认知框架;剖视图帮助我们深入探究机件的本质,洞察其内在机制与构造;断面图专注于展示机件某一特定截面的细节,提醒我们在把握整体的同时,也要注重细节;局部放大图教会我们要突出重点,聚焦关键要点,精准捕捉并理解关键信息。这一过程不仅需要我们具备空间想象能力和解析能力,还需要我们在解决问题与沟通表达的过程中,采用清晰、准确且层次分明的方式来展示信息,以确保深入理解问题的本质。

学习成果评价

指导教师对学生的实际学习成果进行评价,学生配合指导教师共同完成表 4-3。

表 4-3 学习成果评价表

班级		组号		日期	
姓名		学号		指导教师	
学习成果名称		机件的表示方法			
评价项目	评价内容		评价方式	满分/分	评分/分
知识 (40%)	视图的分类、画法和注意事项		理论测试	6	
	剖视图的形成、画法和分类			6	
	移出断面图与重合断面图的画法和注意事项			6	
	局部放大图的画法和注意事项			7	
	机件常用的简化画法			7	
	机件表示方法的综合应用			8	
技能 (40%)	作出剖视图		实践检验	20	
	作出局部放大图			20	
素养 (20%)	积极参加教学活动,主动学习、思考、讨论		综合评判	6	
	认真负责,按时完成学习、实践任务			4	
	团结协作,与组员之间密切配合			4	
	服从指挥,遵守课堂和实训室纪律			4	
	守正创新,自信自强			2	
合计				100	
自我评价					
指导教师评价					

项目五 标准件与常用件的画法

项目导读

在机械设备和仪器仪表的装配过程中,经常会用到螺栓、螺母、螺钉等螺纹紧固件,以及键、销和滚动轴承等零件,这些零件的结构和尺寸均已标准化,称为标准件。此外,为便于设计和制造,国家标准还对某些常用零件的部分结构和尺寸进行了标准化,如齿轮、弹簧等,这些零件称为常用件。

本项目主要介绍标准件与常用件的基本知识、画法和标注方法。

知识目标

- ◆ 了解螺纹的形成、几何要素和分类方法。
- ◆ 掌握螺纹的画法和标注方法。
- ◆ 掌握螺纹紧固件及其连接的画法。
- ◆ 掌握直齿圆柱齿轮的几何要素和画法。
- ◆ 掌握键连接与销连接的画法。
- ◆ 掌握滚动轴承的结构、分类、基本代号和画法。
- ◆ 掌握圆柱螺旋压缩弹簧的几何要素和画法。

技能目标

- ◆ 能够正确绘制螺纹与螺纹紧固件。
- ◆ 能够正确绘制直齿圆柱齿轮。
- ◆ 能够正确绘制键连接与销连接。
- ◆ 能够正确绘制滚动轴承。
- ◆ 能够正确绘制圆柱螺旋压缩弹簧。

素质目标

- ◆ 弘扬追求卓越、精益求精的工匠精神。
- ◆ 践行勇于探索、敢于突破的创新精神。

项目五 标准件与常用件的画法

螺纹与螺纹紧固件的画法

任务引入

螺栓、螺母、螺钉等螺纹紧固件是工程中应用最广泛的零件之一,它们都是通过螺纹实现紧固连接的,具有结构简单、连接可靠、装拆方便等优点。一种典型的螺栓连接如图 5-1 所示,试作出其中的漏线。

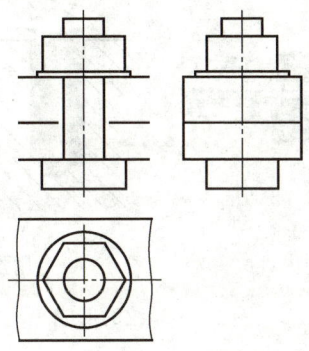

图 5-1 一种典型的螺栓连接

本任务首先介绍螺纹的形成、几何要素和分类等知识,然后介绍螺纹的画法和标注方法,以及常用螺纹紧固件及其连接的画法。

相关知识

一、螺纹的基本知识

1. 螺纹的形成

螺纹是指在圆柱或圆锥表面上,沿着螺旋线所形成的具有特定截面形状的连续凸起或凹陷结构。螺纹有内螺纹和外螺纹两种,在圆柱或圆锥内表面形成的螺纹称为内螺纹,在圆柱或圆锥外表面形成的螺纹称为外螺纹,如图 5-2 所示。

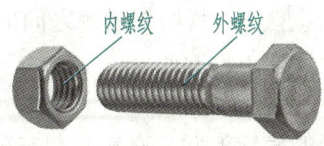

图 5-2 内螺纹和外螺纹

135

螺纹主要由机床（如车床、滚丝机等）加工而成，也可以用手工工具（如丝锥、板牙等）加工而成。如图5-3（a）和图5-3（b）所示为在车床上车削外螺纹和内螺纹。若要加工小孔内螺纹，通常需要先用顶角约为120°的麻花钻钻底孔，然后用丝锥在底孔内圆柱面上攻制出螺纹，如图5-3（c）所示。

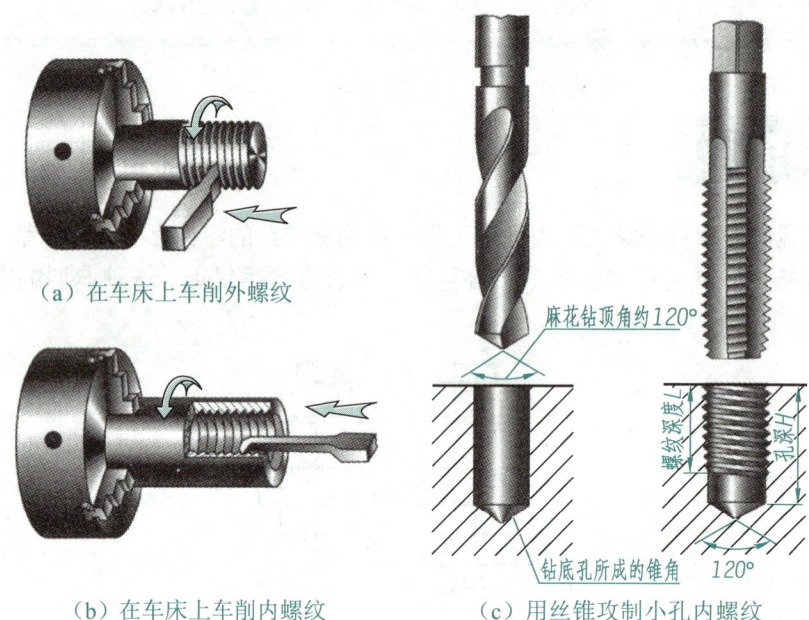

（a）在车床上车削外螺纹

（b）在车床上车削内螺纹

（c）用丝锥攻制小孔内螺纹

图5-3　螺纹的形成

为了便于装配，车削加工螺纹时通常将内、外螺纹的端部加工成倒角或倒圆。此时，刀具快到螺纹终止处时要逐渐离开工件，螺纹尾部会形成一小段不完整的螺纹，这段不完整的螺纹称为螺尾。螺纹的有效长度为完整螺纹的长度，不包括螺尾。当螺纹不允许有螺尾时，可在螺纹终止处预先加工出退刀槽，从而使所加工的螺纹均为完整螺纹。

2. 螺纹的几何要素

螺纹主要有螺纹牙型、旋向、直径、螺距、导程、线数五个几何要素，只有这五个几何要素完全相同的内、外螺纹，才能成对配合使用。

1）螺纹牙型

螺纹牙型是指螺纹在其轴线平面内的轮廓形状。常用的螺纹牙型有三角形、梯形和锯齿形等，如图5-4所示。在螺纹牙型上，两相邻牙侧之间的夹角称为牙型角。其中，常用普通螺纹的螺纹牙型为三角形，牙型角为60°。

2）旋向

旋向是指螺纹旋入时绕轴线的旋转方向，有左旋和右旋之分。逆时针旋转时旋入的螺纹称为左旋螺纹，其螺纹线的特征是自右向左上升，如图5-5（a）所示；顺时针旋转时旋入的螺纹称为右旋螺纹，其螺纹线的特征是自左向右上升，如图5-5（b）所示。工程中常用右旋螺纹。

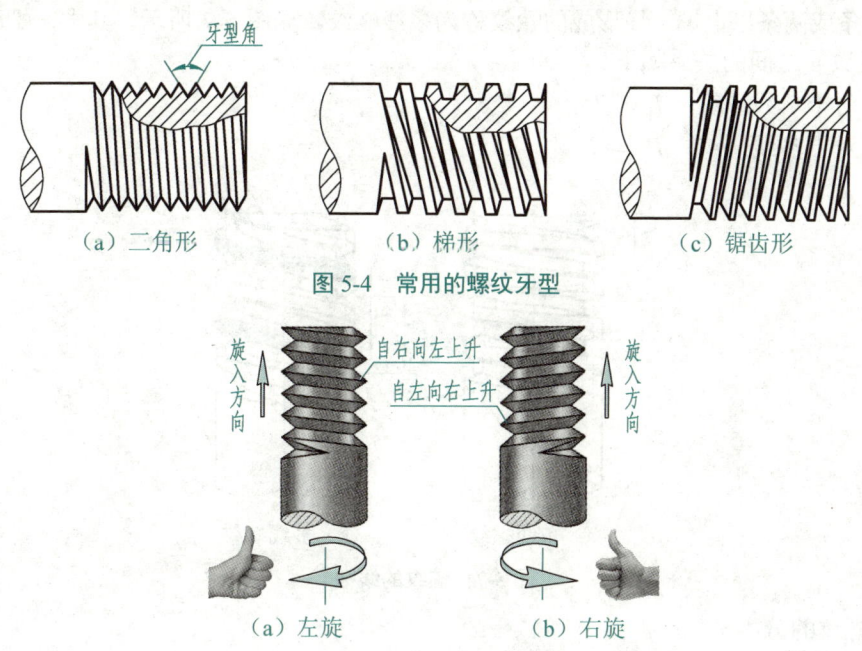

（a）三角形　　　　（b）梯形　　　　（c）锯齿形

图5-4　常用的螺纹牙型

（a）左旋　　　　（b）右旋

图5-5　螺纹的旋向

3）直径

螺纹的直径有大径、小径和中径之分，如图5-6所示。

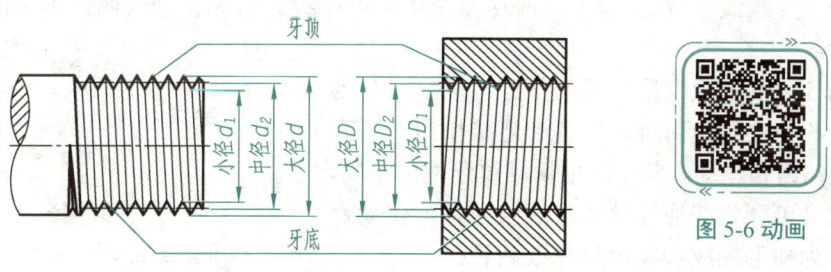

图5-6　螺纹的直径

图5-6 动画

（1）大径是指与外螺纹牙顶或内螺纹牙底相切的假想圆柱或圆锥的直径。内、外螺纹的大径分别用 D 和 d 表示。除管螺纹外，通常所说的公称直径均指螺纹大径。

（2）小径是指与外螺纹牙底或内螺纹牙顶相切的假想圆柱或圆锥的直径。内、外螺纹的小径分别用 D_1 和 d_1 表示。

（3）中径也是一个假想圆柱或圆锥的直径，该圆柱或圆锥的母线通过螺纹牙型上沟槽和凸起宽度相等的位置。内、外螺纹的中径分别用 D_2 和 d_2 表示。

4）螺距和导程

螺距是指螺纹相邻两牙在中径线上对应两点之间的轴向距离，用 P 表示。导程是指同一条螺旋线上相邻两牙在中径线上对应两点之间的轴向距离，用 P_h 表示。

5）线数

线数是指形成螺纹的螺旋线的条数，用 n 表示。沿一条螺旋线形成的螺纹称为单线螺纹，沿两条或两条以上螺旋线形成的螺纹称为多线螺纹，如图 5-7 所示。其中，螺距 P、导程 P_h 和线数 n 之间的关系如下。

（1）对于单线螺纹，$P_h = P$。

（2）对于多线螺纹，$P_h = nP$。

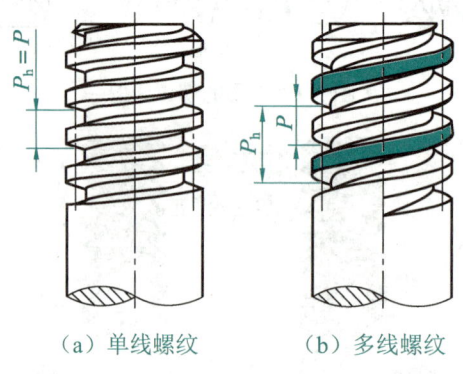

（a）单线螺纹　　（b）多线螺纹

图 5-7　螺纹的线数

3. 螺纹的分类

为了便于设计和制造，国家标准对螺纹的螺纹牙型、大径和螺距做了统一规定，这三个几何要素都符合标准规定的螺纹称为标准螺纹。螺纹牙型符合标准规定，但大径或螺距不符合标准规定的螺纹称为特殊螺纹。螺纹牙型不符合标准规定的螺纹称为非标准螺纹（如矩形螺纹）。在工程中，应尽量采用标准螺纹。若无特别说明，本书所述螺纹均为标准螺纹。

如图 5-8 所示，根据用途的不同，螺纹可分为连接螺纹和传动螺纹两种，前者起连接作用，后者用于传递动力和运动。其中，根据螺纹牙型的不同，连接螺纹又可分为普通螺纹和管螺纹两种，传动螺纹又可分为梯形螺纹和锯齿形螺纹两种。

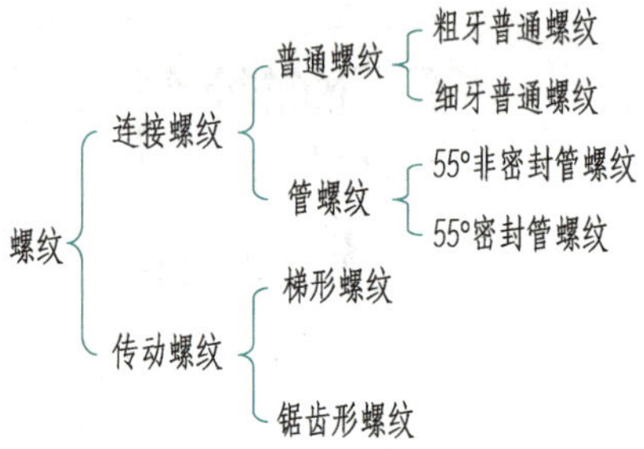

图 5-8　螺纹的分类

二、螺纹的画法和标注

1. 螺纹的画法

由于螺纹的真实投影比较复杂，为了简化作图，GB/T 4459.1—1995《机械制图　螺纹及螺纹紧固件表示法》规定了内螺纹、外螺纹，以及内、外螺纹连接的画法。

1）内螺纹的画法

通孔内螺纹的画法如图 5-9（a）所示，具体如下。

（1）在投影面平行于螺纹轴线的视图中，内螺纹通常用剖视图表示。其中，螺纹大径用细实线画出，螺纹小径用粗实线画出，螺纹终止线用粗实线画出，剖面线画到粗实线处，螺尾线一般不画。

（2）在投影面垂直于螺纹轴线的视图中，表示螺纹大径的圆用细实线只画约 3/4 圆弧，表示螺纹小径的圆用粗实线画出,倒角圆省略不画。

盲孔内螺纹的画法与通孔内螺纹的画法基本相同,但在投影面平行于螺纹轴线的视图中,钻孔深度和螺纹孔深度应分别画出,且螺纹终止线到底孔末端的距离为螺纹大径的 0.5 倍,底孔的锥角角度为 120°,如图 5-9(b)所示。

图 5-9 动画

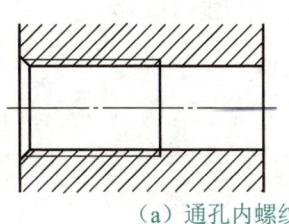 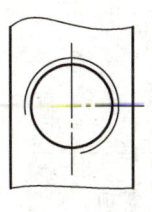 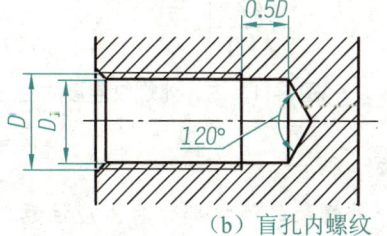 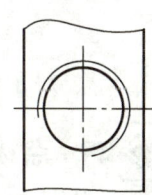

(a)通孔内螺纹　　　　　　　　　　　　(b)盲孔内螺纹

图 5-9　内螺纹的画法

 **点拨**

当螺纹不可见时,除轴线和中心线外,螺纹的其余图线均用虚线画出。

2)外螺纹的画法

外螺纹视图的画法如图 5-10(a)所示,具体如下。

(1)在投影面平行于螺纹轴线的视图中,螺纹大径用粗实线画出;螺纹小径用细实线画出并画到倒角处;螺纹终止线用粗实线画出;螺尾线一般不必画出,但当需要表示出来时,可用与螺纹轴线呈 30°的细实线画出。

(2)在投影面垂直于螺纹轴线的视图中,表示螺纹大径的圆用粗实线画出,表示螺纹小径的圆用细实线只画约 3/4 圆弧,倒角圆省略不画。

外螺纹局部剖视图的画法如图 5-10(b)所示。其中,在剖面区域内,螺纹终止线用粗实线画出,剖面线应画到粗实线处。

图 5-10 动画

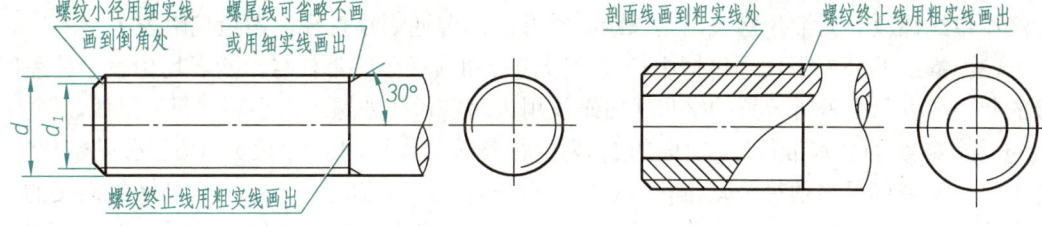

(a)视图的画法　　　　　　　　　　　　(b)局部剖视图的画法

图 5-10　外螺纹视图的画法

3)内、外螺纹连接的画法

在投影面平行于螺纹轴线的视图中,内、外螺纹连接一般用剖视图表示。其中,内、外螺纹的连接部分按外螺纹的画法绘制,其余部分按各自的画法绘制,如图 5-11 所示。

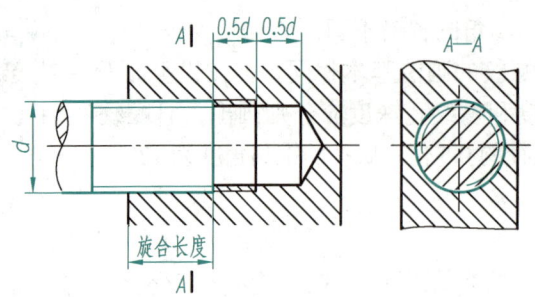

图 5-11 动画

图 5-11 内、外螺纹连接的画法

 **点拨**

绘制内、外螺纹的连接部分时，应注意以下事项。

① 在剖切面通过螺纹轴线的剖视图中，实心杆部按不剖绘制。

② 表示内、外螺纹大径的细实线和粗实线，以及表示内、外螺纹小径的粗实线和细实线均应分别对齐。

2．螺纹的标记和标注

由于各种标准螺纹的画法基本相同，因此国家标准规定，标准螺纹应标注相应标准所规定的螺纹标记，以清楚表示螺纹的种类和几何要素。

1）螺纹的标记

以普通螺纹为例，其标记由螺纹特征代号、尺寸代号、公差带代号、旋合长度代号、旋向代号组成，如图 5-12 所示。其中，公差带代号表示螺纹的加工精度。

| 螺纹特征代号 | 公称直径 × 螺距(或Ph导程P螺距) | 公差带代号 | 旋合长度代号 | 旋向代号 |

图 5-12 普通螺纹的标记

（1）螺纹特征代号因螺纹种类不同而采用的字母不同，普通螺纹的特征代号为 M。

（2）单线螺纹的尺寸代号为"公称直径×螺距"，多线螺纹的尺寸代号为"公称直径×Ph导程P螺距"，公称直径、螺距、导程的单位均为 mm。单线螺纹若为粗牙螺纹，则螺距不标注；单线螺纹若为细牙螺纹，则螺距必须标注。普通螺纹直径、螺距见附表Ⅰ。

（3）螺纹的公差带代号包括中径公差带代号和顶径公差带代号，两者均由表示公差等级的数字和表示公差带位置的字母（内螺纹用大写字母，外螺纹用小写字母）组成。例如，5g6g 为外螺纹的公差带代号，前面的 5g 为中径公差带代号，后面的 6g 为顶径公差带代号。若中径公差带代号与顶径公差带代号相同，则只标注一个即可。表示内、外螺纹连接的公差带代号时，内螺纹公差带代号在前，外螺纹公差带代号在后，中间用分隔号"/"分开。普通螺纹公差带见附表Ⅱ。

 **点拨**

顶径是指与外螺纹或内螺纹牙顶相切的假想圆柱或圆锥的直径，即外螺纹的大径或内螺纹的小径。

项目五 标准件与常用件的画法

（4）普通螺纹的旋合长度分为短、中、长三组，代号分别为 S、N、L。其中，中等旋合长度代号 N 不标注。

（5）左旋螺纹要标注旋向代号 LH，右旋螺纹不标注旋向代号。

2）螺纹的标注

对螺纹进行标注时，应将螺纹标记注写在螺纹大径尺寸线或尺寸线的延长线上。常用螺纹的标注示例如表 5-1 所示。

表 5-1 常用螺纹的标注示例

螺纹种类		特征代号	标注示例	说明
普通螺纹		M	粗牙 M20-6g	M20-6g 表示公称直径为 20 mm、螺纹中径和顶径公差带代号均为 6g、中等旋合长度、右旋的粗牙普通螺纹
			细牙 M16×1.5-6H-L	M16×1.5-6H-L 表示公称直径为 16 mm、螺距为 1.5 mm、螺纹中径和顶径公差带代号均为 6H、长旋合长度、右旋的细牙普通螺纹
连接螺纹	管螺纹	G	55°非密封管螺纹 G1/2A G1/2	55°非密封管螺纹的标记由螺纹特征代号 G、尺寸代号和公差等级代号组成。其中，55°非密封外管螺纹有 A、B 两种公差等级，公差等级代号标注在尺寸代号之后；55°非密封内管螺纹只有一种公差等级，公差等级代号不标注 G1/2A 表示尺寸代号为 1/2、公差等级为 A．右旋的 55°非密封外管螺纹 G1/2 表示尺寸代号为 1/2 的 55°非密封内管螺纹
		Rp Rc R₁ R₂	55°密封螺纹 Rc1/2	55°密封管螺纹的标记由螺纹特征代号（Rp、Rc、R₁ 或 R₂）和尺寸代号组成。其中，Rp 为圆柱内管螺纹代号，Rc 为圆锥内管螺纹代号，R₁ 为与圆柱内管螺纹相配合的圆锥外管螺纹代号，R₂ 为与圆锥内管螺纹相配合的圆锥外管螺纹代号 Rc1/2 表示尺寸代号为 1/2、右旋的 55°密封圆锥内管螺纹
传动螺纹		Tr	梯形螺纹 Tr40×14P7-8H-L-LH	Tr40×14P7-8H-L-LH 表示公称直径为 40 mm、导程为 14 mm、螺距为 7 mm、中径公差带代号为 8H、长旋合长度、左旋双线梯形螺纹
		B	锯齿形螺纹 B32×6-7e	B32×6-7e 表示公称直径为 32 mm、螺距为 6 mm、中径公差带代号为 7e、中等旋合长度、右旋的锯齿形螺纹

学以致用

【例 5-1】 解释螺纹标记 M20×1.5-5g6g-S-LH 的含义。

解释： 该螺纹标记表示公称直径为 20 mm、螺距为 1.5 mm、中径公差带代号为 5g、顶径公差带代号为 6g、短旋合长度、左旋的细牙普通螺纹。

三、螺纹紧固件及其连接的画法

1. 螺纹紧固件的画法

螺纹紧固件是指利用内、外螺纹的旋合作用以连接和紧固一些零部件的零件。螺纹紧固件的种类很多，常用的有六角头螺栓（见附表Ⅲ）、双头螺柱、开槽紧定螺钉、六角头螺母、平垫圈和弹簧垫圈等，如图 5-13 所示。

  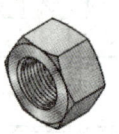  

（a）六角头螺栓　　（b）双头螺柱　　（c）开槽紧定螺钉　　（d）六角头螺母　　（e）平垫圈　　（f）弹簧垫圈

图 5-13　常用的螺纹紧固件

通常情况下，常用的螺纹紧固件均属于标准件，其尺寸和图样可在相应的国家标准中查得，因此不需要作出零件图，只需要标注对应的标记即可。常用螺纹紧固件的标记示例如表 5-2 所示。

表 5-2　常用螺纹紧固件的标记示例

种类及标准编号	图例及尺寸	标记及说明
六角头螺栓 GB/T 5782—2016	M8，40	螺栓 GB/T 5782 M8×40 表示螺纹规格为 M8、公称长度为 40 mm 的六角头螺栓
双头螺柱 GB/T 897—1988 GB/T 898—1988 GB/T 899—1988 GB/T 900—1988	M12，50	螺柱 GB/T 898 M12×50 表示两端均为粗牙普通螺纹、螺纹规格为 M12、公称长度为 50 mm、$b_m=1.25d$ 的双头螺柱
开槽沉头螺钉 GB/T 68—2016	M10，45	螺钉 GB/T 68 M10×45 表示螺纹规格为 M10、公称长度为 45 mm 的开槽沉头螺钉
1 型六角螺母 GB/T 6170—2015	M8	螺母 GB/T 6170 M8 表示螺纹规格为 M8 的 A 级 1 型六角螺母

续表

种类及标准编号	图例及尺寸	标记及说明
平垫圈 GB/T 97.1—2002	φ17	垫圈 GB/T 97.1 16 表示标准系列、公称规格（螺纹大径）为 16 mm 的 A 级平垫圈（内径约为 17 mm）
标准型弹簧垫圈 GB/T 93—1987	φ20.2	垫圈 GB/T 93 20 表示公称规格（螺纹大径）为 20 mm 的标准型弹簧垫圈（内径约为 20.2 mm）

随堂笔记

---

2. 螺纹紧固件连接的画法

螺纹紧固件连接主要有螺栓连接、双头螺柱连接和螺钉连接三种，它们的画法都遵循以下规定。

（1）被连接两零件的接合面只画一条线，不接合的相邻两表面，不论其间隙大小均应画成两条线（小间隙可夸大画出）。

（2）相邻零件剖面线的方向应相反，或剖面线的方向相同但间距不同，但同一零件的剖面线在所有视图中的间距和方向应相同。

（3）在剖切面通过螺纹紧固件轴线的剖视图中，螺纹紧固件均按不剖绘制。

1）螺栓连接的画法

螺栓用于连接两个较薄且都能加工出通孔的零件，适用于受力较大的场合。螺栓连接的主要紧固件有螺栓、螺母和垫圈等。连接时，应先将螺栓的杆部穿过两个零件的通孔，然后在螺栓上套上垫圈，最后拧紧螺母，如图 5-14（a）所示。

螺栓连接中的紧固件通常采用比例画法绘制，即以螺栓上螺纹的公称直径（大径 d）为基准，其余各部分的尺寸按其与公称直径的比例关系来确定，倒角省略不画，如图 5-14（b）所示。其中，螺栓的长度 l 应按 $l = t_1 + t_2 + 0.15d + 0.8d + 0.3d$ 计算，然后在相应标准（参见附表Ⅲ）所规定的长度系列中选择最接近标准的长度值。

图 5-14 动画

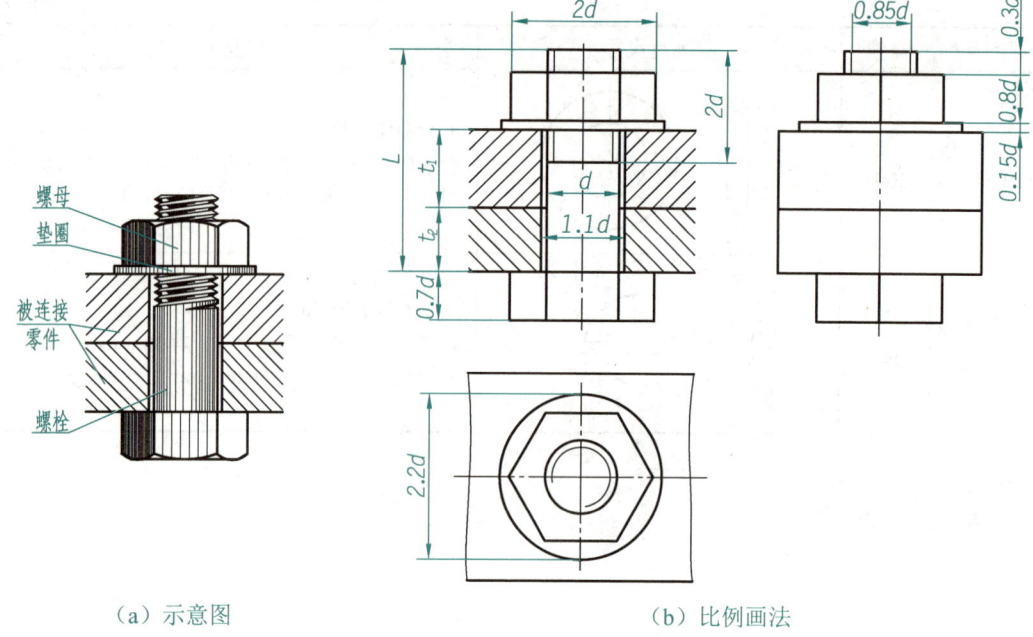

（a）示意图　　　　　　　　　　（b）比例画法

图 5-14　螺栓连接

采用比例画法绘制螺栓连接时，应注意以下事项。

（1）被连接零件的孔径须大于螺栓大径（约为 1.1d），否则螺栓将无法穿过通孔。

（2）螺栓的螺纹终止线应画在被连接两零件的接合面与垫圈之间，且必须与垫圈保留一定距离，否则螺母可能无法拧紧。

> 随堂笔记

2）双头螺柱连接的画法

双头螺柱的两端都加工有螺纹，其一端和被连接零件旋合（该端称为旋入端），另一端和螺母旋合（该端称为紧固端），常用于连接一个较厚且不易加工出通孔的零件和另一个较薄且可加工出通孔的零件，适用于受力较大的场合。双头螺柱连接通常也采用比例画法绘制，如图 5-15 所示。

项目五 标准件与常用件的画法

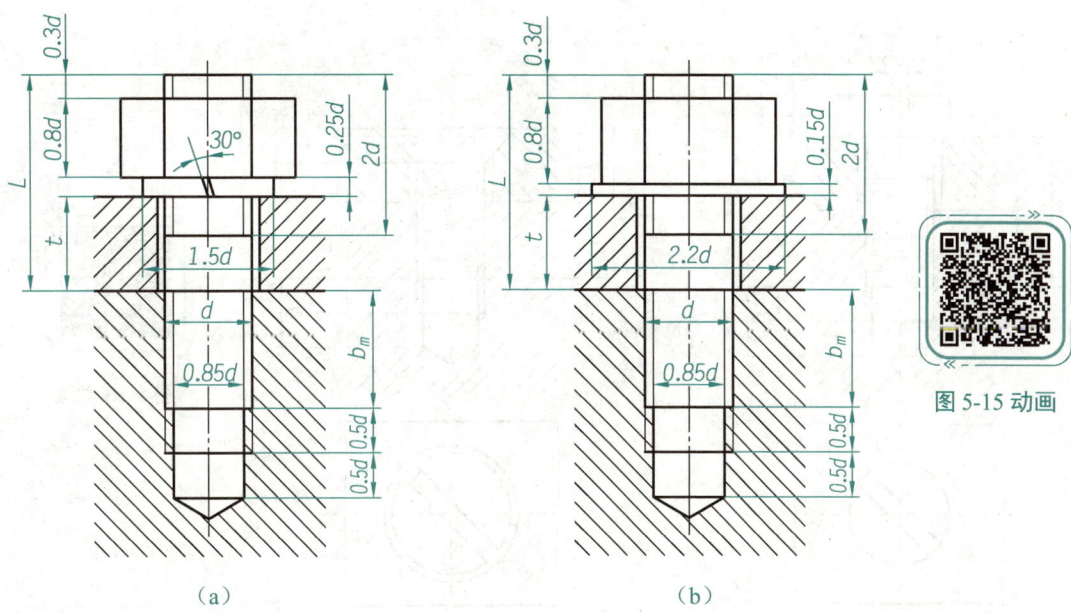

图 5-15 双头螺柱连接的比例画法

 点拨

弹簧垫圈利用弹性及斜口摩擦作用,可将紧固件锁紧,作图时弹簧垫圈按图 5-15(a)画出;平垫圈较弹簧垫圈的锁紧能力差些,作图时平垫圈按图 5-15(b)画出。

绘制双头螺柱连接时,应注意以下事项。

(1)由于双头螺柱旋入端的螺纹全部旋入螺纹孔内,因此旋入端的螺纹终止线应与两被连接件的接合面平齐,以表示旋入端已拧紧。

(2)为了确保旋入端全部旋入螺纹孔内,被连接零件上螺纹孔的螺纹深度应大于旋入端的长度。作图时,螺纹孔的螺纹深度可按 $b_m + 0.5d$ 画出,螺纹孔底孔的深度应略大于螺纹深度,孔底应画出底孔的 120°锥孔。

3)螺钉连接的画法

螺钉通常用于连接受力不大的零件。其中,位于底部的被连接零件要加工出螺纹孔,而其他被连接的零件需要加工出光孔,连接时将螺钉的杆部穿过被连接零件的光孔,旋入到底部被连接件的螺纹孔中,即可将这些零件连接起来。

圆柱头螺钉连接和沉头螺钉连接的比例画法如图 5-16 所示。其中,螺钉的总长度先按 $l =$ 光孔零件的厚度(t)+ 螺钉旋入长度(b_m)计算,然后在相应标准所规定的长度系列中选取最接近标准的长度值。

绘制螺钉连接时,应注意以下事项。

(1)螺钉的螺纹终止线必须超过被连接零件的接合面。

(2)画螺钉头部的一字槽时,在投影面平行于螺纹轴线的视图中,其槽口应正对观察者;在投影面垂直于螺纹轴线的视图中,一字槽应按 45°位置简化,如图 5-16 所示。

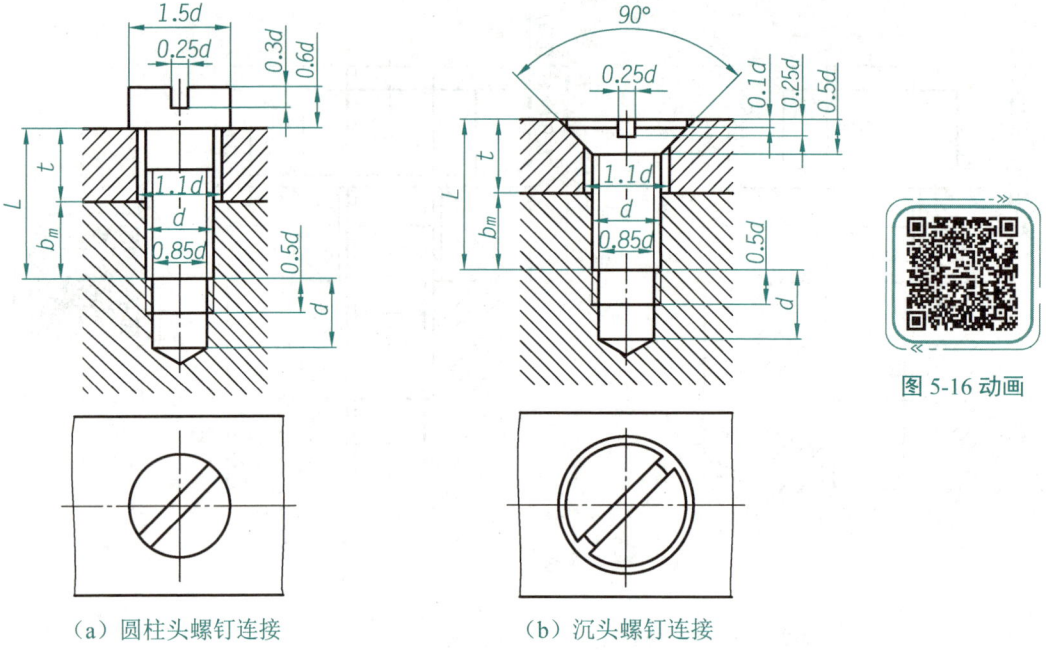

（a）圆柱头螺钉连接　　　　（b）沉头螺钉连接

图 5-16　圆柱头螺钉连接和沉头螺钉连接的比例画法

> **点拨**
>
> 　　国家标准规定，在装配图中，螺纹紧固件的某些结构允许按简化画法画出。例如，螺栓、螺柱、螺钉末端的倒角和退刀槽、螺栓头部和螺母的倒角等可省略不画；未钻通的螺纹孔，可不画出钻孔深度，而仅按螺纹部分的深度（不包括螺尾）画出即可。

任务实施——作出螺栓连接的三视图

分析： 图 5-1 中的漏线可分为三种：螺栓的螺纹线、螺母的轮廓线、被连接零件的剖面线。应先确定各漏画部分的尺寸再作图。

作图步骤：

（1）在投影面平行于螺纹轴线的视图中，用细实线画出螺纹小径，用粗实线画出螺纹终止线；在投影面垂直于螺纹轴线的视图中，用细实线画出表示螺纹小径的 3/4 圆弧，如图 5-17（a）所示。

（2）用粗实线画出螺母的轮廓线，如图 5-17（b）所示。

（3）用粗实线画出被连接零件剖切后的可见轮廓线，用细实线画出被连接零件的剖面线，如图 5-17（c）所示。

项目五　标准件与常用件的画法

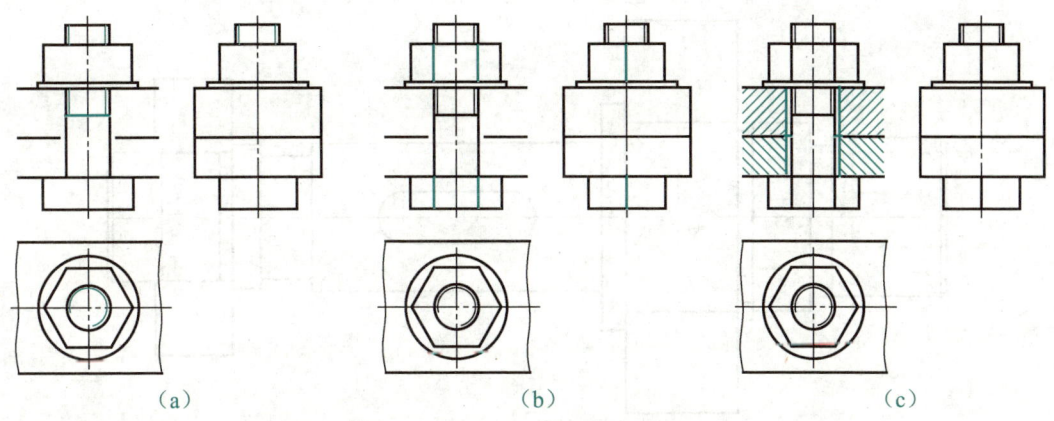

(a)　　　　　　　　(b)　　　　　　　　(c)

图 5-17　作出螺栓连接的三视图

创想天地

国家标准对标准件的结构、尺寸、画法及标记等都做了统一规定。请查阅有关资料，分析标准件在装配图中的表示方法，讨论其在绘制和标注时应注意的事项。

随堂笔记

任务二　其他标准件与常用件的画法

任务引入

除螺栓、螺母、螺钉等螺纹紧固件外，机械设备和仪器仪表中常用的零件还有齿轮、键、销、滚动轴承和弹簧等，这些零件形状各异，用途也各有不同。如图 5-18 所示为滚动轴承和阶梯轴的装配示意图。其中，滚动轴承主要用于支承做旋转运动的阶梯轴，$\phi25$ 和 $\phi17$ 为阶梯轴两端轴颈处的直径。请用 1∶1 的比例及规定画法在 $\phi25$ 轴颈处画出深沟球轴承 6205，在 $\phi17$ 轴颈处画出圆锥滚子轴承 30203。

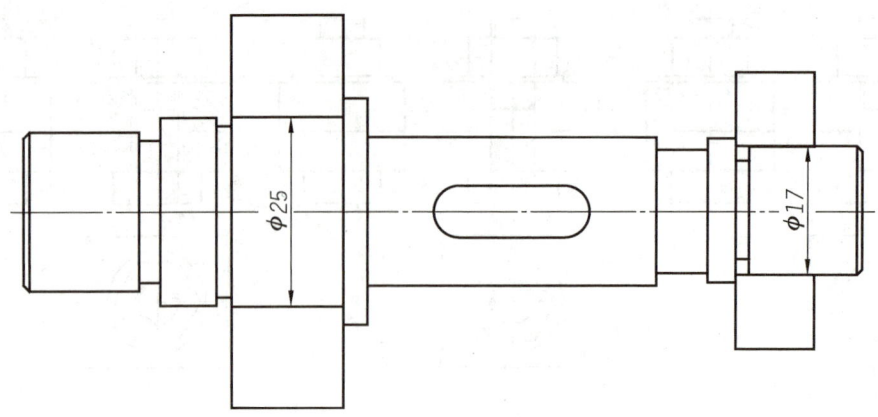

图 5-18　滚动轴承和阶梯轴的装配示意图

本任务主要介绍齿轮、键连接与销连接、滚动轴承、弹簧的画法和标注方法。

一、齿轮

齿轮传动能将一根轴上的动力传递给另一根轴,并能根据要求改变另一根轴的转速和旋转方向。常用的齿轮有圆柱齿轮、圆锥齿轮、蜗杆和蜗轮三种。其中,根据轮齿方向的不同,圆柱齿轮可分为直齿圆柱齿轮、斜齿圆柱齿轮和人字齿圆柱齿轮等,圆锥齿轮可分为直齿圆锥齿轮和斜齿圆锥齿轮等,如图 5-19 所示。下面主要介绍直齿圆柱齿轮的画法。

（a）直齿圆柱齿轮　　　　（b）斜齿圆柱齿轮　　　　（c）人字齿圆柱齿轮

（d）直齿圆锥齿轮　　　　（e）斜齿圆锥齿轮　　　　（f）蜗杆和蜗轮

图 5-19　常用的齿轮

> **点拨**
>
> 齿轮上的齿称为轮齿，它是齿轮的主要结构，其端面上的可用齿廓一般为一段渐开线、摆线或圆弧，据此可将齿轮分为渐开线齿轮、摆线齿轮和圆弧齿轮等，其中最常用的是渐开线齿轮。轮齿符合国家标准规定的齿轮称为标准齿轮，本书所述齿轮均为标准齿轮。

1. 直齿圆柱齿轮的几何要素

直齿圆柱齿轮的几何要素如图 5-20 所示，具体如下。

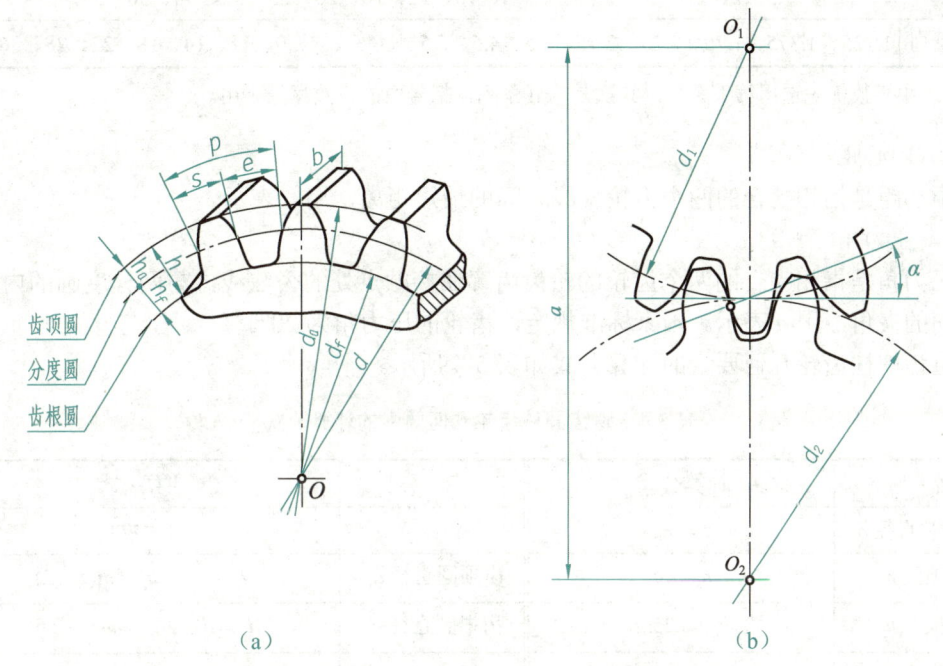

(a)　　　　　　　　　　　　　　(b)

图 5-20　直齿圆柱齿轮的几何要素

1) 齿顶圆直径、齿根圆直径与分度圆直径

齿顶圆直径是指通过齿轮各齿顶的圆柱面直径，用 d_a 表示。齿根圆直径是指通过齿轮各齿根的圆柱面直径，用 d_f 表示。分度圆直径是指齿轮的分度圆柱面直径，用 d 表示。分度圆柱面是与齿轮设计有关的一个假想圆柱面，在此圆柱面上齿槽宽（e）和齿厚（s）相等。分度圆柱面与垂直于其轴线的一个平面的交线即为分度圆。

2) 齿顶高、齿根高与齿高

分度圆将轮齿分成两部分，自分度圆到齿顶圆的距离称为齿顶高，用 h_a 表示；自分度圆到齿根圆的距离称为齿根高，用 h_f 表示。齿高为齿顶高和齿根高之和，用 h 表示，即 $h = h_a + h_f$。

3) 齿宽、齿距、齿厚与齿槽宽

齿宽是指齿轮有齿部位沿分度圆柱面母线方向所量取的宽度，用 b 表示。齿距是指分度圆上相邻两齿廓对应点之间的弧长，用 p 表示。齿厚是指分度圆上同一轮齿齿廓之间的弧长，用 s 表示。齿槽宽是指分度圆上同一个齿槽之间的弧长，用 e 表示。齿距为齿厚和齿槽宽之和，即 $p = s + e$。

4）齿数与模数

齿数是指齿轮上轮齿的个数，用 z 表示。由于分度圆周长 $pz = \pi d$，因此 $d = (p/\pi)z$。工程中，为了便于齿轮的设计、制造和检验等，通常将 p/π 规定为标准值，称为齿轮的模数，用 m 表示。当齿数一定时，模数越大，分度圆直径越大，齿轮承载能力就越强。齿轮的标准模数如表 5-3 所示。

表 5-3 齿轮的标准模数　　　　　　　　　　　　　　　　　　　　　单位：mm

第Ⅰ系列	1、1.25、1.5、2、2.5、3、4、5、6、8、10、12、16、20、25、32、40、50
第Ⅱ系列	1.125、1.375、1.75、2.25、2.75、3.5、4.5、5.5、(6.5)、7、9、11、14、18、22、28、36、45

注：表中模数优先选用第Ⅰ系列，其次是第Ⅱ系列，括号内的模数尽量不用。

5）中心距

中心距是指相啮合的两个齿轮轴线之间的最短距离，用 a 表示。

6）压力角

压力角是指相啮合的两个齿轮的轮齿齿廓在接触点处的公法线，与两分度圆的内公切线之间的夹角，用 α 表示。国家标准规定，齿轮的压力角为 20°。

直齿圆柱齿轮几何要素的计算公式如表 5-4 所示。

表 5-4 直齿圆柱齿轮几何要素的计算公式

名　称	计算公式	名　称	计算公式
分度圆直径 d	$d = mz$	齿距 p	$p = \pi m$
齿顶高 h_a	$h_a = m$	齿顶圆直径 d_a	$d_a = d + 2h_a = m(z + 2)$
齿根高 h_f	$h_f = 1.25m$	齿根圆直径 d_f	$d_f = d - 2h_f = m(z - 2.5)$
齿高 h	$h = h_a + h_f = 2.25m$	中心距 a	$a = (d_1 + d_2)/2 = (mz_1 + mz_2)/2$

注：d_1、d_2 是相啮合的两个齿轮的分度圆直径；z_1、z_2 是相啮合的两个齿轮的齿数。

2. 直齿圆柱齿轮的画法

1）单个直齿圆柱齿轮的画法

齿轮的轮齿比较复杂且数量较多，为简化作图，GB/T 4459.2—2003《机械制图　齿轮表示法》对齿轮的画法做了如下规定。

（1）齿顶圆和齿顶线用粗实线画出；分度圆和分度线用细点画线画出；齿根圆和齿根线用细实线画出，也可省略不画，如图 5-21（a）所示。但在剖视图中，当剖切面通过齿轮的轴线时，轮齿一律按不剖处理，齿根线用粗实线画出，如图 5-21（b）所示。

（2）齿轮可用两个视图表示，如图 5-21（a）所示；也可用一个视图和一个局部视图表示，如图 5-21（b）所示。

（3）若需要表明齿形，可在投影面垂直于齿轮轴线的视图中用粗实

图 5-21（a）动画

图 5-21（b）动画

线画出一个或两个齿，如图 5-21（c）所示；也可用局部放大图表示。

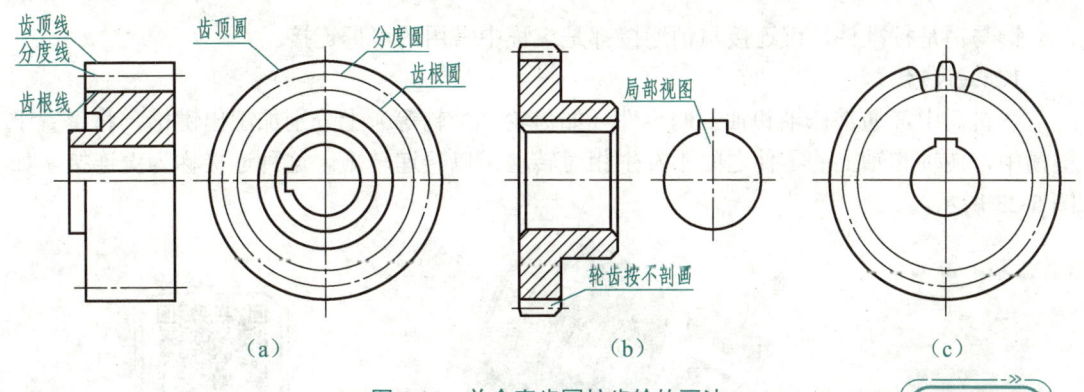

图 5-21　单个直齿圆柱齿轮的画法

2）两直齿圆柱齿轮啮合的画法

两直齿圆柱齿轮啮合的画法如图 5-22 所示。其中，除啮合区域外，其他部分的结构均按单个齿轮的画法绘制，并需要注意以下事项。

图 5-22 动画

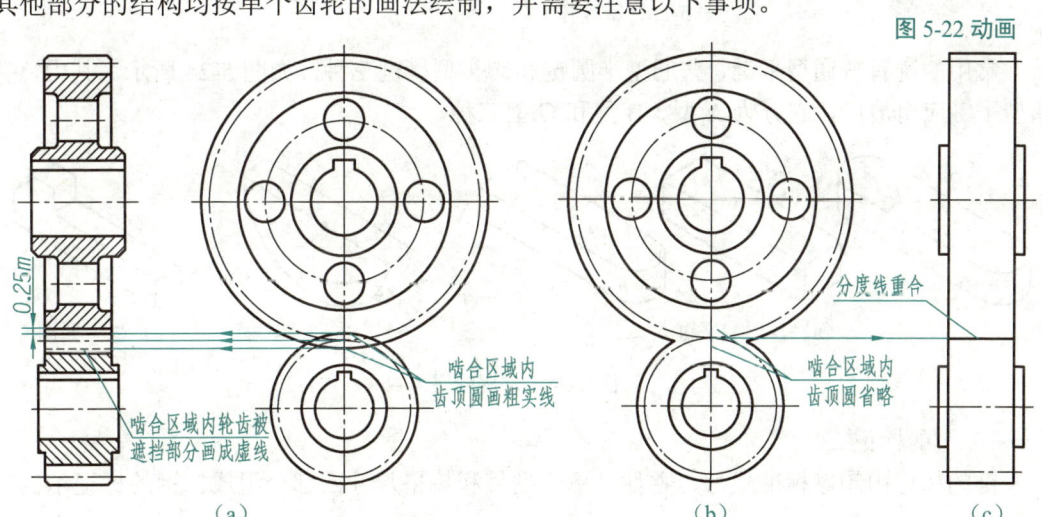

图 5-22　两直齿圆柱齿轮啮合的画法

（1）两直齿圆柱齿轮啮合一般采用两个视图表示。在投影面垂直于齿轮轴线的视图中，两分度圆相切；啮合区域内的齿顶圆用粗实线画出，或省略不画，如图 5-22（a）和图 5-22（b）所示；齿根圆用细实线画出或省略不画。

（2）在两直齿圆柱齿轮啮合的剖视图中，在啮合区域内，可将一个齿轮的轮齿用粗实线画出，另一个齿轮的轮齿被遮挡部分用虚线画出，或省略不画，且一个齿轮的齿顶线与另一个齿轮的齿根线之间的间隙应为模数的 1/4，如图 5-22（a）所示。

（3）在投影面平行于齿轮轴线的视图中，两直齿圆柱齿轮的分度线重合，用粗实线画出；啮合区域的齿顶线省略不画，如图 5-22（c）所示。

二、键连接与销连接

键与销是标准件，键连接与销连接都是工程中常用的可拆连接。

1. 键连接

在机器中，通常在轴和轴上的零件（如齿轮、带轮等）上分别加工出键槽，将键置于键槽中，使轴和轴上的零件之间不发生相对转动，以传递转矩。这种连接称为键连接，如图 5-23 所示。

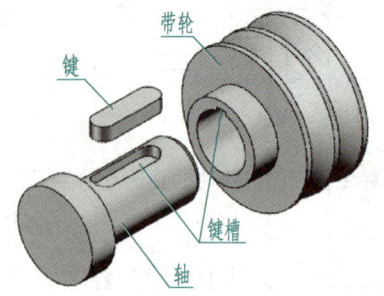

图 5-23 键连接

图 5-23 三维模型

常用的键有普通型平键、普通型半圆键和钩头型楔键三种，如图 5-24 所示。其中，普通型平键应用最广，它分为 A 型、B 型和 C 型三种。

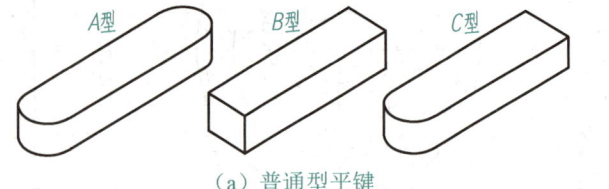

(a) 普通型平键

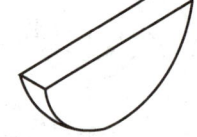

(b) 普通型半圆键

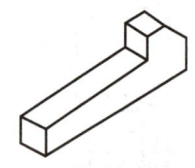

(c) 钩头型楔键

图 5-24 常用的键

1) 键的标记

键的标记由国家标准代号、零件名称、型号和规格尺寸四部分组成。键的标记示例如表 5-5 所示。

表 5-5 键的标记示例

名称及标准编号	图例	标记及说明
普通型平键 GB/T 1096—2003		GB/T 1096 键 16×10×100 表示宽度 $b=16$ mm、高度 $h=10$ mm、长度 $L=100$ mm 的普通 A 型平键（普通 A 型平键在标注时省略型号 A）

续表

名称及标准编号	图例	标记及说明
普通型平键 GB/T 1096—2003		GB/T 1096 键 B 16×10×100 表示宽度 $b=16$ mm、高度 $h=10$ mm、长度 $L=100$ mm 的普通 B 型平键
		GB/T 1096 键 C 16×10×100 表示宽度 $b=16$ mm、高度 $h=10$ mm、长度 $L=100$ mm 的普通 C 型平键
普通型半圆键 GB/T 1099.1—2003		GB/T 1099.1 键 6×10×25 表示宽度 $b=6$ mm、高度 $h=10$ mm、直径 $D=25$ mm 的普通型半圆键
钩头型楔键 GB/T 1565—2003		GB/T 1565 键 16×100 表示宽度 $b=16$ mm、高度 $h=10$ mm、长度 $L=100$ mm 的钩头型楔键

随堂笔记

2）键槽的画法和标注

键是标准件，通常不需要画出零件图，但应画出与其相配合的键槽。普通型平键键槽的画法和标注方法如图 5-25 所示。其中，键槽的宽度 b 可根据轴的直径 d 从附表Ⅳ中查得，从附表Ⅳ中还可查得轴上键槽的深度 t_1 和轮毂上键槽的深度 t_2。此外，键的长度 L 应比轮毂长度小 5~10 mm，并取相近的标准值。

图 5-25 动画

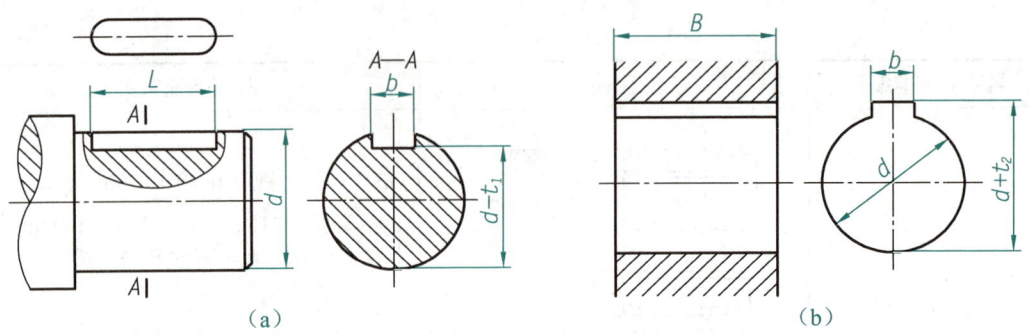

图 5-25 普通型平键键槽的画法和标注方法

3）普通型平键连接的画法

普通型平键连接的画法如图 5-26 所示，具体如下。

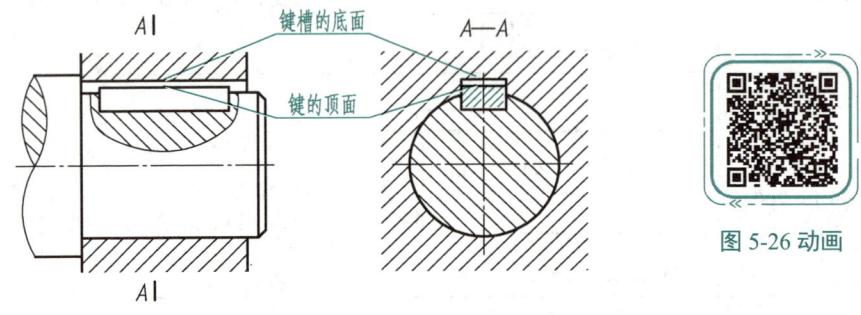

图 5-26 普通型平键连接的画法

（1）当剖切面通过轴的轴线和键的对称平面时，轴和键均按不剖绘制，但为了表示键在轴上的装配关系，可在轴上采用局部剖视图。当剖切面垂直于轴的轴线时，轴和键必须画出剖面线。

（2）普通型平键的两侧面为工作面，底面和顶面为非工作面，两侧面和底面分别与轴上的键槽接触，应画成一条线；键的顶面与键槽的底面之间存在间隙，必须画成两条线。

2. 销及销连接

销也是常用的标准件，主要用于零件之间的连接、定位或防松。常用的销有圆柱销、圆锥销和开口销三种。开口销通常与开槽螺母配合使用，可起到防松的作用。销的标记及画法如表 5-6 所示。

表 5-6 销的标记及画法

名称及标准编号	图例	标记及说明	画法
圆柱销 GB/T 119.1—2000		销 GB/T 119.1 5 m6×18 表示公称直径 $d=5$ mm、公差为 m6、公称长度 $l=18$ mm 的圆柱销	

项目五 标准件与常用件的画法

续表

名称及标准编号	图例	标记及说明	画法
圆锥销 GB/T 117—2000	(1:50)	销 GB/T 117 10×60 表示公称直径 d = 10 mm、公称长度 l = 60 mm 的 A 型圆锥销	
开口销 GB/T 91—2000		销 GB/T 91 5×50 表示公称规格为 5 mm、公称长度 l = 50 mm 的开口销	

注：当剖切面通过销的轴线时，销按不剖绘制。

三、滚动轴承

滚动轴承（见附表Ⅴ）是指在承受载荷和彼此相对运动的零件之间有滚动体做滚动运动的轴承，它具有结构紧凑、摩擦系数小等优点，在机械传动结构中的应用非常广泛。

1. 滚动轴承的结构和分类

滚动轴承通常由外圈、内圈、滚动体和保持架四部分组成，如图 5-27 所示。其中，内圈与轴相配合，通常与轴一起转动；外圈通常固定在机体或轴承座内不转动。

滚动轴承的分类方法很多，根据承受载荷方向的不同可分为向心轴承、推力轴承和向心推力轴承三种。其中，向心轴承主要承受径向载荷，如图 5-27（a）所示的深沟球轴承；推力轴承只承受轴向载荷，如图 5-27（b）所示的推力球轴承；向心推力轴承可同时承受径向载荷和轴向载荷，如图 5-27（c）所示的圆锥滚子轴承。

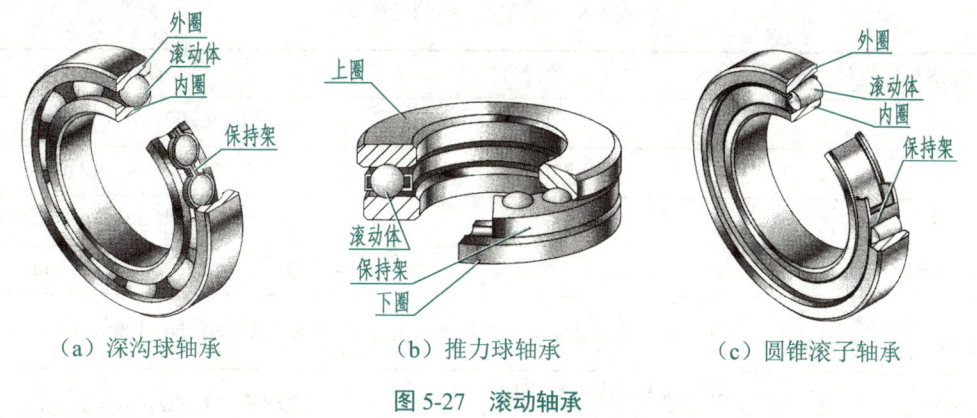

（a）深沟球轴承　　　（b）推力球轴承　　　（c）圆锥滚子轴承

图 5-27　滚动轴承

2. 滚动轴承的基本代号

滚动轴承的代号由前置代号、基本代号和后置代号组成。前置代号和后置代号是滚动

155

轴承在形状、尺寸、结构、公差、技术要求等方面有所改变时，在基本代号左、右添加的补充代号。若无特殊要求，滚动轴承通常只标记基本代号。

基本代号表示滚动轴承的基本类型、尺寸和结构，是滚动轴承代号的基础。基本代号由类型代号、尺寸系列代号和内径代号三部分组成。

1）类型代号

类型代号用数字或大写字母表示，如表 5-7 所示。

表 5-7 滚动轴承的类型代号

代号	类型	代号	类型
0	双列角接触球轴承	7	角接触球轴承
1	调心球轴承	8	推力圆柱滚子轴承
2	调心滚子轴承和推力调心滚子轴承	N	圆柱滚子轴承
3	圆锥滚子轴承		双列或多列用字母 NN 表示
4	双列深沟球轴承	U	外球面球轴承
5	推力球轴承	QJ	四点接触球轴承
6	深沟球轴承	C	长弧面滚子轴承（圆环轴承）

2）尺寸系列代号

尺寸系列代号由滚动轴承宽（高）度系列代号和直径系列代号组成，用两位数字表示，主要用于区分内径相同而宽度（高度）和外径不同的滚动轴承。例如，圆锥滚子轴承 31307 的尺寸系列代号为 13，1 为宽度系列代号，3 为直径系列代号。当滚动轴承的宽度系列代号为 0 时，通常省略不注，但对于调心滚子轴承和圆锥滚子轴承，宽度系列代号 0 需要标出。

3）内径代号

内径代号表示滚动轴承的公称内径，用两位数字表示，如表 5-8 所示。

表 5-8 滚动轴承的内径代号

轴承公称内径/mm		内径代号	示例
10～17	10	00	深沟球轴承 6200，$d=10$ mm
	12	01	调心球轴承 1201，$d=12$ mm
	15	02	圆柱滚子轴承 NU 202，$d=15$ mm
	17	03	推力球轴承 51103，$d=17$ mm
20～480（22、28、32 除外）		04～96（代号数字×5 即为公称内径）	圆柱滚子轴承 NU 1096，$d=480$ mm
≥500 以及 22、28、32		用公称内径毫米数直接表示，用"/"与尺寸系列分开	深沟球轴承 62/22，$d=22$ mm

注：公称内径 $d<10$ mm 的微型轴承，其内径代号不在此列。

项目五 标准件与常用件的画法

学以致用

【例 5-2】解释轴承代号 7320 和 23218 的含义。

解释：

（1）轴承代号 7320："7"为类型代号，表示轴承类型为角接触球轴承；"3"为尺寸系列代号，表示宽度系列代号为 0（省略）、直径系列代号为 3；"20"为内径代号，表示轴承的公称内径 $d = 20 \times 5 = 100 \,(\text{mm})$。

（2）轴承代号 23218："2"为类型代号，表示轴承类型为调心滚子轴承；"32"为尺寸系列代号，其中宽度系列代号为 3、直径系列代号为 2；"18"为内径代号，表示轴承的公称内径 $d = 18 \times 5 = 90 \,(\text{mm})$。

随堂笔记

---

3. 滚动轴承的画法

滚动轴承通常不需要绘制零件图，在装配图中只需要按国家标准规定的表示方法画出即可。GB/T 4459.7—2017《机械制图 滚动轴承表示法》对滚动轴承的通用画法、特征画法和规定画法进行了规定，如表 5-9 所示。其中，通用画法和特征画法在同一张图样中只允许采用一种。

表 5-9 滚动轴承的通用画法、特征画法和规定画法示例

名称	通用画法	特征画法	规定画法
深沟球轴承	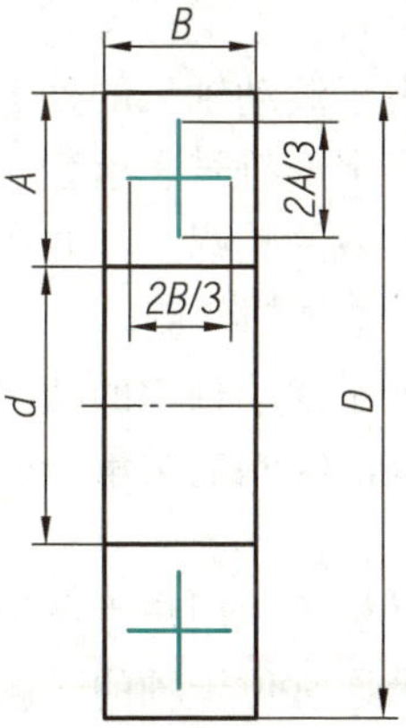	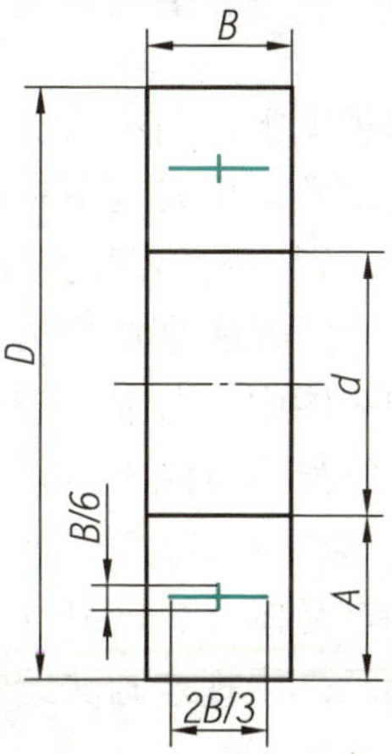	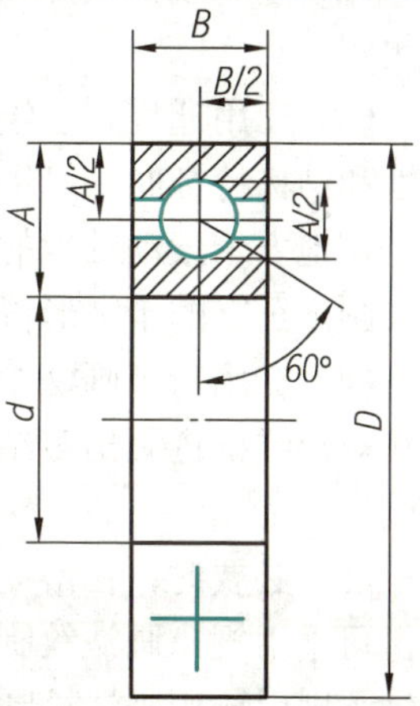

续表

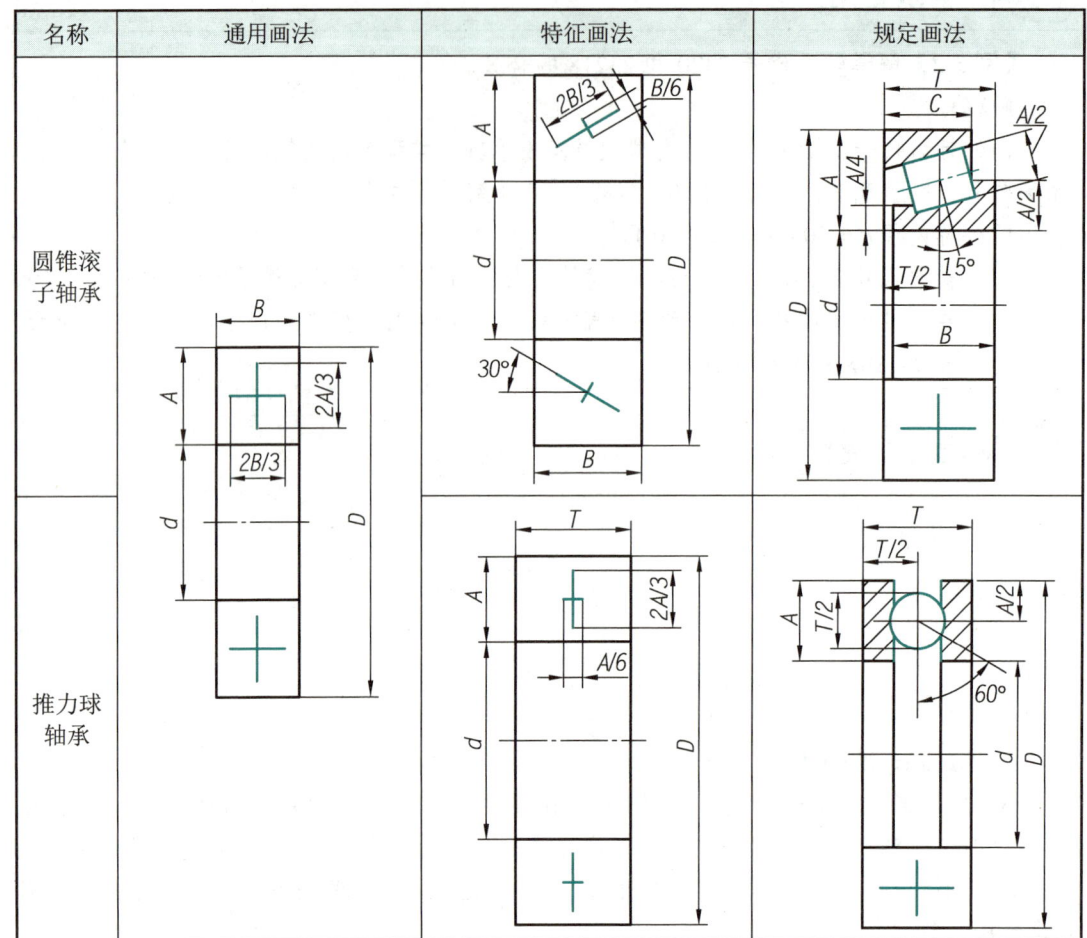

绘制滚动轴承时，应注意以下事项。

（1）国家标准规定的表示法中的各种符号、矩形线框和轮廓线，均用粗实线画出。

（2）矩形线框或外形轮廓的大小应与滚动轴承的外形尺寸一致，并与所属图样采用同一比例。

（3）在用通用画法绘制的剖视图中，当不需要确切地表示滚动轴承的外形轮廓、载荷特性和结构特征时，可用矩形线框及位于线框中央正立的十字形符号表示滚动轴承；当需要确切地表示滚动轴承的外形时，则应画出滚动轴承剖面区域的轮廓线，并在剖面区域的中央画出正立的十字形符号。用通用画法绘制的轴承一般位于轴的两侧。

（4）在用特征画法绘制的剖视图中，若需要较形象地表示滚动轴承的结构特征，可采用在矩形线框内画出其结构要素符号的方法表示。用特征画法绘制的轴承一般也位于轴的两侧。

（5）必要时，在滚动轴承的产品图样、产品样本、产品标准、用户手册和使用说明书中，可采用规定画法绘制滚动轴承。用规定画法绘制的轴承通常位于轴的一侧，而另一侧的轴承则用通用画法绘制。

项目五　标准件与常用件的画法

采用通用画法和特征画法时，剖视图中的滚动轴承的一律不画剖面线；采用规定画法时，滚动轴承的滚动体不画剖面线，其内、外圈应画成方向和间距相同的剖面线，在不引起误解时也可省略不画。

四、弹簧

弹簧是一种用于减振、夹紧、自动复位和储存能量的零件，其种类很多，常用的有压缩弹簧、拉伸弹簧和扭转弹簧等，如图 5-28 所示。下面主要介绍圆柱螺旋压缩弹簧的画法。

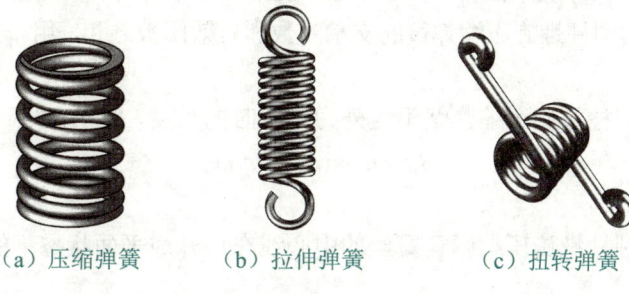

（a）压缩弹簧　　　（b）拉伸弹簧　　　（c）扭转弹簧

图 5-28　常用的弹簧

1. 圆柱螺旋压缩弹簧的几何要素

圆柱螺旋压缩弹簧的几何要素如图 5-29 所示，具体如下。

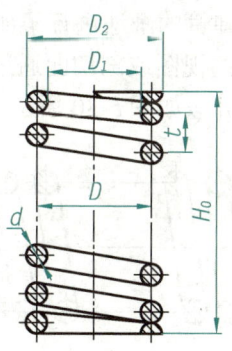

图 5-29　圆柱螺旋压缩弹簧的几何要素

1）旋向

圆柱螺旋压缩弹簧可分为左旋和右旋两种。其中，右旋圆柱螺旋压缩弹簧最为常见。

2）材料直径

材料直径是指用于制造圆柱螺旋压缩弹簧的簧丝直径，用 d 表示。

3）弹簧直径

弹簧直径分为弹簧内径、弹簧外径、弹簧中径三种。

（1）弹簧外径是指弹簧圈的外侧直径，用 D_2 表示。

（2）弹簧内径是指弹簧圈的内侧直径，用 D_1 表示，$D_1 = D_2 - 2d$。

（3）弹簧中径是指弹簧内径和弹簧外径的平均值，用 D 表示，$D = (D_1 + D_2)/2$。

4）弹簧节距

弹簧节距是指圆柱螺旋压缩弹簧在自由状态时，两相邻有效圈截面中心线之间的轴向距离，用 t 表示，一般 $t = D/3 \sim D/2$。

5）圈数

圈数有支承圈数、有效圈数和总圈数三种。

（1）为了保证圆柱螺旋压缩弹簧在压缩时受力均匀、工作平稳，通常需要将其两端并紧、磨平。这部分并紧、磨平的圈数称为支承圈数，用 n_2 表示。支承圈数有 1.5 圈、2 圈和 2.5 圈三种。其中，2.5 圈较为常用，即两端各并紧、磨平 1.25 圈。

（2）有效圈数是指除支承圈外，圆柱螺旋压缩弹簧上具有相等节距的圈数，用 n 表示。

（3）总圈数是指圆柱螺旋压缩弹簧的支承圈数和有效圈数之和，用 n_1 表示，$n_1 = n_2 + n$。

6）自由长度

自由长度是指圆柱螺旋压缩弹簧不受外力作用时的长度，用 H_0 表示，则有

$$H_0 = nt + (n_2 - 0.5)d$$

7）展开长度

展开长度是指圆柱螺旋压缩弹簧簧丝的中心线在展开成平面状态下的长度，用 L 表示，则有

$$L \approx n_1 \sqrt{(\pi D_2)^2 + t^2} \approx \pi D n_1$$

2. 圆柱螺旋压缩弹簧的画法

圆柱螺旋压缩弹簧的真实投影比较复杂，为了简化作图，GB/T 4459.4—2003《机械制图 弹簧表示法》对圆柱螺旋压缩弹簧的画法进行了如下规定。

（1）在投影面平行于弹簧轴线的视图或剖切面通过弹簧轴线的剖视图中，圆柱螺旋压缩弹簧各圈的轮廓线应画成直线，并按如图 5-30 所示的三种形式绘制。

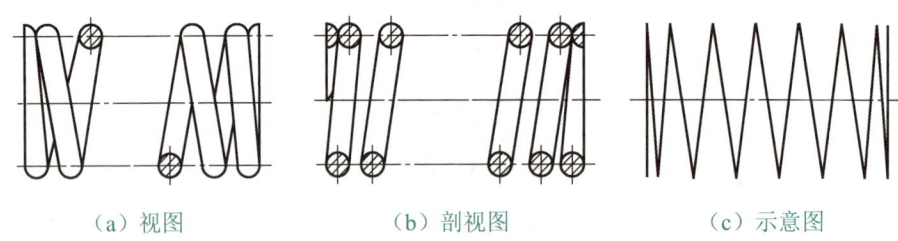

（a）视图　　　　　（b）剖视图　　　　　（c）示意图

图 5-30　圆柱螺旋压缩弹簧的画法

（2）圆柱螺旋压缩弹簧均可画成右旋，若必须保证旋向，则应在技术要求中注明。

（3）当要求圆柱螺旋压缩弹簧两端并紧、磨平时，不论支承圈数多少和末端贴紧情况如何，均按支承圈数为 2.5 圈绘制，必要时可按支承圈的实际结构绘制。

（4）有效圈数在 4 圈以上的圆柱螺旋压缩弹簧，可在其两端只画出 1～2 圈，中间各圈可省略不画。省略中间各圈后，允许缩短图形长度，此时应将圆柱螺旋压缩弹簧的两端用细点画线连起来。

（5）在装配图中，圆柱螺旋压缩弹簧被看作实心物体，因此被其挡住的结构一般不画

出,其可见部分应从弹簧的外轮廓线或从弹簧簧丝剖面区域的中心线画起,如图5-31(a)所示。

(6)当圆柱螺旋压缩弹簧的弹簧材料直径在图形上等于或小于2 mm时,可采用示意图的形式表示,如图5-31(b)所示;当圆柱螺旋压缩弹簧被剖切时,其剖面区域也可以涂黑的方式来代替剖面线,如图5-31(c)所示。

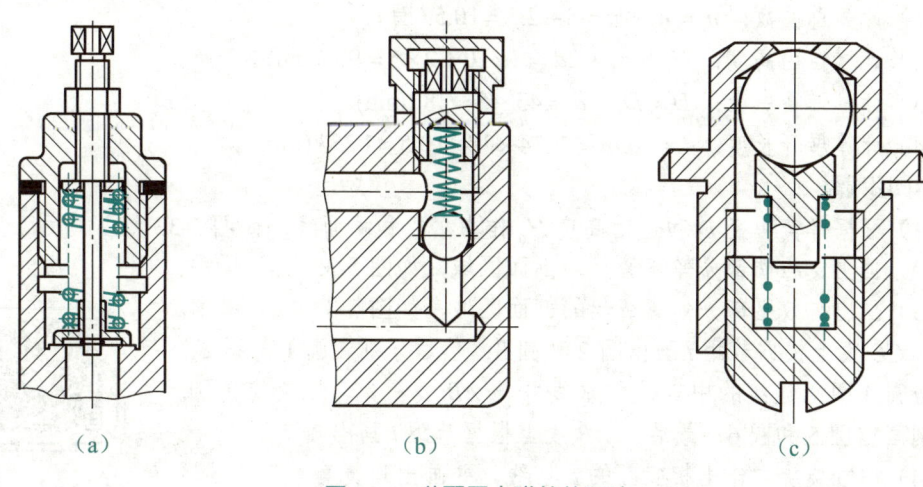

图5-31 装配图中弹簧的画法

(7)弹簧的参数应直接标注在图形上,若直接标注困难也可在技术要求中说明。当需要表示圆柱螺旋压缩弹簧的力学性能时,则需要绘制其工作图,在弹簧零件图的主视图上方用图解的方式表示。此时,弹簧的力学性能曲线均为直线并用粗实线画出,如图5-32所示。其中,F_1为弹簧的预加负荷,F_2为弹簧的最大负荷,F_3为弹簧的允许极限负荷。

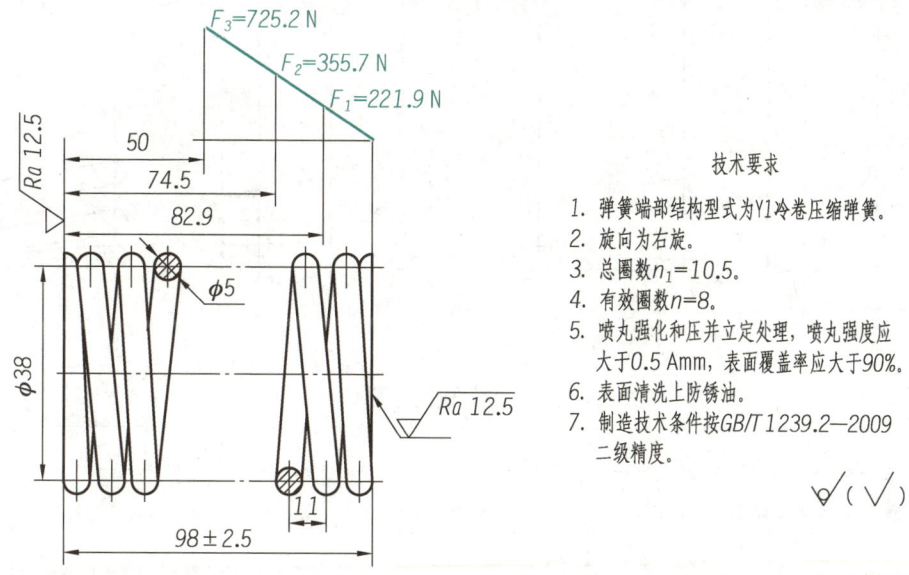

图5-32 圆柱螺旋压缩弹簧的工作图

学以致用

【例 5-3】 某圆柱螺旋压缩弹簧的材料直径 $d=5$ mm,弹簧外径 $D_2=43$ mm,弹簧节距 $t=10$ mm,有效圈数 $n=8$,支承圈数 $n_2=2.5$。试作出该弹簧的剖视图。

计算：

（1）计算总圈数：$n_1=n_2+n=8+2.5=10.5$（圈）。

（2）计算自由高度：$H_0=nt+2d=8\times10+2\times5=90$ (mm)。

（3）计算弹簧中径：$D=D_2-d=43-5=38$ (mm)。

（4）计算展开长度：$L\approx\pi Dn_1=3.14\times38\times10.5\approx1253$ (mm)。

作图步骤：

（1）根据弹簧中径 D 和自由高度 H_0 作中心线和端面线,如图 5-33（a）所示。

（2）画出支承圈部分弹簧簧丝的剖面区域,如图 5-33（b）所示。

（3）画出有效圈部分弹簧簧丝的剖面区域,如图 5-33（c）所示。首先在 CE 线上根据节距 t 画出圆 2 和圆 3；然后分别在圆 1 与圆 2、圆 3 与圆 4 圆心连线的中点处作垂线并与 AB 线相交,以交点为圆心分别画出圆 5 和圆 6；最后在 AB 线上根据节距 t 画出圆 7。

（4）按右旋旋向作出相应圆的公切线,并画出弹簧簧丝剖面区域的剖面线,最后描深加粗可见图线,即可完成作图,如图 5-33（d）所示。

图 5-33 动画

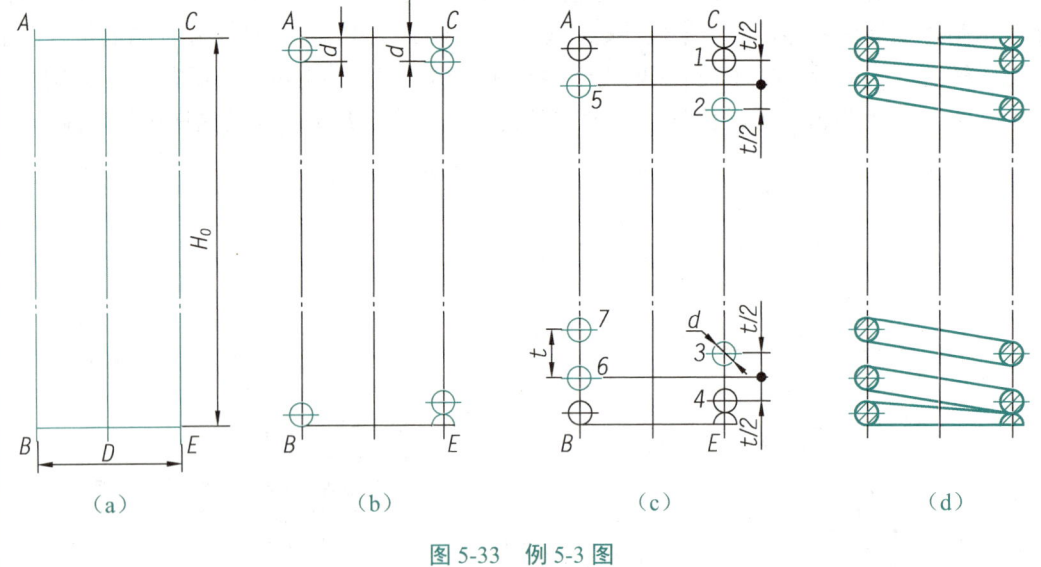

图 5-33　例 5-3 图

任务实施 —— 画出滚动轴承

先确定滚动轴承和阶梯轴的装配示意图中各部分的尺寸，然后按照以下步骤作图。

（1）查 GB/T 276—2013《滚动轴承 深沟球轴承 外形尺寸》可知，深沟球轴承 6205 的尺寸为 $d=25\text{ mm}$、$D=52\text{ mm}$、$B=15\text{ mm}$，则有

$$A=\frac{D-d}{2}=\frac{52-25}{2}=13.5\text{ (mm)}$$

（2）查 GB/T 297—2015《滚动轴承 圆锥滚子轴承 外形尺寸》可知，圆锥滚子轴承 30203 的尺寸为 $d=17\text{ mm}$、$D=40\text{ mm}$、$T=13.25\text{ mm}$、$B=12\text{ mm}$、$C=11\text{ mm}$，则有

$$A=\frac{D-d}{2}=\frac{40-17}{2}=11.5\text{ (mm)}$$

（3）根据表 5-9 画出深沟球轴承 6205 和圆锥滚子轴承 30203，如图 5-34 所示。

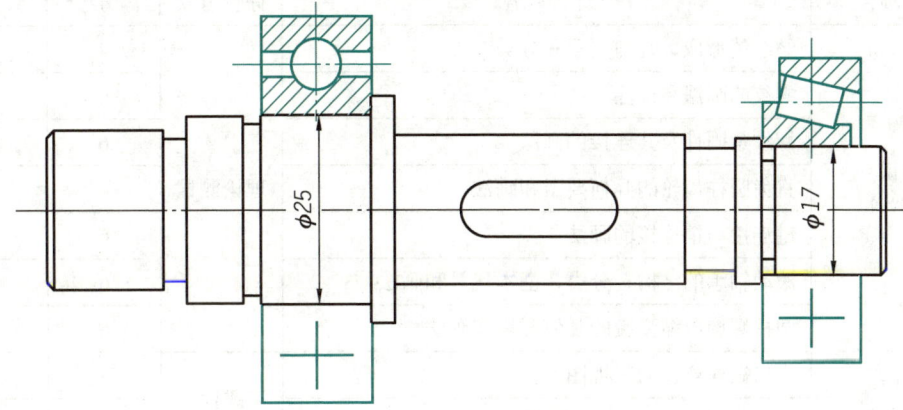

图 5-34　画出滚动轴承

创想天地

标准件和常用件在结构、尺寸等方面进行了不同程度的标准化，它们在工程中的应用都非常广泛。请查阅有关资料，分析标准件和常用件共同的优点，讨论两者适用场合的不同之处。

思想启迪

齿轮作为机械传动系统的核心组件，在机械制造领域发挥着举足轻重的作用。随着工业技术的不断革新，机械传动系统对齿轮的要求愈发严格，促使齿轮加工技术向高质量、高精度、高可靠性方向不断迈进。我国学者凭借深厚的学术功底和创新精神，通过深入研究、技术创新、产业链协同、国际合作等多种途径，不仅揭示了齿轮传动的深层机理，还将研究成果成功转化为生产力。

目前，我国齿轮制造业已构建起完善的产业链体系，技术水平和制造能力实现了质的飞跃，部分高端技术和产品已达到国际顶尖水平，显著提升了我国齿轮制造业在全球市场的竞争力，为全球机械制造领域的发展注入了强劲动力。

学习成果评价

指导教师对学生的实际学习成果进行评价，学生配合指导教师共同完成表 5-10。

表 5-10 学习成果评价表

班级		组号		日期	
姓名		学号		指导教师	
学习成果名称		标准件与常用件的画法			
评价项目	评价内容		评价方式	满分/分	评分/分
知识（40%）	螺纹的形成、几何要素和分类		理论测试	4	
	螺纹的画法和标注			6	
	螺纹紧固件及其连接的画法			6	
	直齿圆柱齿轮的几何要素和画法			6	
	键连接与销连接的画法			6	
	滚动轴承的结构、分类、基本代号和画法			6	
	圆柱螺旋压缩弹簧的几何要素和画法			6	
技能（40%）	作出螺栓连接的三视图		实践检验	20	
	画出滚动轴承			20	
素养（20%）	积极参加教学活动，主动学习、思考、讨论		综合评判	6	
	认真负责，按时完成学习、实践任务			4	
	团结协作，与组员之间密切配合			4	
	服从指挥，遵守课堂和实训室纪律			4	
	守正创新，自信自强			2	
合计				100	
自我评价					
指导教师评价					

项目六 零件图与装配图的画法和识读

项目导读

机器和部件都是由若干零件按一定的装配关系组合而成的。在产品的设计过程中,一般先绘制装配图,再根据装配图绘制零件图。在产品的制造过程中,则需要先根据零件图加工出零件,再根据装配图将零件装配成部件或机器。因此,零件图与装配图之间的关系十分密切。

本项目主要介绍零件图与装配图的基本知识和识读方法,以及测绘零件和由装配图拆画零件图的方法。

知识目标

- ◆ 了解零件图的内容与视图选择方法。
- ◆ 掌握零件上常见工艺结构的表示方法。
- ◆ 掌握零件图的尺寸注法和技术要求。
- ◆ 掌握零件图的识读与零件测绘方法。
- ◆ 了解装配图的内容和表示方法。
- ◆ 掌握装配图的尺寸注法和技术要求。
- ◆ 了解装配图的零部件序号和明细栏的有关要求。
- ◆ 掌握装配图的识读方法和由装配图拆画零件图的方法。

技能目标

- ◆ 能够正确识读零件图和测绘零件。
- ◆ 能够正确识读装配图。
- ◆ 能够由装配图正确拆画零件图。

素质目标

- ◆ 弘扬精益求精、一丝不苟的工匠精神。
- ◆ 培养高瞻远瞩、深谋远虑的宏观思维。

任务一 零件图的画法和识读

任务引入

零件图是表示零件的形状和结构、尺寸和技术要求的图样,它是制造和检验零件的依据,是生产中重要的技术文件之一。正确、熟练地识读零件图与绘制零件图,是机械工程技术人员必备的技能之一。如图6-1所示为蜗轮箱体的零件图,试识读该零件图。

本任务首先介绍零件图的内容、视图选择、尺寸注法和技术要求,然后在此基础上讲解零件图的识读和零件测绘方法。

相关知识

一、零件图的内容与视图选择

1. 零件图的内容

零件是组成机器和部件的基本单元。在机器和部件中,除标准件外,其余零件一般都需要作出零件图。零件图通常包括以下内容。

(1)一组图形。在零件图上应综合运用视图、剖视图、断面图、局部放大图等一组恰当的图形,把零件的内、外形状和结构正确、完整、清晰地表示出来。

(2)完整的尺寸。在零件图上应正确、完整、清晰、合理地标注零件在制造和检验时所需要的全部尺寸。

(3)技术要求。在零件图上应标注或说明零件在制造、检验过程中应达到的各项技术要求,如尺寸公差、几何公差,以及表面结构和热处理工艺要求等。

(4)标题栏。在零件图上应配置标题栏,填写零件名称、图号、材料、数量、比例等,并由负责设计、制图、审核等的责任人签名。

随堂笔记

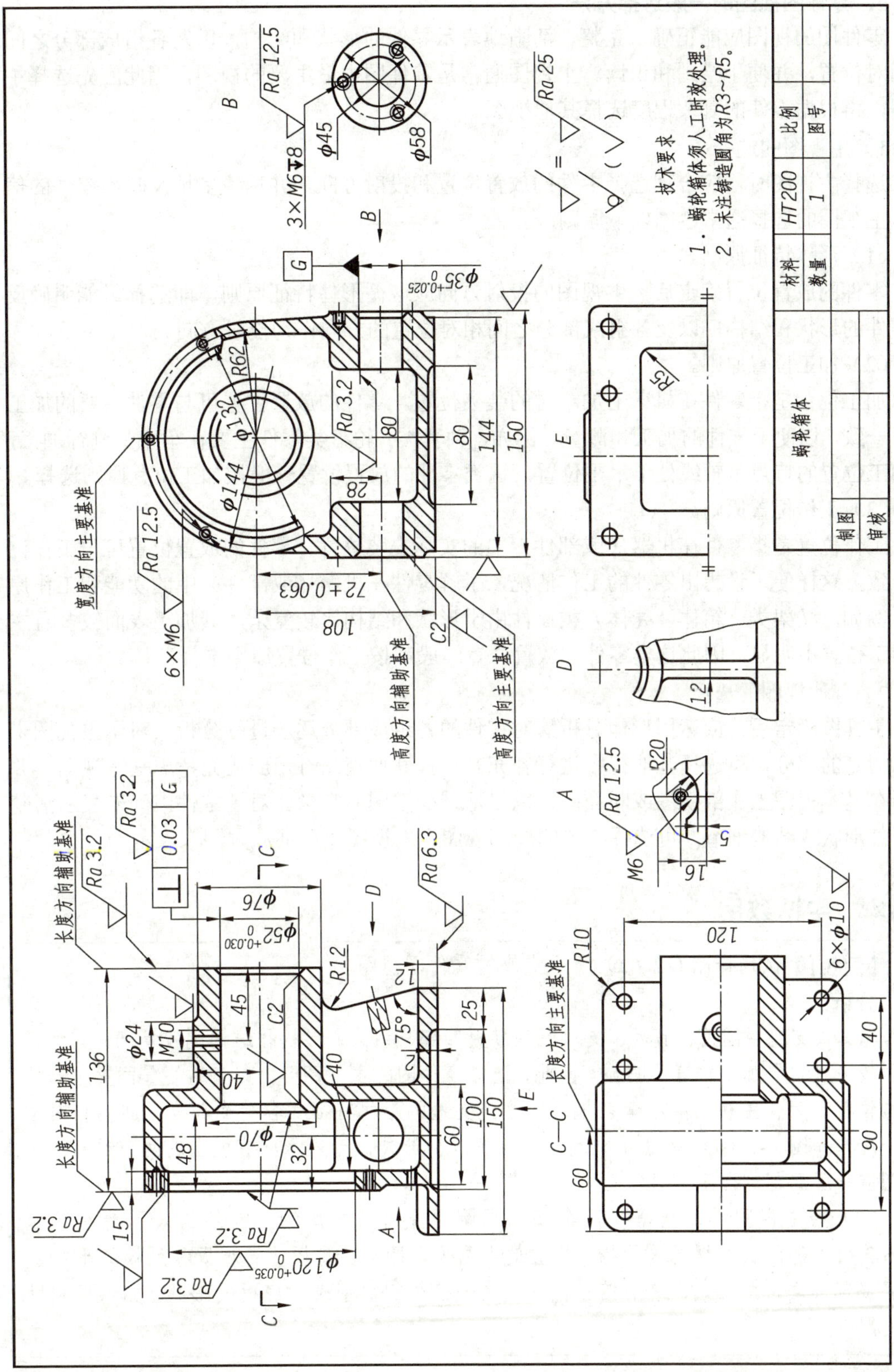

图 6-1 蜗轮箱体的零件图

2. 零件图视图的一般选择方法

零件图的视图应能正确、完整、清晰地表示零件的形状和结构，以及各组成部分之间的相对位置，并便于绘制和识读。主视图通常是零件图中最主要的视图，因此应先选择主视图，再根据零件的复杂程度选择其他视图。

1）主视图的选择

选择主视图时，应合理选择零件的放置位置和投射方向，并尽量多地反映出零件的信息。主视图的选择通常遵循以下原则。

（1）形体特征原则。

零件的放置位置确定后，主视图的投射方向应遵循形体特征原则，即选择最能明确反映零件的形状和结构，以及各组成部分之间相对位置的方向作为投射方向。

（2）加工位置原则。

加工位置是指零件在机床上加工时的装夹位置。零件的放置位置可与零件主要的加工位置一致，以便于零件的加工和测量。例如，轴套类、轮盘类零件主要在车床上进行加工，其加工位置的特点是轴线处于水平位置，这类零件的放置位置一般按加工位置原则选择。

（3）工作位置原则。

工作位置是指零件在机器（或部件）中的实际安装位置。零件的放置位置可与工作位置一致，这样便于设想出零件的工作情况，了解零件在机器（或部件）中的功能和工作原理。例如，叉架类、箱体（壳体）类零件由于形状和结构比较复杂，其加工表面较多且主要加工位置不明显，因此这类零件的放置位置一般都按工作位置原则选择。

2）其他视图的选择

主视图确定后，应运用形体分析法对零件的各组成部分逐一进行分析。对于主视图未表示清楚的部分，可选择其他视图进行补充。选择其他视图时，应优先考虑基本视图，并选择在基本视图上作剖视图或断面图，以尽量减少视图的数量。对于零件中尚未表示清楚的局部形状或结构细节，可选择必要的局部视图、斜视图或局部放大图来表示。

 学以致用

【例 6-1】试选择图 6-2（a）所示支座的零件图视图。

分析：

（1）该支座由圆筒、底板、支承板和肋板四部分组成，形状和结构比较复杂，其加工表面较多且主要加工位置不明显。因此，选择零件图的主视图时，支座的放置位置应选择工作位置。为使主视图能尽量多地表示出该支座的形体特征和各组成部分之间的相对位置，应选择图 6-2（a）中的 A 向为其投射方向。此外，为表示出底板上的两个通孔，主视图应采用局部剖视图。

（2）除主视图外，还需要两个基本视图才能将该支座的主要结构表示清楚。如图 6-2（b）所示，左视图采用 B—B 全剖视图表示圆筒、底板、支承板和肋板的形状及各组成部分之间的相对位置，俯视图采用 C—C 全剖视图表示底板的形状、支承板和肋板的厚度。

项目六　零件图与装配图的画法和识读

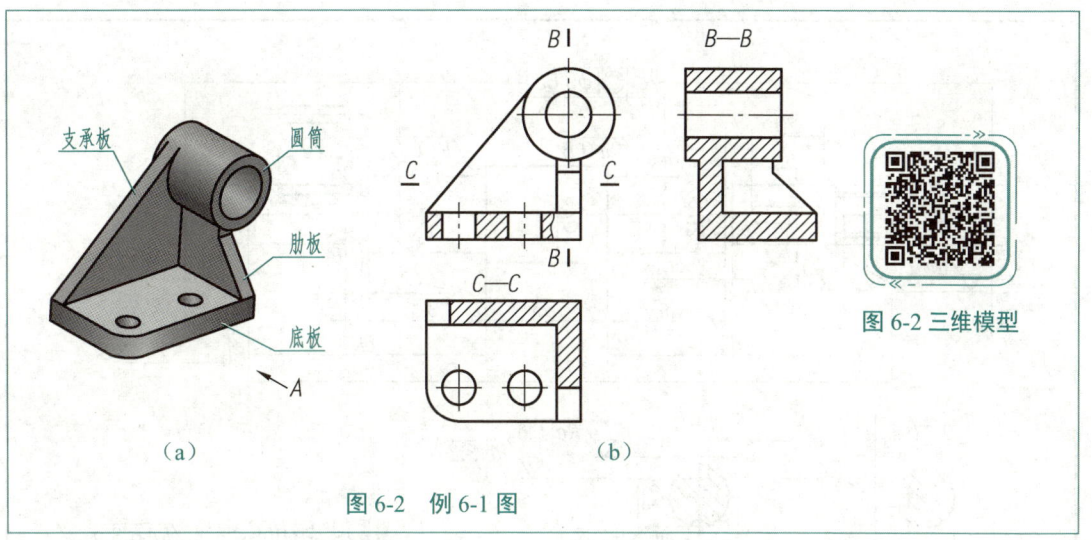

图 6-2　例 6-1 图

图 6-2 三维模型

3．典型零件的视图选择方法

零件的结构和形状多种多样，根据零件的结构形状及零件在机器（或部件）中的作用不同，典型的零件可分为轴套类、轮盘类、叉架类和箱体（壳体）类四类。

1）轴套类零件的视图选择

轴套类零件主要包括轴、套筒、衬套等，它可分为轴类零件和套类零件。其中，轴类零件在机器中主要起支承传动零件（如齿轮、带轮等）和传递动力的作用；套类零件通常安装在轴类零件上，主要起定向、定位、支承、保护传动零件的作用。

大多数轴套类零件由位于同一轴线上若干段直径不同的回转体组成，其轴向尺寸比回转体的径向尺寸大。这类零件上通常有倒角、圆角、退刀槽、键槽及锥面等结构。

轴套类零件多在车床、镗床、磨床上加工。为便于工人按照图纸加工，轴套类零件的主视图通常采用加工位置（即零件的轴线处于水平位置），并采用基本视图或局部剖视图将各段回转体的相对位置和形状表示清楚。此外，轴套类零件还通常采用局部剖视图、断面图和局部放大图等表示孔、槽等细小结构，采用断开画法表示结构简单而较长的轴段。空心轴套由于存在内部结构，因此常用全剖视图或半剖视图表示。如图 6-3 所示为轴，其零件图如图 6-4 所示。

在图 6-4 中，轴的主视图采用轴线处于水平的位置，主视图及其中的局部剖视图不仅表示出了轴各段回转体的形状及相对位置，还表示出了轴上螺纹、键槽、锥孔等局部结构的轴向位置。$A—A$ 移出断面图表示出了左侧键槽的断面和尺寸。$B—B$ 移出断面图表示出了右侧锥孔和键槽的断面和尺寸。

图 6-3　轴

169

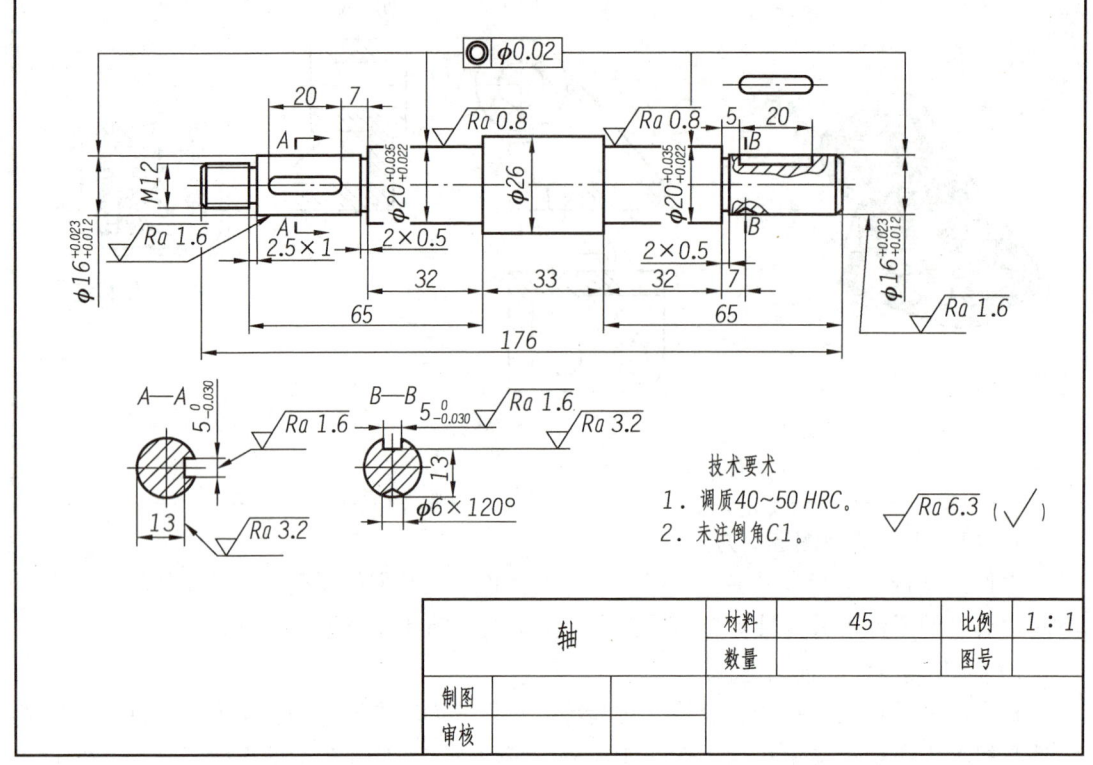

图 6-4 轴的零件图

2）轮盘类零件的视图选择

轮盘类零件主要包括端盖、齿轮、带轮、手轮、法兰盘等，它可分为轮类零件和盘类零件。其中，轮类零件主要起传递运动和转矩的作用，盘类零件主要起支承、定位和密封的作用。

轮盘类零件的轴向尺寸小而径向尺寸大，大多数轮盘类零件为同轴回转体或其他平板形。轮盘类零件上通常还有各种孔、轮辐、键槽、肋板、凸台、凹坑等结构。

轮盘类零件主要在车床上加工，其主视图通常采用轴线处于水平的位置，并采用剖视图或局部剖视图表示内部结构。对于以回转体为主要结构的轮盘类零件，通常采用左视图或右视图表示回转体端面的形状和结构；对于轮盘类零件上的轮辐、肋板等结构，通常采用断面图表示其横截面；对于轮盘类零件上的小孔、油槽等细小结构，通常采用局部放大图表示其结构。如图 6-5 所示为泵盖，其零件图如图 6-6 所示。

图 6-5 泵 盖

项目六 零件图与装配图的画法和识读

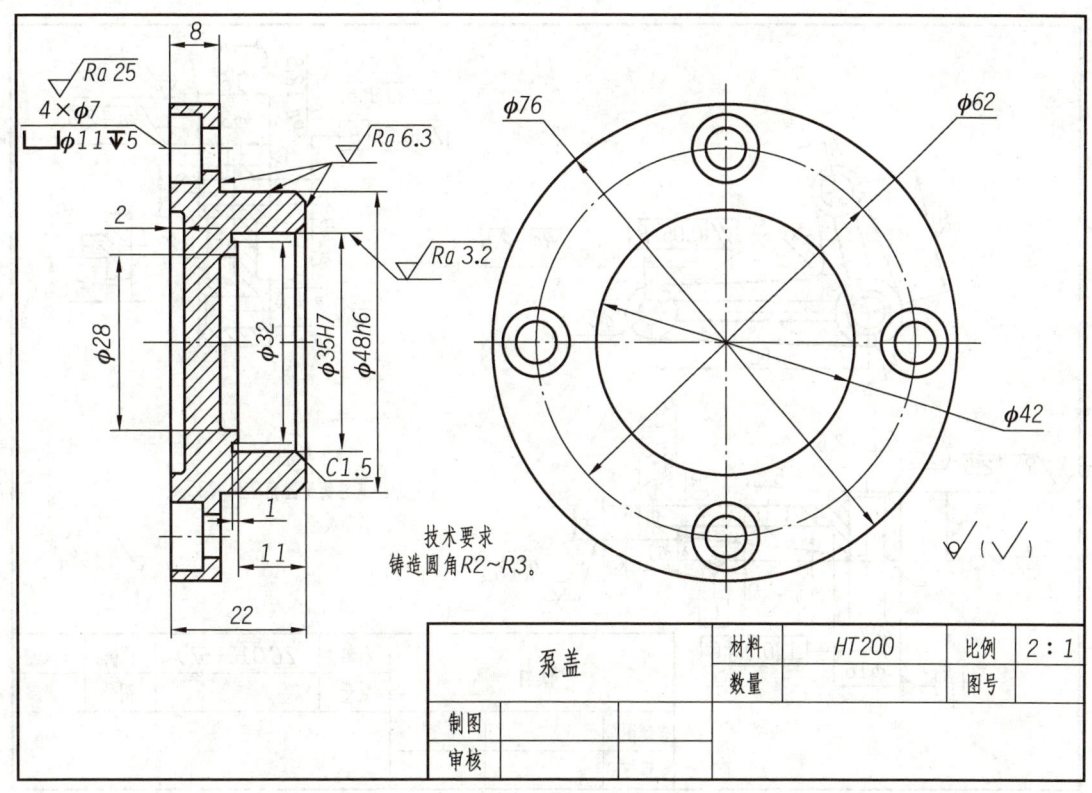

图6-6 泵盖的零件图

在图 6-6 中,泵盖的主视图采用轴线处于水平的位置,并采用全剖视图表示出了泵盖的内外形状及各回转体的相对位置,左视图表示出了泵盖连接孔的数目和分布情况。

3)叉架类零件的视图选择

叉架类零件主要包括拨叉、连杆、杠杆、支架等。其中,拨叉主要用于机床、内燃机等机器的操纵机构,主要起操纵机器、调节速度的作用;连杆主要起传动的作用;杠杆主要起放大力、传递力和提高机械效率的作用;支架主要起支承和连接的作用。

叉架类零件通常由支持部分、工作部分和连接部分组成,结构较为复杂且形状不规则,毛坯多为铸件或锻件,局部还有肋板、凸台、凹坑、铸造圆角等结构。

叉架类零件由于结构和形状较为复杂,加工位置较多,因此通常按形体特征原则和工作位置原则来选择主视图。叉架类零件一般需要两个或两个以上的基本视图才能将主要结构表示清楚。此外,叉架类零件还通常采用局部视图、局部剖视图表示零件上的凹坑、凸台等,采用断面图表示肋板的断面形状,采用斜视图表示零件上的倾斜结构。如图 6-7 所示为杠杆,其零件图如图 6-8 所示。

图6-7 杠 杆

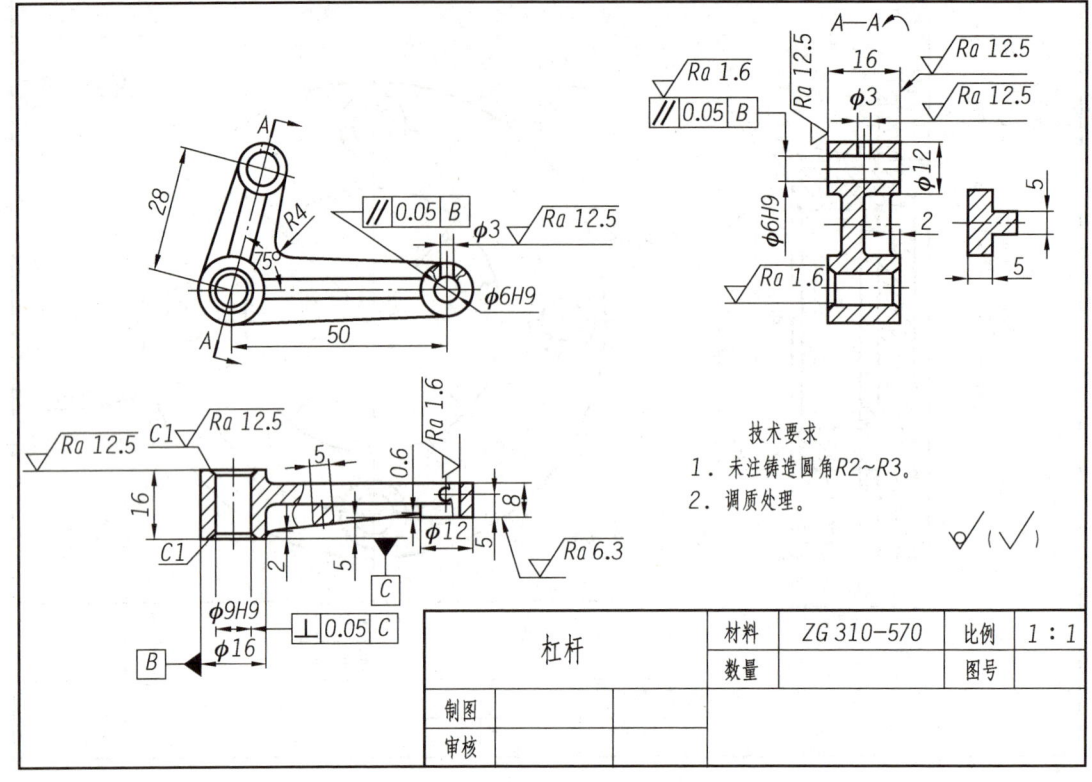

图 6-8 杠杆的零件图

在图 6-8 中，主视图表示出了杠杆的内、外部结构形状及相对位置，左视图采用全剖视图表示出了杠杆 $A—A$ 剖切处的内部结构形状，右侧移出断面图表示出了连接部分的断面，俯视图中的局部剖视图表示出了杠杆的连接部分和右侧上方的孔。

4）箱体（壳体）类零件的视图选择

箱体类（壳类）零件是机器或部件的主要零件，它主要包括泵体、阀体、变速箱体、机座等，主要起支承运动零件和容纳油、气等介质，以及定位和密封的作用。

箱体类零件通常是部件的主体，有较大的空腔，其毛坯多为铸件，结构通常比较复杂，常有形状、大小各异的孔、凸台、肋板、底板等结构。

箱体类零件加工位置变化较多，通常以形状特征和工作位置来确定主视图。它通常需要三个或三个以上的基本视图，并针对内、外部结构形状的复杂情况，采用全剖视图、半剖视图与局部剖视图。对于箱体类零件局部的内、外部结构形状，可采用斜视图、局部视图、局部剖视图和断面图表示。如图 6-9 所示为阀体，其零件图如图 6-10 所示。

图 6-9 阀 体

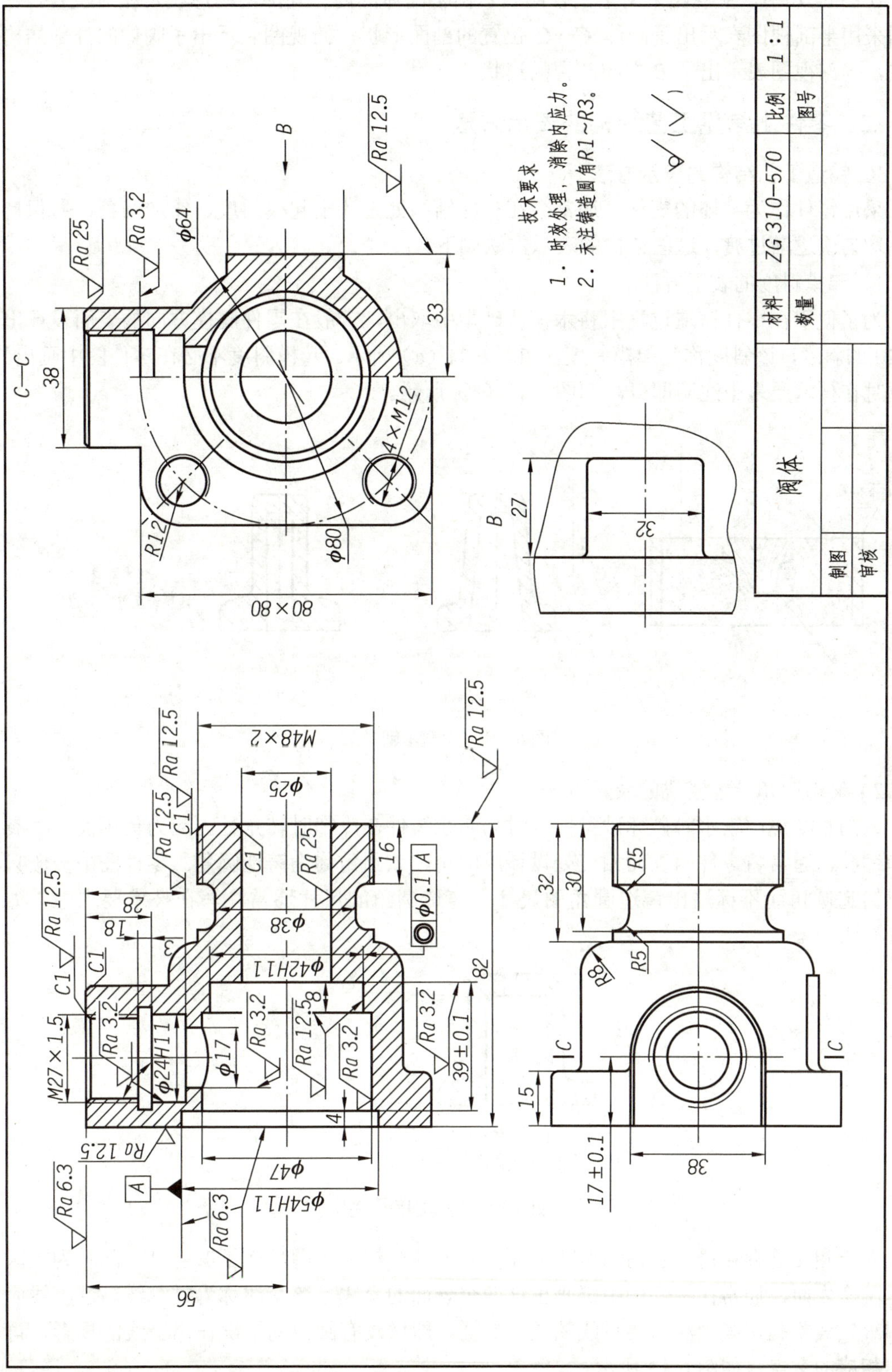
C—C
B
技术要求
1. 时效处理，消除内应力。
2. 未注铸造圆角R1~R3。
阀体
材料 ZG 310-570
比例 1:1
数量
图号
制图
审核
M48×2
ϕ25
ϕ38
ϕ42H11
ϕ24H11
ϕ17
ϕ47
ϕ54H11
M27×1.5
ϕ64
ϕ80
4×M12
80×80
R12
R5
R8
39±0.1
17±0.1
ϕ0.1 A

图 6-10 阀体的零件图

在图 6-10 中，主视图采用全剖视图表示出了阀体的内、外部结构形状及相对位置，左视图采用半剖视图表示出了阀体 C—C 位置的剖面形状，俯视图表示出了阀体的外部结构形状，局部视图表示出了 B 方向凸台的形状。

二、零件上常见工艺结构的表示方法

1. 铸造工艺结构的表示方法

采用铸件作为毛坯的零件，通常会在相应结构处设计出起模斜度、铸造圆角，并保持壁厚均匀或逐渐过渡，这些结构的表示方法如下。

1）起模斜度的表示方法

为了便于在零件铸造过程中将木模从砂型中取出，一般在零件脱模方向的表面设计出 1∶20 的斜度，该斜度称为起模斜度，如图 6-11（a）所示。起模斜度不必在零件图中画出，必要时在技术要求中注明即可，如图 6-11（b）所示。

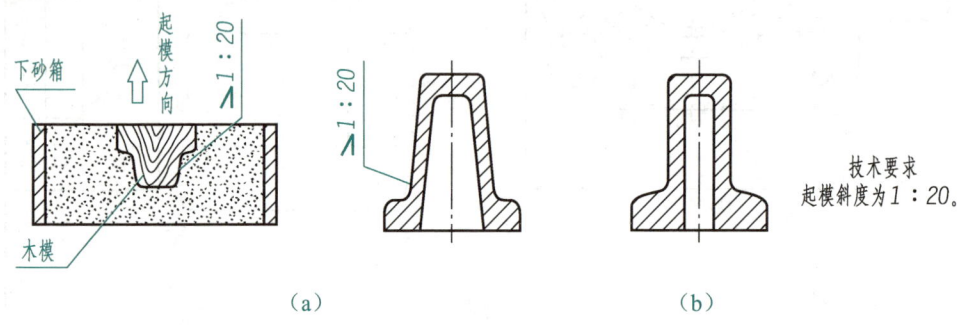

图 6-11　起模斜度

2）铸造圆角及过渡线的表示方法

为防止在浇注铁水时破坏砂型，同时为防止铸件在冷却时转角处因应力集中而产生裂纹和缩孔，通常将零件两表面相交处设计成圆角，该圆角称为铸造圆角。零件图中一般只画出铸造圆角而不标注出铸造圆角的尺寸，铸造圆角的尺寸通常注写在技术要求中，如图 6-12 所示。

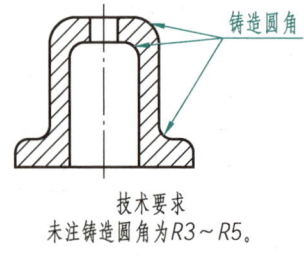

图 6-12　铸造圆角

对于相交处存在铸造圆角的两个表面，它们的交线会因圆角而不够明显，此时为了区分这两个表面，通常在零件图中仍画出这两个表面的交线，该交线称为过渡线。过渡线应采用细实线绘制，其画法与相贯线的画法一样，即按没有圆角的情况作出交线的投影，再画出相应的交点，如图 6-13 所示。

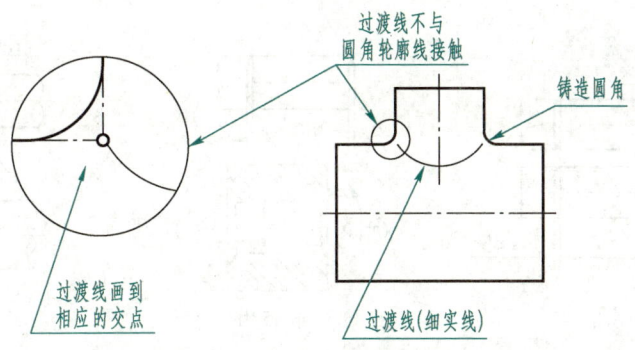

图 6-13 过渡线

3）零件壁厚均匀或逐渐过渡的表示方法

当零件的壁厚不均匀时，其毛坯各部分会在铸造过程中因冷却速度不同而产生缩孔或裂纹，因此零件的壁厚应尽量均匀，如图 6-14（a）所示。若因结构需要而出现壁厚相差过大的情况，则壁厚应逐渐过渡，如图 6-14（b）所示。

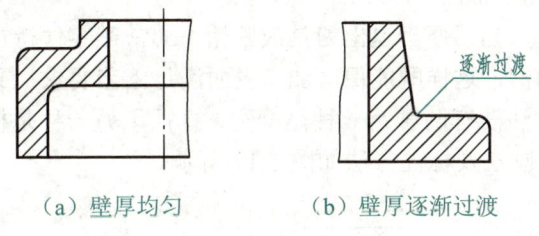

（a）壁厚均匀　　　（b）壁厚逐渐过渡

图 6-14 零件壁厚

2. **机械加工工艺结构的表示方法**

1）倒角和圆角的表示方法

零件经机械加工后，为了便于装配和去除毛刺、锐边，通常将轴端、孔口、台肩、轮缘等处加工成倒角。为了避免因应力集中而产生裂纹，通常将轴肩转角处加工成圆角。倒角和圆角如图 6-15 所示。

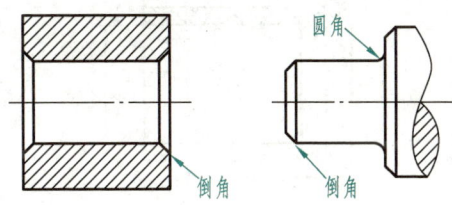

图 6-15 倒角和圆角

角度为 45°的倒角用代号"C"表示，"C"后面的数字表示倒角的轴向尺寸，如图 6-16（a）所示；角度为非 45°的倒角则需要注出角度，如图 6-16（b）所示。圆角的标注方法如图 6-16（c）所示。

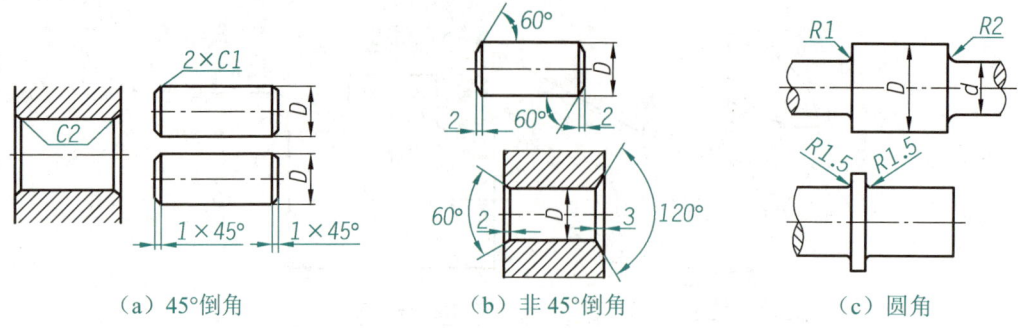

(a) 45°倒角 (b) 非45°倒角 (c) 圆角

图 6-16 倒角和圆角的标注方法

> **点拨**
>
> 倒角和圆角的尺寸与所在轴段的直径有关，可查阅国家标准确定。当倒角和圆角的尺寸较小时，在图样中可不画出，但必须注明尺寸或在技术要求中加以说明。

2）退刀槽和砂轮越程槽的表示方法

车削和磨削零件时，为了便于退出刀具或砂轮，通常在零件待加工表面的轴肩处预先车出退刀槽和砂轮越程槽，这样既能保证加工表面满足工艺要求，又便于零件在装配时相互紧靠。退刀槽的尺寸注法有两种：一种是槽宽×直径，另一种是槽宽×槽深。常用退刀槽和砂轮越程槽的简化画法及标注方法如图 6-17 所示。

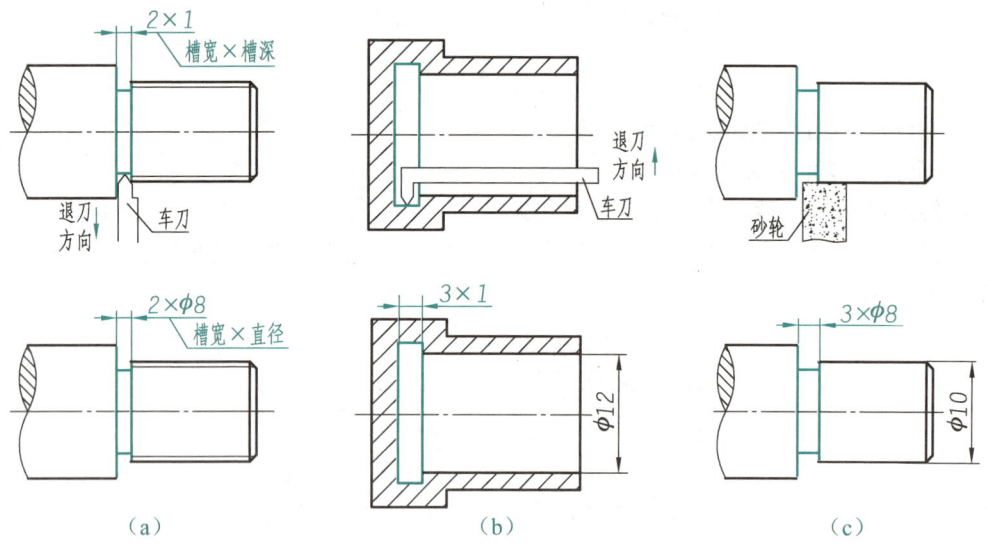

(a) (b) (c)

图 6-17 常用退刀槽和砂轮越程槽的简化画法及标注方法

退刀槽和砂轮越程槽的结构和尺寸，可根据轴或孔的直径查阅国家标准确定。

3）凸台与凹坑的表示方法

为了保证两零件接触良好，通常需要对两零件的接触面进行加工。同时，为了降低加工成本，尽量减小加工面积，通常需要在两零件的接触面上设计出凸台或凹坑，如图 6-18 所示。

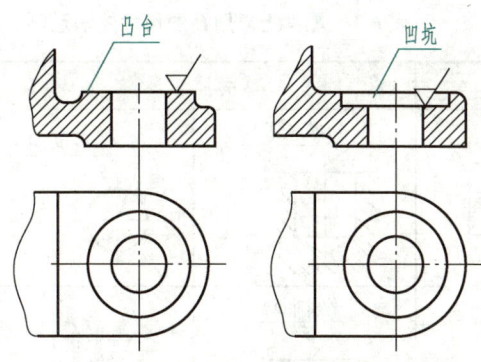

图 6-18 凸台和凹坑

4）钻孔结构的表示方法

钻孔时，为了保证钻削位置准确和避免钻头折断，钻头应尽量垂直于孔的端面，如图 6-19（a）所示。对于斜孔、曲面上的孔，应先在孔的端面制成与孔轴线垂直的凸台或凹坑，如图 6-19（b）（c）所示。此外，应避免钻头单边钻削加工，如图 6-19（d）（e）所示。

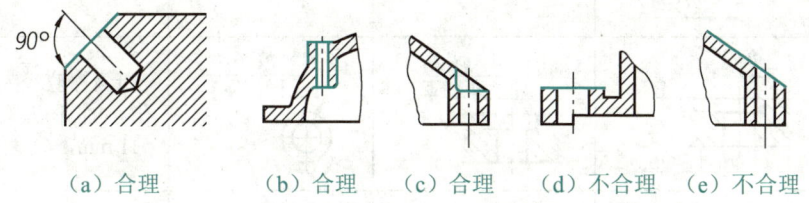

（a）合理　　（b）合理　　（c）合理　　（d）不合理　　（e）不合理

图 6-19 钻孔的端面结构

钻削加工处的盲孔底部有 120°锥角，该盲孔的钻孔深度尺寸不包括锥角，如图 6-20（a）所示。在钻阶梯孔时，两孔过渡处也存在 120°锥角的圆台，圆台孔深也不包括锥角，如图 6-20（b）所示。

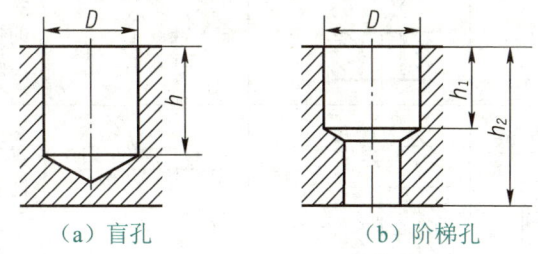

（a）盲孔　　　　　　（b）阶梯孔

图 6-20 钻孔结构

零件上常用的孔有光孔、沉孔和螺纹孔等，其尺寸注法示例如表 6-1 所示。标注时，既可以选择普通注法，也可以选择旁注法。

表 6-1 零件上常用孔的尺寸注法示例

名称		普通注法	旁注法		说明
光孔	一般孔	4×φ12，14	4×φ12↓14	4×φ12↓14	表示 4 个直径为 φ12 mm 的孔，孔深为 14 mm
	锥销孔	无普通注法	锥销孔 φ4 配作	锥销孔 φ4 配作	配作是指与另一零件的同位锥销孔一起加工；与孔相配的圆锥销的公称直径（小端直径）为 φ4 mm
沉孔	锥形沉孔	90°, φ15, 3×φ9	3×φ9 ⌵φ15×90°	3×φ9 ⌵φ15×90°	表示 3 个直径为 φ9 mm 的孔，其 90°锥形沉孔的最大直径为 φ15 mm
	柱形沉孔	φ11, 3, 4×φ6.6	4×φ6.6 ⌴φ11↓3	4×φ6.6 ⌴φ11↓3	表示 4 个直径为 φ6.6 mm 的孔，柱形沉孔的直径为 φ11 mm，深度为 3 mm
	锪平孔	φ15, 4×φ7	4×φ7 ⌴φ15	4×φ7 ⌴φ15	表示 4 个直径为 φ7 mm 的孔，其锪平直径为 φ15 mm，深度不必标出（锪平通常只需锪出平面即可）
螺纹孔	通孔	3×M10-6H EQS	3×M10-6H EQS	3×M10-6H EQS	表示 3 个公称直径为 φ10 mm 的螺纹孔，中径、顶径的公差带代号为 6H，均匀分布
	盲孔	3×M10-6H EQS, 10, 15	3×M10-6H↓10 ↓15 EQS	3×M10-6H↓10 ↓15 EQS	表示 3 个均匀分布、公称直径为 φ10 mm 的螺纹孔，钻孔深度为 15 mm，螺纹孔深度为 10 mm，中径、顶径的公差带代号为 6H，均匀分布

三、零件图的尺寸注法和技术要求

1. 零件图的尺寸注法

标注零件图的尺寸时，不仅要符合组合体尺寸注法"正确、完整、清晰"的要求，还必须考虑尺寸注法的合理性，即所标注的尺寸既要符合设计要求，又要满足加工、测量和检验等工艺要求。下面主要介绍合理标注尺寸的基本要求。

1）合理选择尺寸基准

要使零件图的尺寸注法合理，就必须根据零件的形状和结构及工艺特点选择合适的尺寸基准。根据作用的不同，尺寸基准可分为设计基准和工艺基准两种。其中，设计基准用于确定零件在机器（或部件）中的位置，工艺基准用于确定零件在加工测量时相对于机床、刀具、夹具或量具的位置。选择尺寸基准时，应尽量使设计基准与工艺基准相重合，这样既能满足设计要求，又能满足工艺要求。

> **点拨**
>
> 当设计基准与工艺基准不重合时，所选尺寸基准应优先保证零件的设计要求。

零件有长度、宽度、高度三个方向上的尺寸，这三个方向上至少各有一个尺寸基准。当其中某个方向上有两个或两个以上的尺寸基准时，一般只有一个是主要尺寸基准，其他为次要尺寸基准或辅助尺寸基准。选择时，应将零件上的重要几何要素作为主要尺寸基准。

通常情况下，对于轴套类、轮盘盖等以切削加工为主的零件，主要尺寸基准有径向和轴向两个，径向尺寸基准为轴线，轴向尺寸基准为端面或定位轴肩，如图 6-21（a）所示。对于叉架类、壳体类等加工位置多样的零件，通常以其安装基面、对称平面或端面为主要尺寸基准，如图 6-21（b）所示。

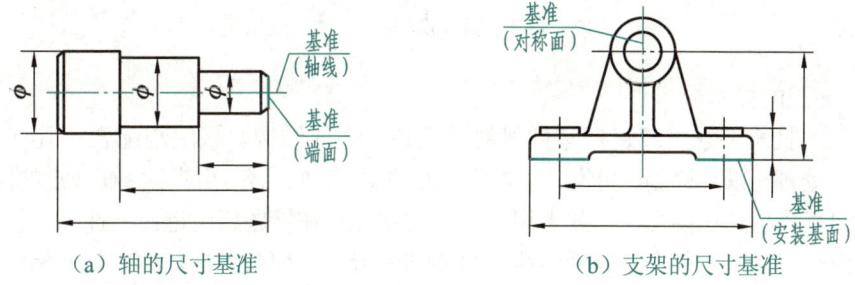

（a）轴的尺寸基准　　　　　　（b）支架的尺寸基准

图 6-21　不同类型零件的尺寸基准

2）主要尺寸应直接标注

主要尺寸是指影响产品性能、工作精度及其各组成部分之间相对位置的尺寸。为保证设计精度，应从设计基准出发将主要尺寸直接标注在零件图上。如图 6-22（a）所示，轴承座中心高尺寸 a 是主要尺寸，应直接标注；而若按图 6-22（b）所示标注，轴承座加工后中心高 a 的误差将为尺寸 b 和 c 的误差之和，其精度将难以保证。

3）避免注成封闭的尺寸链

尺寸链是指零件上由相互联系的尺寸按一定顺序首尾相接排列而成的封闭尺寸组，组成尺寸链的各个尺寸称为尺寸链的环。如图 6-22（c）所示，尺寸 a、b、c 构成了一个封闭的尺寸链。由于尺寸链中任意一环的尺寸误差等于其他各环的尺寸误差之和，封闭的尺寸链难以同时满足每一环的加工要求，因此在零件图上标注尺寸时，应选择尺寸链中一个不重要的尺寸（如尺寸 c）空出不标，使尺寸链留有开口，如图 6-22（a）所示。

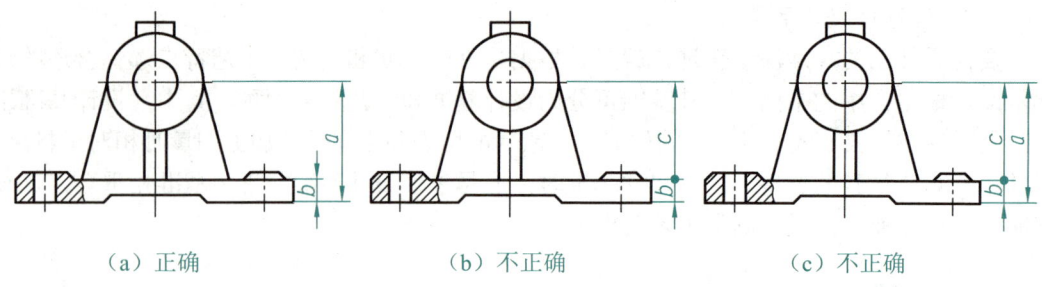

图 6-22 主要尺寸与尺寸链示例

4)非主要尺寸应便于加工和测量

零件图上的尺寸注法不仅要满足设计要求,还要使所标注的尺寸便于加工和测量。如图 6-23(a)所示,尺寸 A 不便于测量,应按图 6-23(b)标注。

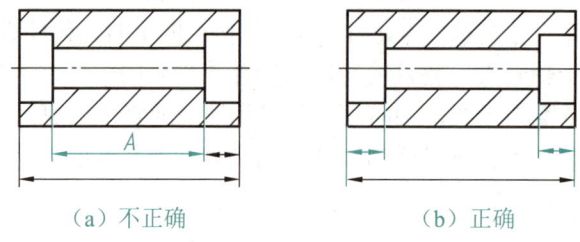

图 6-23 便于加工和测量的尺寸注法示例

2. 零件图的技术要求

零件图的技术要求主要包括零件材料及毛坯、表面结构、极限与配合、几何公差、热处理及表面处理,以及检测、验收、包装等方面的要求。它通常用国家标准规定的图形符号、代号或标记直接标注在图形上,或者用简明的文字注写在标题栏附近。零件图的技术要求涉及许多专业知识,下面仅介绍表面结构、极限与配合、几何公差的基本知识及标注方法。

1)表面结构

表面结构是零件表面有限区域上的表面粗糙度、表面波纹度、纹理方向、表面几何形状及表面缺陷等表面特征的总称。其中,表面粗糙度(见图 6-24)是指零件加工表面上由较小间距和峰谷所组成的微观几何形状特征,它是评定零件表面质量的一项重要技术指标,对零件的耐磨性、抗腐蚀性、疲劳强度,以及装配与使用性能等均有重要影响。

图 6-24 表面粗糙度

表面粗糙度的参数有轮廓算术平均偏差和轮廓最大高度两种，分别用 Ra 和 Rz 表示，如图 6-25 所示。其中，Ra 是指在取样长度内的，轮廓线上的点与基准线之间距离绝对值的算术平均值；Rz 是指在取样长度内，最大轮廓峰高与最大轮廓谷深之间的距离。

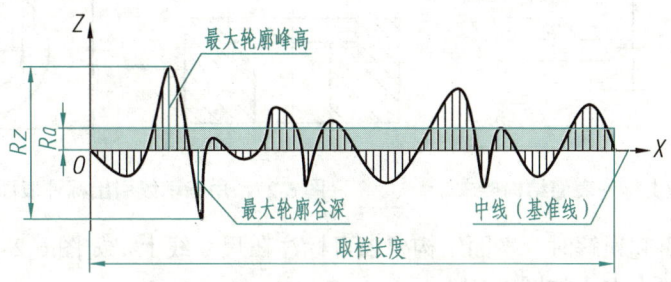

图 6-25　轮廓算术平均偏差和轮廓最大高度

标注表面结构要求的图形符号如表 6-2 所示。

表 6-2　标注表面结构要求的图形符号

名称	图形符号	含义
基本图形符号	✓	仅用于简化代号标注，没有补充说明时不能单独使用
扩展图形符号	✓（加短横）	在基本图形符号上加一短横，表示指定表面是用去除材料的方法获得的
	✓（加圆圈）	在基本图形符号上加一个圆圈，表示指定表面是用不去除材料的方法获得的
完整图形符号	允许任何工艺　去除材料　不去除材料	在上述三种图形符号的长边上加一横线，可用于标注补充信息
	（带圆圈的三种符号）	当不会引起歧义时，在完整图形符号上加一圆圈，可用于表示某个视图上构成封闭轮廓线的各表面具有相同的表面结构要求

表面结构要求的标注方法如下。

（1）表面结构要求对每一表面一般只标注一次，并尽可能标注在相应的尺寸及其公差的同一视图上，其注写和读取方向与尺寸的注写和读取方向一致。除非另有说明，所标注的表面结构要求仅是针对完工零件表面的要求。

（2）表面结构要求可标注在轮廓线（或其延长线）上，其图形符号应从材料外指向并接触表面，必要时也可用带箭头或圆点的指引线引出标注，如图 6-26 和图 6-27 所示。

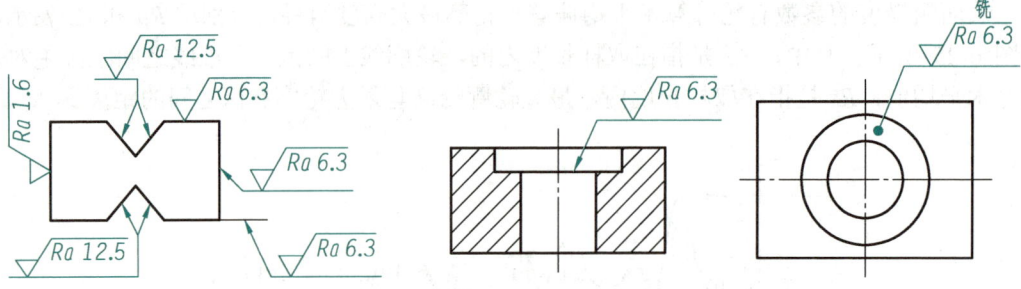

图 6-26　在轮廓线上标注表面结构要求　　　图 6-27　用指引线引出标注表面结构要求

（3）在不致引起误解时，表面结构要求可标注在尺寸线上，如图 6-28 所示；也可标注在几何公差框格的上方，如图 6-29 所示。

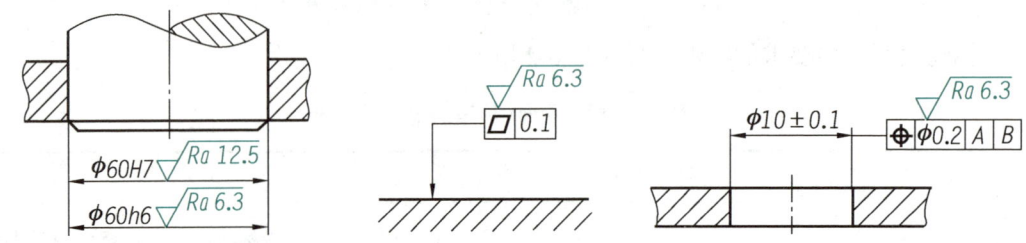

图 6-28　在尺寸线上标注表面结构要求　　　图 6-29　在几何公差框格上标注表面结构要求

（4）圆柱和棱柱表面的表面结构要求只标注一次，如图 6-30（a）和图 6-30（b）所示。若棱柱的表面有不同的表面结构要求，则应分别单独标注，如图 6-30（c）所示。

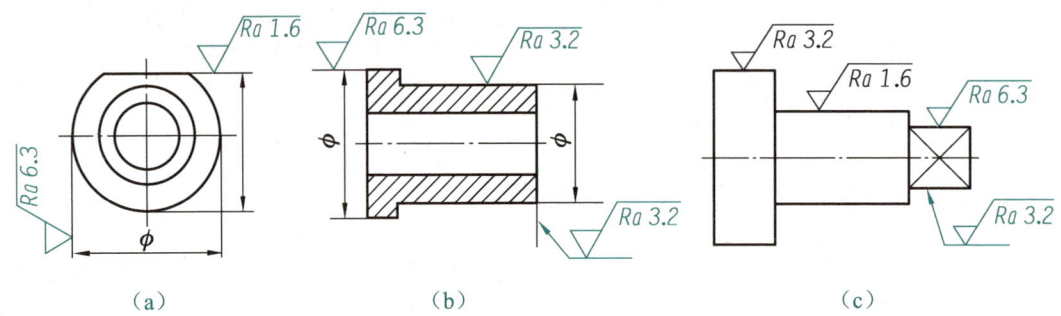

（a）　　　　　　　　　（b）　　　　　　　　　（c）

图 6-30　圆柱和棱柱表面的表面结构要求

（5）当零件全部表面的表面结构要求相同时，可将其统一标注在标题栏附近。如果零件大多数表面的表面结构要求相同，也可将其统一标注在标题栏附近，但在表面结构要求的图形符号后面应有圆括号，并在圆括号内注出基本图形符号，或注出不同的表面结构要求，如图 6-31 所示。

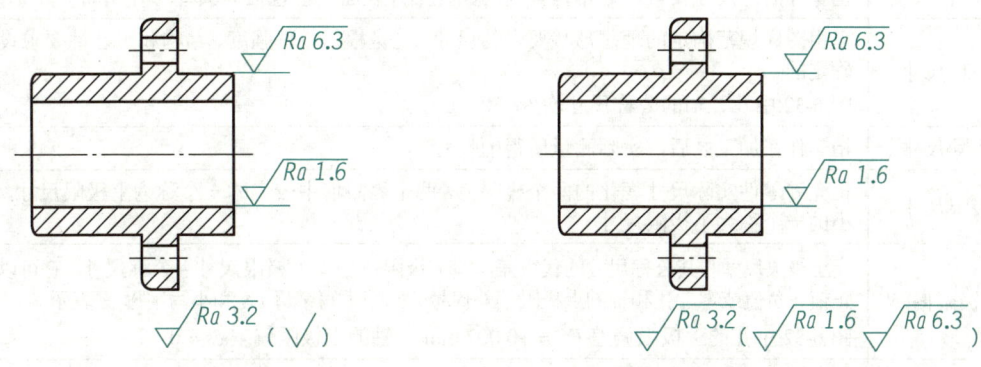

（a）在圆括号内注出基本图形符号　　　　（b）在圆括号内注出不同的表面结构要求

图 6-31　大多数表面有相同表面结构要求的简化标注

2）极限与配合

同一规格的零件不经挑选和修配加工就能顺利装配到机器（或部件）上，并能满足功能要求的特性称为互换性。极限与配合是保证零件具有互换性的重要指标。

（1）公差与公差带。

由于加工或测量等因素的影响，零件的实际尺寸总存在一定的误差。为保证零件的互换性，必须将零件的实际尺寸控制在允许变动的范围内，允许变动的两个极限值分别称为上极限尺寸和下极限尺寸，这个允许的尺寸变动量称为公差，如图 6-32 所示。

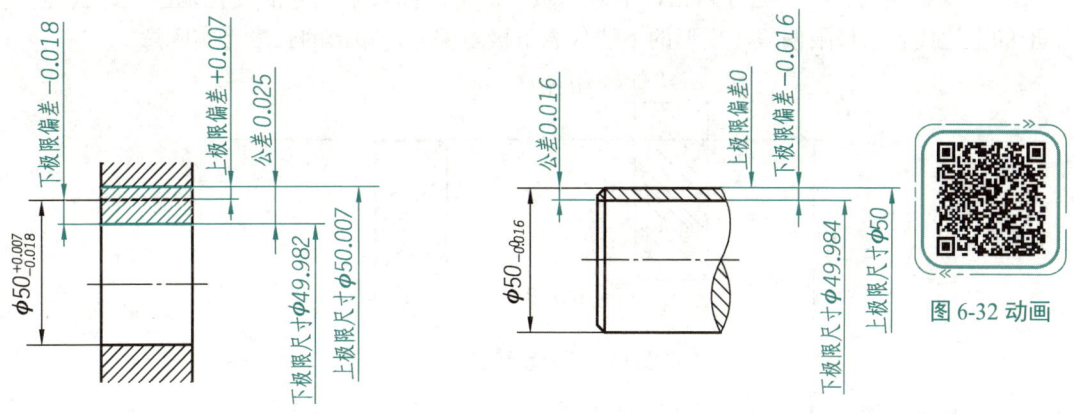

图 6-32　公差示意图

与公差有关的基本术语如表 6-3 所示。

表 6-3　与公差有关的基本术语

术语名称	说明
孔	指零件的内尺寸要素，通常指零件的圆柱形内表面，也包括非圆柱形内表面
轴	指零件的外尺寸要素，通常指零件的圆柱形外表面，也包括非圆柱形外表面
公称尺寸	指由图样规范确定的理想形状要素的尺寸，它是根据零件强度、结构和工艺性要求设计确定的 图 6-32 中孔、轴的公称尺寸均为$\phi50$ mm
实际尺寸	指零件在加工之后，实际测量所得的尺寸
极限尺寸	指允许零件实际尺寸变化的两个极限值，两个界限值中较大的一个称为上极限尺寸，较小的一个称为下极限尺寸
上极限偏差	指上极限尺寸与其公称尺寸的代数差，即上极限偏差 = 上极限尺寸 − 公称尺寸，它可以是正值、负值或零。孔和轴的上极限偏差代号分别用大写字母 ES 和小写字母 es 表示 图 6-32 中孔的上极限偏差 $ES = +0.007$ mm，轴的上极限偏差 $es = 0$
下极限偏差	指下极限尺寸与其公称尺寸的代数差，即下极限偏差 = 下极限尺寸 − 公称尺寸，它可以是正值、负值或零。孔和轴的下极限偏差代号分别用大写字母 EI 和小写字母 ei 表示 图 6-32 中孔的下极限偏差 $EI = -0.018$ mm，轴的下极限偏差 $ei = -0.016$ mm
公差	指上极限尺寸与下极限尺寸（或上极限偏差与下极限偏差）之差，它仅表示尺寸允许变动的范围，为正值。孔和轴的公差分别用 T_h 和 T_s 表示 图 6-32 中孔公差 $T_h = ES - EI = +0.007$ mm $-(-0.018$ mm$) = 0.025$ mm，轴公差 $T_s = es - ei = 0 - (-0.016$ mm$) = 0.016$ mm。公差越小，零件的尺寸精度越高，实际尺寸允许的变动量也越小；反之，公差越大，零件的尺寸精度越低

　　公差带是指由代表上极限偏差和下极限偏差（或上极限尺寸和下极限尺寸）的两条直线所限定的一个区域。公差带通常用公差带图来表示，如图 6-33 所示。其中，零线表示公称尺寸，以零线为基准，上方为正，下方为负；矩形的高表示尺寸的变化范围（即公差），矩形的上边代表上极限偏差，矩形的下边代表下极限偏差，矩形的长度无实际意义。

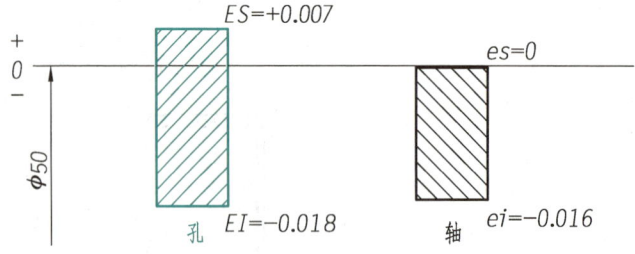

图 6-33　公差带图示例

（2）标准公差、基本偏差与公差带代号。

　　由上述可知，公差带由公差带的大小（即矩形的高度）和公差带相对于零线的位置确定。其中，公差带的大小由公差确定，公差带的位置由极限偏差（上极限偏差或下极限偏差）确定。国家标准对这两个独立要素分别进行了标准化，分别称为标准公差和基本偏差，并规定公差带代号由基本偏差和标准公差等级组合而成。

标准公差是指国家标准规定的、用于确定公差带大小的任一公差,用 IT 表示。标准公差分为 20 个等级,即 IT01、IT0、IT1、……、IT18。其中,IT01 级的精度最高,IT18 级的精度最低。根据公称尺寸和标准公差等级,可从国家标准中查得标准公差,见附表Ⅵ。

基本偏差是指用于确定公差带相对于零线位置的上极限偏差或下极限偏差,一般指靠近零线的那个极限偏差。国家标准对孔、轴各规定了 28 个基本偏差,其代号用字母表示:孔用大写字母 A、B、……、ZB、ZC 表示,轴用小写字母 a、b、……、zb、zc 表示,如图 6-34 所示。其中,H 的基本偏差是下极限偏差,$EI = 0$;h 的基本偏差是上极限偏差,$es = 0$。

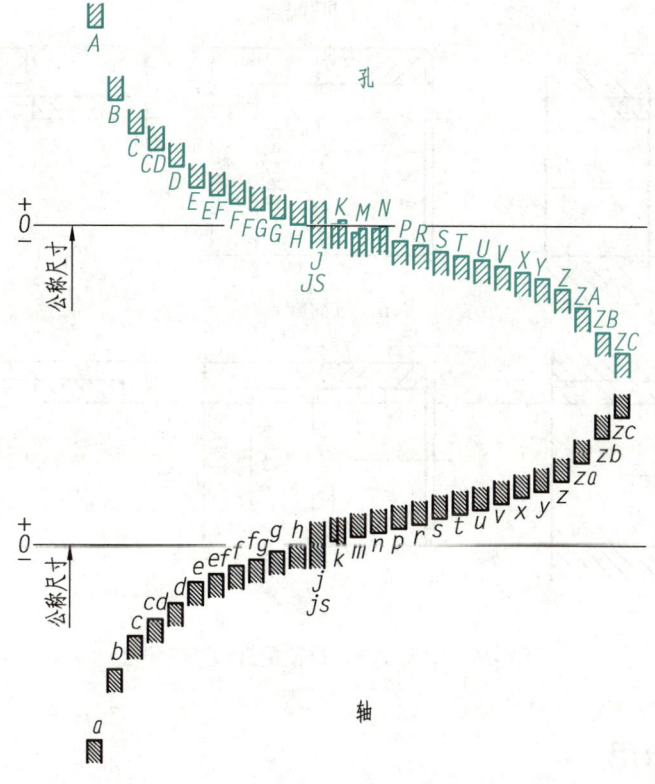

图 6-34 基本偏差系列

公差带代号由基本偏差代号和标准公差等级组成,孔、轴上、下极限具体的偏差值可由附表Ⅶ和附表Ⅷ查得。例如,"$\phi 60H7$"中,$\phi 60$ 是公称尺寸,H 是基本偏差代号,大写表示孔,7 表示公差等级为 7 级,由附表Ⅶ可知其上极限偏差为+0.030 mm,下极限偏差为 0。

(3) 配合。

配合是指公称尺寸相同、相互接合的孔和轴公差带之间的关系。配合可分为间隙配合、过盈配合和过渡配合三种:① 间隙配合的孔和轴之间总是存在间隙,孔的下极限尺寸大于或在极端情况下等于轴的上极限尺寸,如图 6-35(a)所示;② 过盈配合的孔和轴之间总是存在过盈,孔的上极限尺寸小于或在极端情况下等于轴的下极限尺寸,

图 6-35 动画

如图 6-35（b）所示；③ 过渡配合的孔和轴之间可能存在间隙或过盈，孔和轴的公差带或完全重叠或部分重叠，如图 6-35（c）所示。

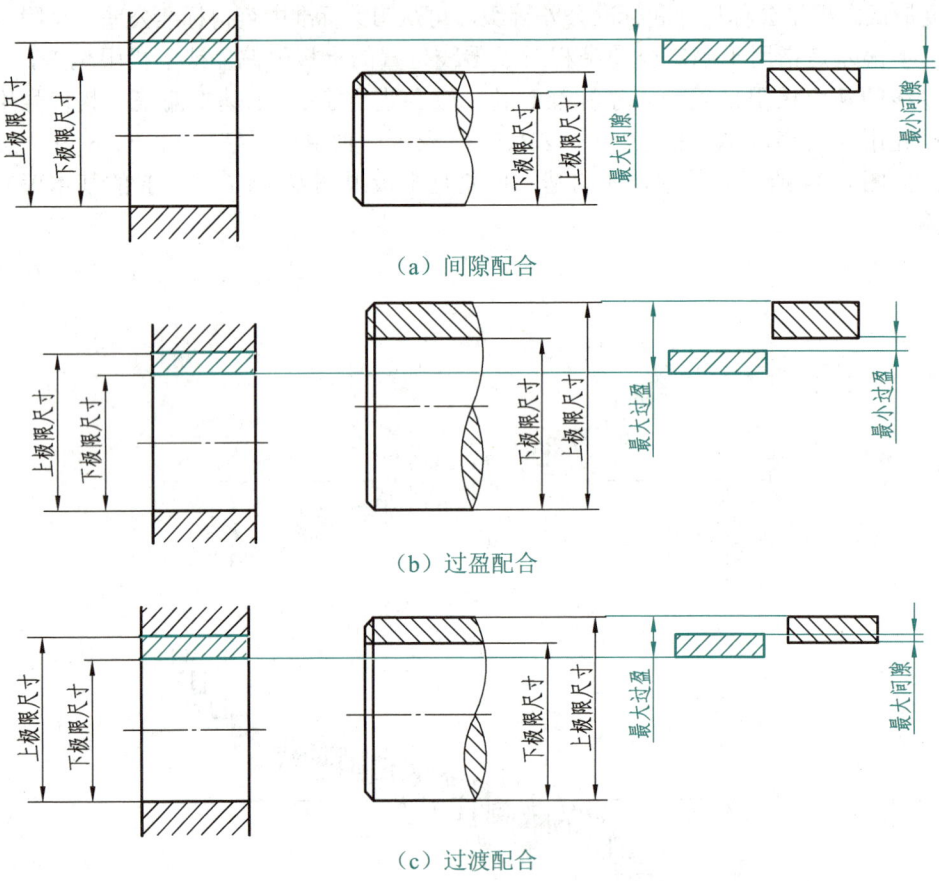

图 6-35　间隙配合、过盈配合和过渡配合

学以致用

【例 6-2】已知 $\phi60H7$ 的孔和 $\phi60k6$ 的轴配合，试通过查表确定其极限偏差，并利用公差带图判断其配合关系。

解答：

由附表Ⅶ可查得，$\phi60$ 属于公称尺寸"＞50～65"行，由该行向右看，再从基本偏差代号"H"列向下看，在等级栏中找到 7 级精度列向下看，交会处的数值为 $^{+30}_{\ 0}$ μm，即上极限偏差 ES = +0.030 mm，下极限偏差 EI = 0；采用同样的方法，由附表Ⅷ可查出，轴 $\phi60k6$ 的上极限偏差 es = +0.021 mm，下极限偏差 ei = +0.002 mm。

如图 6-36 所示为 $\phi60H7$ 的孔和 $\phi60k6$ 的轴配合的公差带图。由于孔的公差带和轴的公差带有部分相互交叠，因此它们之间的配合关系为过渡配合。

项目六 零件图与装配图的画法和识读

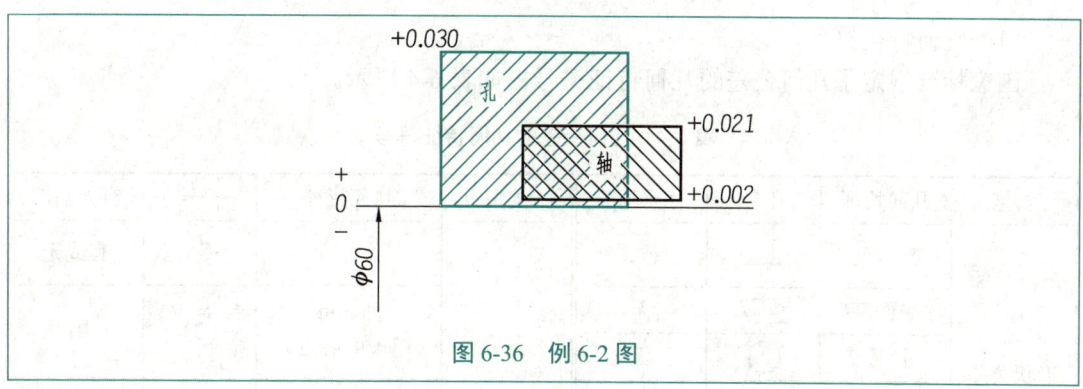

图 6-36 例 6-2 图

> **点拨**
>
> 间隙配合主要用于孔、轴之间存在相对运动的活动连接，过盈配合主要用于孔、轴之间不存在相对运动的紧固连接，过渡配合主要用于孔、轴之间的定位连接。

（4）尺寸公差的标注。

尺寸公差在零件图中的标注形式主要有三种：① 用于大批量生产的零件，可只标注公差带代号，如图 6-37（a）所示；② 用于中小批量生产的零件，一般可标注极限偏差值，此时极限偏差值的字号比公称尺寸的字号小一号，如图 6-37（b）所示；③ 需要同时标注公差带代号和对应的极限偏差值时，应该在极限偏差值上加上圆括号，如图 6-37（c）所示。

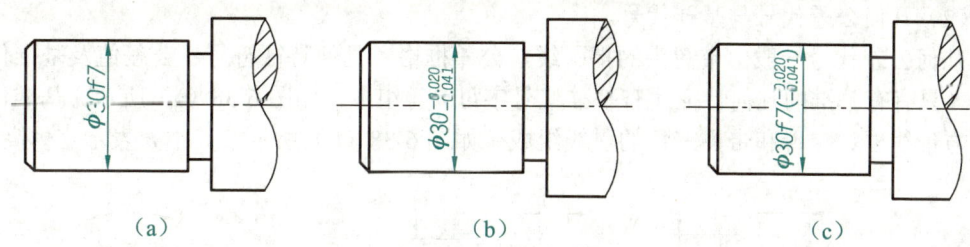

图 6-37 尺寸公差在零件图中的标注形式

📋 随 堂 笔 记

3）几何公差

几何公差是指用于限制零件上各要素的几何形状，以及要素与要素之间相对位置所允许的变动量，它包括形状、方向、位置和跳动公差四种。其中，要素是指零件上的特定部分，如点、线、面，这些要素可以是轮廓要素（如圆柱体的外表面），也可以是中心要素（如中心线或对称平面）。

187

(1) 几何特征符号。

国家标准规定了几何公差的几何特征符号，如表 6-4 所示。

表 6-4 几何公差的几何特征符号

类型	几何特征	符号	有无基准	类型	几何特征	符号	有无基准
形状公差	直线度	—	无	位置公差	位置度	⌖	有或无
	平面度	▱	无		同心度（用于中心点）	◎	有
	圆度	○	无		同轴度（用于轴线）	◎	有
	圆柱度	⌭	无				
	线轮廓度	⌒	无				
	面轮廓度	⌓	无		对称度	═	有
方向公差	平行度	∥	有		线轮廓度	⌒	有
	垂直度	⊥	有		面轮廓度	⌓	有
	倾斜度	∠	有	跳动公差	圆跳动	↗	有
	线轮廓度	⌒	有		全跳动	⌰	有
	面轮廓度	⌓	有				

(2) 几何公差代号与基准代号。

几何公差代号一般由带箭头的指引线、公差框格、几何特征符号、公差值及基准代号字母（只有有基准的几何特征才有基准代号字母）等组成，如图 6-38（a）所示。基准代号由正方形线框、字母和带黑三角的引线组成，如图 6-38（b）所示，其中 h 表示字体高度。

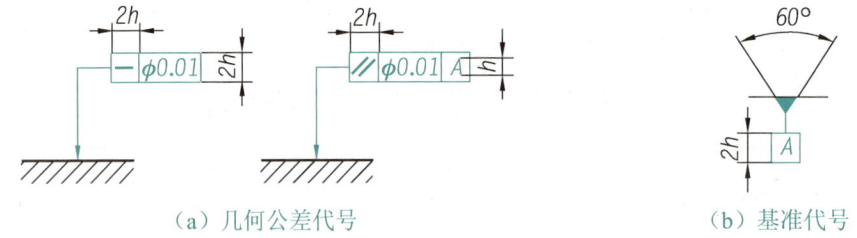

(a) 几何公差代号　　　　　　(b) 基准代号

图 6-38 几何公差代号与基准代号

(3) 几何公差的标注。

标注几何公差时应注意：① 当被测要素或基准要素为轮廓线或轮廓表面时，指引线的箭头和基准符号应置于被测要素的轮廓线或其延长线上，但必须与尺寸线明显错开；② 当被测要素和基准要素为轴线、对称平面或中心点时，指引线的箭头和基准符号应与被测要素的尺寸线对齐；③ 当同一个被测要素具有不同的几何公差项目时，两个公差框格可上下并列，并共用同一条指引线。

几何公差标注示例如图 6-39 所示，其中各几何公差的含义如下。

⊥ 0.04 A：柱塞套ϕ18 mm 的右端面对ϕ8 mm 孔轴线的垂直度公差为 0.04 mm。

∥ 0.04 C：柱塞套ϕ18 mm 的右端面对柱塞套左端面的平行度公差为 0.04 mm。

⌭ 0.001：柱塞套ϕ8 mm 孔表面的圆柱度公差为 0.001 mm。

= 0.08 B：柱塞套 $4_{0}^{+0.048}$ mm 槽的中心面对 $ϕ3_{0}^{+0.03}$ mm 孔轴线的对称度公差为 0.08 mm。

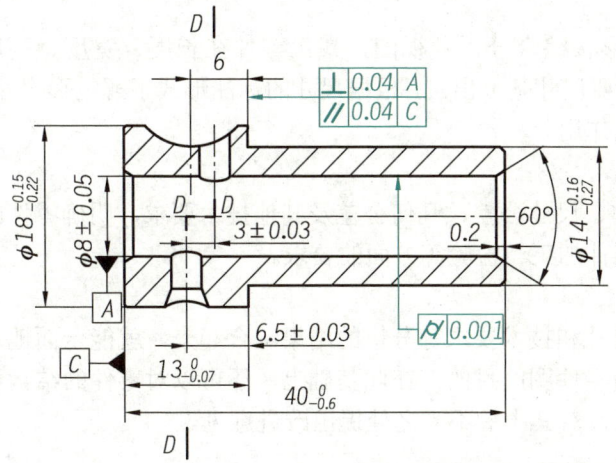
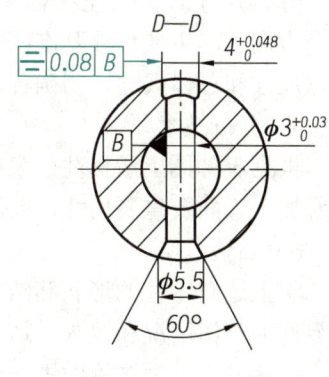

图 6-39 几何公差标注示例

> **随堂笔记**
>
> _____
> _____
> _____

四、零件图的识读与零件测绘

1. 零件图的识读

在机器的设计、制造和维修中，经常需要识读零件图，以根据零件图设想出零件的形状和结构，了解零件的尺寸和技术要求等内容。识读零件图的基本步骤如下。

1）读标题栏

从标题栏了解零件的名称、材料及绘图比例。根据零件的名称可以从功能、作用等方面设想出零件的大致形状，根据零件的材料就可判断出其主要加工方法和工艺结构，根据绘图比例可大致了解零件的实际大小。

2）分析视图

分析视图时，应先识别出视图的种类和数量，以及各视图之间的配置关系，再围绕主视图来分析各视图的表示方式和所表示的重点内容等。对于向视图、局部视图、斜视图、局部放大图等，应明确其所表示的具体部分和位置；对于剖视图、断面图，则应明确具体的剖切方法、剖切位置及所要表示的内容等。

3）分析形体并设想形状

首先应从主视图入手，把零件划分成若干个基本部分；然后综合运用形体分析法和线面分析法并结合其他视图，设想零件各组成部分的形状和结构，确定各组成部分之间的相对位置；最后将各组成部分综合起来，设想出零件的完整形状和结构。

4）分析尺寸

分析尺寸时，应先结合零件的形状综合分析各视图，找出零件在长度、宽度、高度三个方向上的主要尺寸基准；再从主要尺寸基准出发，根据尺寸的标注形式了解定形尺寸、定位尺寸和总体尺寸，明确各尺寸的作用。

5）分析技术要求

根据零件图上所标注的表面结构、尺寸公差、几何公差及其他技术要求，明确零件的主要加工表面及重要尺寸，以及对零件加工、检验等方面的要求。

6）归纳总结

将上述对零件的形状和结构、尺寸和技术要求等分析的结果综合起来，就能全面地掌握零件的整体情况和要求，达到读懂零件图的目的。在此基础上，还可以对零件的结构设计、表示方法、画法等做进一步分析，对其中的不当之处提出改进意见。

2. 零件测绘

在改造或维修机器和部件时，有时会遇到机器（或部件）中某一零件损坏而又无配件或图纸的情况，这时就必须对该零件进行测量并绘制零件图，将零件图作为制造的依据。这种根据已有零件绘制零件图的过程称为零件测绘，其具体步骤如下。

1）分析零件，确定表示方法

首先了解被测零件的名称、材料、制造方法，被测零件在机器（或部件）中的位置、作用，以及被测零件与相邻零件的连接关系，在此基础上对零件的内、外结构进行分析，以确定表示方法。

2）绘制草图

零件测绘通常在生产现场进行，因此通常需要先徒手绘制草图，再根据草图绘制零件图。草图是依靠目测徒手绘制在方格纸或白纸上的，绘制时必须做到认真细致，不能有错误或遗漏，否则会给绘制零件图带来很大困难。

绘制草图的基本过程和使用绘图工具绘图相同，即"布图"→"绘制图框和标题栏框"→"绘制视图底稿"→"检查底稿"→"加深图线"。

3）测量和标注尺寸

绘制出草图的各视图后，应先画出全部尺寸的尺寸界线和尺寸线，然后用量具精确测量出主要尺寸及部分结构的尺寸，并将尺寸数字逐一注写在草图上。对于一般结构的尺寸，应在测量、修约后再注写到草图上；对于能计算出的主要尺寸，如齿轮啮合中心距等，应在计算后再注写到草图上；对于标准化结构的尺寸，可先测量再查有关标准，以确定相应的标准尺寸，然后将标准尺寸注写在草图上。

4）标注精度要求

标注完尺寸后，要根据零件的工作情况标注尺寸公差、表面结构要求和几何公差等。尺寸公差、表面结构要求及几何公差的数值要根据被测表面的作用及加工情况合理选择。

项目六 零件图与装配图的画法和识读

5）绘制零件图

根据所绘制的草图，按照零件图的要求用尺规绘图工具或计算机辅助设计软件绘制零件图。

 任务实施——识读零件图

识读图 6-1 所示零件图的步骤如下。

1. 读标题栏

由标题栏可知，该零件的名称为蜗轮箱体，材料为 HT200，绘图比例为 1∶2，数量为 1。

2. 分析视图

该零件图采用了主视图、俯视图和左视图三个基本视图，另外还用了 A、B、E、D 四个局部视图。

（1）主视图是全剖视图，重点表示了蜗轮箱体内部的主要形状和结构。在主视图的右下方有一个重合断面图，该重合断面图表示了肋板的形状。俯视图采用了半剖视图，在主视图上可找到剖切面 C—C 的剖切位置。左视图表示了蜗轮箱体的外形，并采用局部剖视图表示了蜗杆支承孔处的结构。

（2）A 向视图表示了底板上放油螺塞处的局部结构；B 向视图表示了蜗轮箱体两侧凸台的形状；D 向视图表示了圆筒、底板和肋板的连接情况；E 向视图采用简化画法表示了底板凹槽的形状。

3. 分析形体并设想形状

用形体分析法分析可知，蜗轮箱体分为壳体、套筒、肋板和底板四部分。根据投影关系，围绕主视图找出各部分在其他视图上对应的投影，综合起来设想出蜗轮箱体的形状和结构，如图 6-40 和图 6-41 所示。

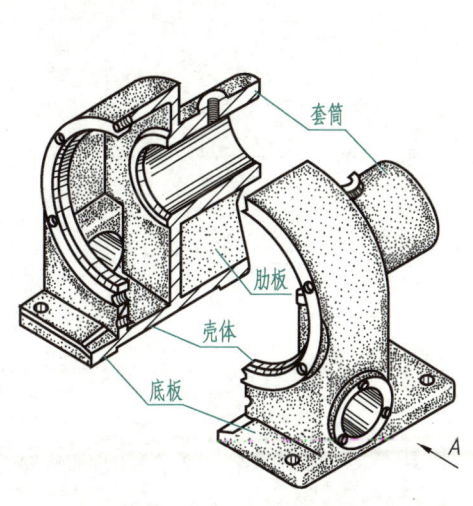

图 6-40 蜗轮箱体剖开的实体图

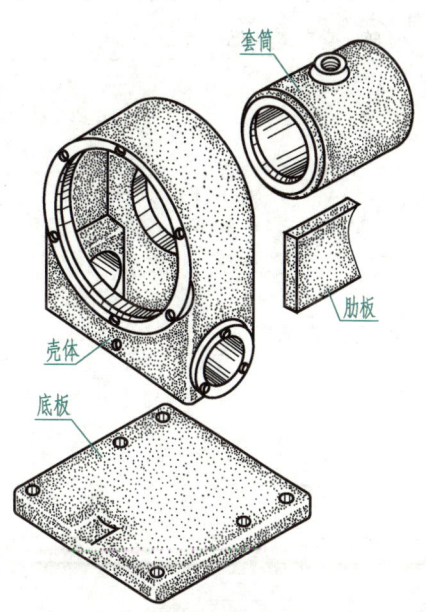

图 6-41 蜗轮箱体各局部结构图

4. 分析尺寸

（1）结合零件的形状，分析蜗轮箱体在长度、宽度和高度三个方向上的尺寸基准。由主视图和俯视图可知，长度方向上的主要尺寸基准是过蜗杆支承孔轴线的竖直平面，辅助尺寸基准是蜗轮箱体的左、右端面；宽度方向上的主要尺寸基准是蜗轮箱体的前、后对称平面；高度方向上的主要尺寸基准是底板底面，辅助尺寸基准是下部两同轴通孔的轴线。

（2）从尺寸基准出发，辨别主要尺寸和次要尺寸，并根据尺寸的标注形式，找出定形尺寸、定位尺寸和总体尺寸。

5. 分析技术要求

（1）加工表面标注了表面结构要求。例如，壳体的左、右端面和轴承孔的表面粗糙度要求较高，底面的表面粗糙度要求较低。

（2）配合表面标出了尺寸公差，如轴承孔直径、孔中心线的定位尺寸等。

（3）重要的线面标注了几何公差。例如，$\phi 52$ 孔轴线与 $\phi 35$ 孔轴线的垂直度公差为 0.03 mm。

（4）该零件需要人工时效处理，未注铸造圆角为 $R3 \sim R5$。

6. 归纳总结

通过上述分析，可以对零件的形状、结构、大小及加工要求有较全面的认识。在此基础上，可对该零件的结构设计、表示方法、画法等提出改进建议。

> **创想天地**
>
> 零件测绘在工程中的应用非常广泛，它需要在准确测量零件尺寸的基础上绘制零件图。请查阅有关资料，了解常用的零件测量工具，并熟悉它们的使用方法。

随堂笔记

项目六 零件图与装配图的画法和识读

装配图的画法和识读

任务引入

表示机器或部件的图样称为装配图,它不但可以指导机器(或部件)的装配、检验、调试、操作和维修等,还是设计和绘制零件图的主要依据。因此,正确、熟练地识读装配图,是机械工程技术人员必须具备的技能。如图 6-42 所示为阀的装配图,请分析该装配图所包括的内容,并综合设想阀的形状。

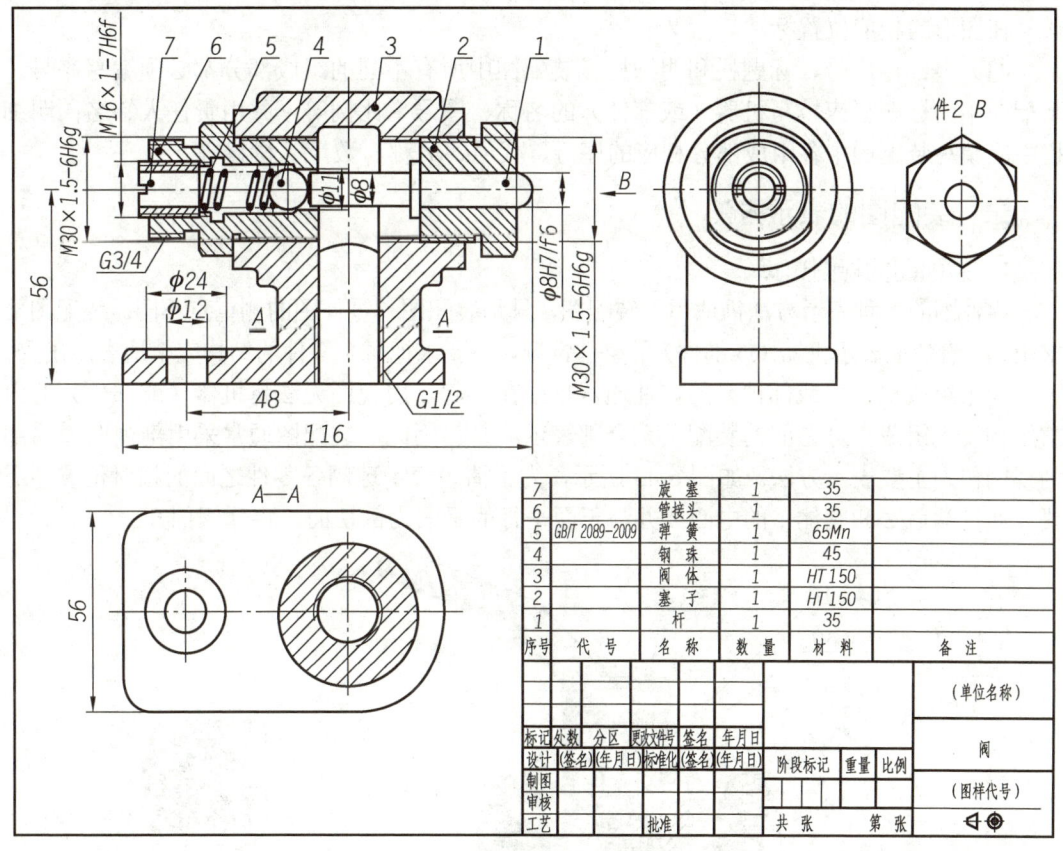

图 6-42 阀的装配图

本任务首先介绍装配图的内容,然后讲解装配图的表示方法、尺寸注法和技术要求,以及装配图的零部件序号和明细栏的有关要求,最后讲解装配图的识读方法和由装配图拆画零件图的方法。

相关知识

一、装配图的内容

一张完整的装配图应包括一组视图、必要的尺寸、技术要求、零部件序号、标题栏及明细栏等内容。

（1）一组视图。装配图通过一组视图并采用适当的表示方法，清楚地表示了机器（或部件）的结构和工作原理、主要组成部分的形状和结构，以及各组成部分之间的装配关系。

（2）必要的尺寸。零件是根据零件图制造的，因此，装配图中不需要标注制造零件所需要的所有尺寸，而一般只标注机器（或部件）的规格（性能）尺寸、装配尺寸、安装尺寸、外形尺寸，以及其他重要尺寸。

（3）技术要求。在装配图中，技术要求用于表示机器（或部件）在装配、调整、测试和使用等方面必须满足的技术条件，通常注写在明细栏周围的空白处，或用规定的标记、代号在图形的相应位置标注。

（4）零部件序号、标题栏和明细栏。装配图中所有不同的组成部分都必须编写序号。装配图中的标题栏应填写机器（或部件）的名称、图号、比例等，并由责任人签名；明细栏中应填写装配图中各组成部分相应的序号、代号、名称、数量、材料等。

二、装配图的表示方法

1. 装配图的视图选择

零件图的各种表示方法仍适用于装配图，只是装配图和零件图的侧重点不同。装配图要求正确、清楚地表示机器（或部件）的整体情况，不要求把每个零件的结构完整地表示出来。

由于组成机器（或部件）的零件通常集中在一起，用视图无法将机器（或部件）的内部结构及各组成部分之间的装配关系全部表示清楚。因此，装配图通常采用剖视图或局部剖视图作为主要表示方法。如图 6-43 所示，为了清楚表示球阀各零件之间的相对位置，需要以通过阀盖 2 和阀体 1 的中心线并与正面平行的平面为剖切面，将球阀剖开。

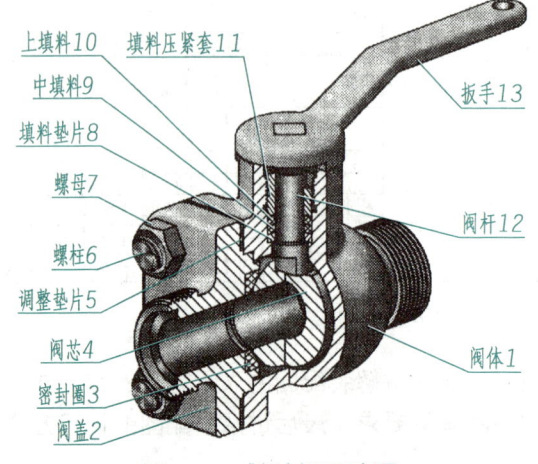

图 6-43 球阀剖切示意图

图 6-43 三维模型

根据球阀的工作位置，可以确定装配图中主视图的投射方向，从而绘制出球阀的主视图，如图 6-44 所示。装配图中的其他视图主要对主视图上没有表示清楚的装配关系、形状和结构等进行补充表示。在图 6-44 中，左视图对阀盖 2 的形状，以及阀杆 12、填料垫片 8、中填料 9、上填料 10 和填料压紧套 11 的安装位置进行了补充表示；俯视图对除扳手 13 以外，其他主要零件的外形和安装位置进行了补充表示，并用局部剖视图对阀杆 12 的截面形状和方位进行了补充表示。

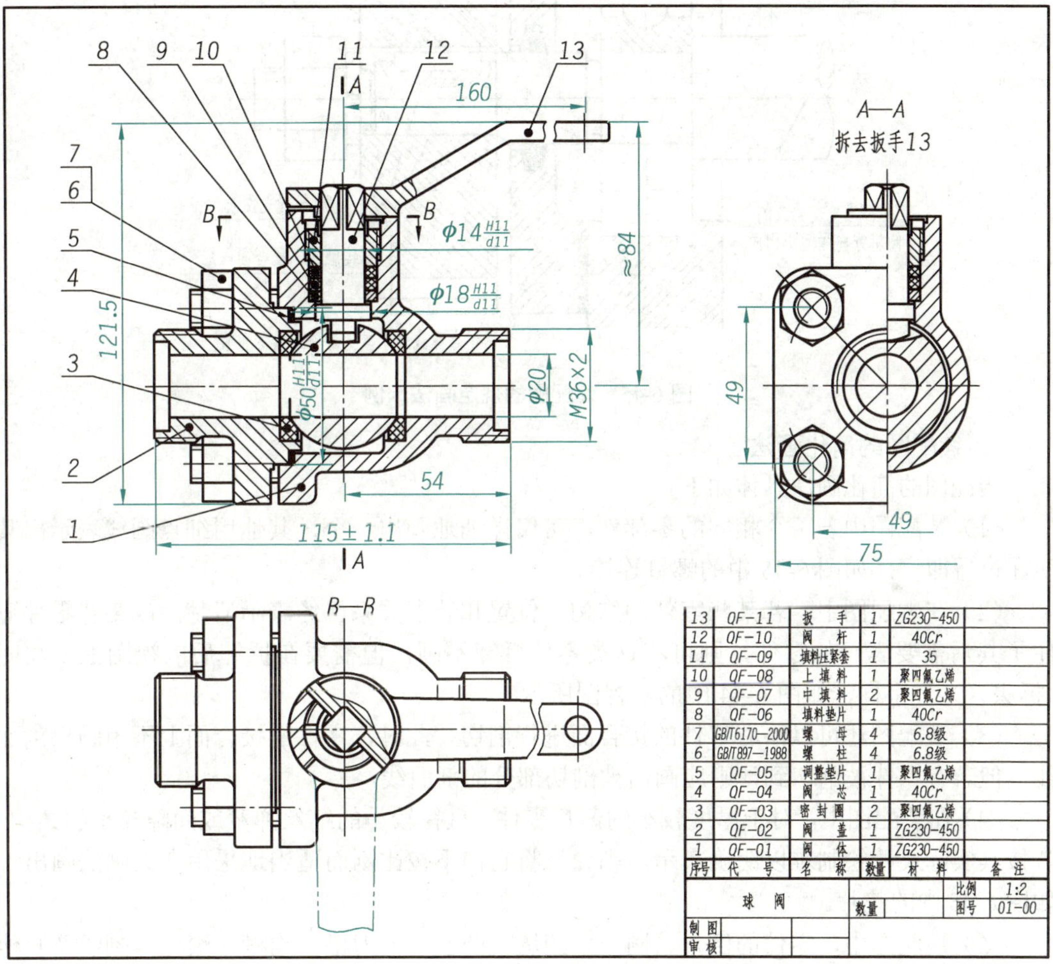

序号	代号	名称	数量	材料	备注
13	QF-11	扳手	1	ZG230-450	
12	QF-10	阀杆	1	40Cr	
11	QF-09	填料压紧套	1	35	
10	QF-08	上填料	1	聚四氟乙烯	
9	QF-07	中填料	2	聚四氟乙烯	
8	QF-06	填料垫片	1	40Cr	
7	GB/T6170—2000	螺母	4	6.8级	
6	GB/T897—1988	螺柱	4	6.8级	
5	QF-05	调整垫片	1	聚四氟乙烯	
4	QF-04	阀芯	1	40Cr	
3	QF-03	密封圈	2	聚四氟乙烯	
2	QF-02	阀盖	1	ZG230-450	
1	QF-01	阀体	1	ZG230-450	

球阀	数量	比例	1:2
		图号	01-00
制图			
审核			

图 6-44　球阀装配图

2. 装配图的规定画法

装配图的规定画法具体如下。

（1）凡是相接触、相配合的两表面，无论其间隙多大，都必须画成一条线；凡非接触、非配合的两表面，无论其间隙多小，都必须画成两条线。

（2）相邻两零件剖面线的倾斜方向应相反，或倾斜方向相同但间距不同；各视图中，同一零件剖面线的倾斜方向和间距应相同。此外，厚度在 2 mm 以下的剖面区域，允许以涂黑的方式来代替剖面线。

（3）对于标准件、实心的球和轴等，若剖切面通过其对称平面或基本轴线，则这些零件均按不剖绘制；若需要表示这些零件上的孔、槽等细节结构时，可用局部剖视图表示。

装配图的规定画法示例如图6-45所示。

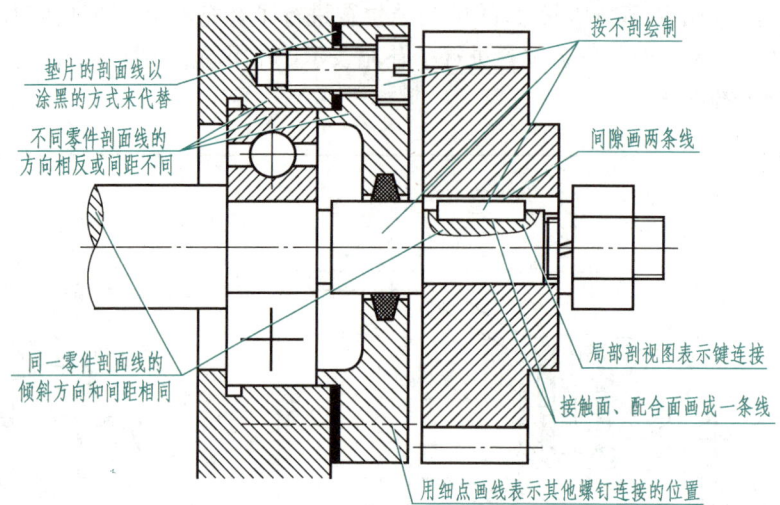

图6-45　装配图的规定画法示例

3．装配图的简化画法

装配图的简化画法具体如下。

（1）装配图中若干个相同的零部件，可仅详细地画出一个，其他用细点画线表示出其所在位置即可，如图6-45中的螺钉连接。

（2）在装配图中，若某些零件的结构、位置和装配关系已经表示清楚，或某些零件遮住了其后需要表示的零件，则可将这类零件拆卸不画，但需要在拆卸后的视图上方注明"拆去××"字样，如图6-44中的左视图所示。

（3）装配图还可以沿着零件的接合面进行剖切。此时，零件的接合面上不用画出剖面线，但若有零件被剖切到，则应画出被剖切部分的剖面线。

（4）在装配图中，对于厚度较小的薄片零件、直径较小的细丝弹簧或间隙较小的结构，若按其实际尺寸绘制难以明确表示，则允许将它们不按比例而适当地采用夸大画法画出，如图6-45中的垫片。

（5）装配图中，零件的倒角、圆角、凹坑、凸台、退刀槽、沟槽、滚花、刻线及其他细节等可不画出。

三、装配图的尺寸注法和技术要求

由于装配图与零件图的用途不同，因此两者的尺寸注法和技术要求也有所不同。

1．装配图的尺寸注法

装配图中的尺寸主要用于表示零部件的装配关系，因此装配图中不需要标注零件的全部尺寸，而只需要标注一些必要的尺寸。这些尺寸主要有以下五类。

1）规格（性能）尺寸

规格（性能）尺寸是指用于表示机器（或部件）规格（性能）的尺寸，是设计、了解和选用机器（或部件）的依据。如图6-44所示，阀体的通径$\phi 20$即为规格（性能）尺寸。

2）安装尺寸

安装尺寸是指将机器（或部件）安装在地基（或机器）上，或将机器与其他机器连接时所需要的尺寸，如图6-44中的尺寸≈84、54、M36×2等均为安装尺寸。

3）外形尺寸

外形尺寸是指表示机器（或部件）外形轮廓大小的尺寸，包括总长、总宽和总高等，它为机器（或部件）在包装、运输和安装过程中所占空间的大小提供了参考数据，如图6-44中球阀的总长115±1.1、总宽75和总高121.5均为外形尺寸。

4）装配尺寸

装配尺寸是指用于保证机器（或部件）中各组成部分之间装配关系的尺寸，主要分为配合尺寸和相对位置尺寸两种。

（1）配合尺寸。

配合尺寸是指公称尺寸相同的孔与轴在配合时的尺寸要求，通常用配合代号表示。配合代号应采用组合式注法，在公称尺寸后面用分式表示，分子为孔的公差带代号，分母为轴的公差带代号，如图6-46（a）所示。对于与轴承等标准件配合的零件，只需要在装配图中标出该零件（非标准件）的公差带代号即可，如图6-46（b）所示。

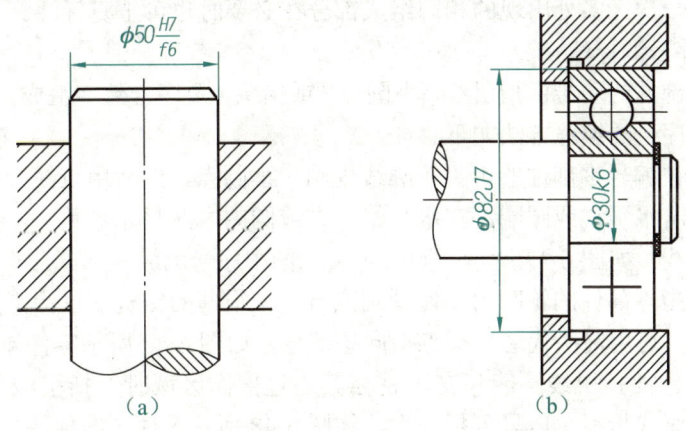

图6-46　装配图上尺寸公差的标注方法

（2）相对位置尺寸。

相对位置尺寸是指用于表示机器（或部件）在装配时需要保证的零件之间的距离尺寸和间隙尺寸，如图6-44中的尺寸115±1.1就是相对位置尺寸。

5）其他重要尺寸

其他重要尺寸是指在设计机器（或部件）时，经过计算或根据某种需要确定的、但又不属于上述四类尺寸的一些重要尺寸，如运动件的极限尺寸、主要零件的重要尺寸等。

> **点拨**
>
> 标注机器（或部件）的尺寸时，需要根据机器（或部件）的结构进行标注，并不是所有机器（或部件）都必须标注上述五类尺寸。

2. 装配图的技术要求

装配图的技术要求通常包括以下内容。

（1）机器（或部件）在装配过程中应注意的事项和装配后应达到的技术要求，如装配方法、润滑要求和必须保证的精度等。

（2）机器（或部件）在装配后的基本性能检验、调试，以及性能指标等方面的要求。

（3）对机器（或部件）的维护、保养及使用时的注意事项等提出的要求。

装配图中的技术要求通常注写在明细栏的上方或图样下方的空白处，也可另编技术要求文件，将其列为机械图样的附件。

四、装配图的零部件序号和明细栏

为了便于识读和管理机械图样，装配图中应当对所有不同的组成部分进行编号。同时，在标题栏上方的明细栏中需要逐个列出图中所有零部件的序号及其相对应的名称、材料、数量等。

1. 零部件序号

1）零部件序号的编排

装配图中一个组成部分可以只编写一个序号；同一装配图中相同的组成部分用一个序号，通常只标注一次；多处出现的相同组成部分在必要时也可重复标注。

2）零部件序号的标注

装配图中零部件的序号由指引线、小圆点（或箭头）及序号数字组成，如图6-47所示。装配图中零部件序号的编写方法如下。

（1）一般在被编号零部件的可见轮廓线内画一小圆点，然后用直线画出指引线，并在指引线的端部画一水平线或圆圈，在水平线上方或圆圈内注写序号数字，指引线、水平线和圆圈均为细实线，如图6-47所示。同一张装配图中序号的编写形式应一致。

（2）当在所指零部件的轮廓内不便画圆点时，如很薄的结构或以涂黑的方式来代替剖面线的剖面区域，可用箭头代替小圆点指向该部分，如图6-48所示零件4的标注。

（3）装配图中的指引线不能相交，且当其通过剖面区域时，指引线不应与剖面线平行；指引线可以画成折线，但只可折一次，如图6-48所示零件5的标注。

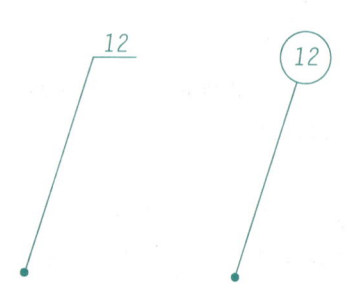

图6-47　零部件序号的标注样式

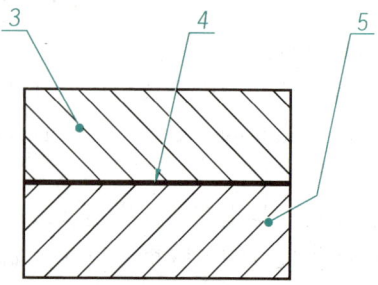

图6-48　零部件序号的标注方法

（4）对于一组紧固件或装配关系清楚的零件组，可使用公共指引线标注，如图6-49所示。

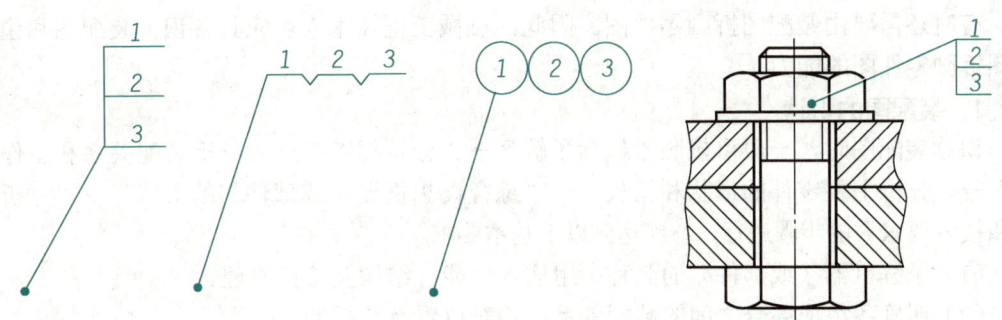

图 6-49 公共指引线的画法

（5）装配图中零部件的序号，应按顺时针或逆时针方向顺次排列整齐。若在整个装配图上无法连续排列时，应尽量在每个水平或竖直方向上排列整齐。

2．明细栏

按照 GB/T 10609.2—2009《技术制图　明细栏》的规定，明细栏一般配置在装配图中标题栏的上方，按由下而上的顺序填写，如图 6-50 所示。在绘制明细栏时，如果位置不够，可将明细栏紧靠在标题栏的左边并按由下而上的顺序延续。

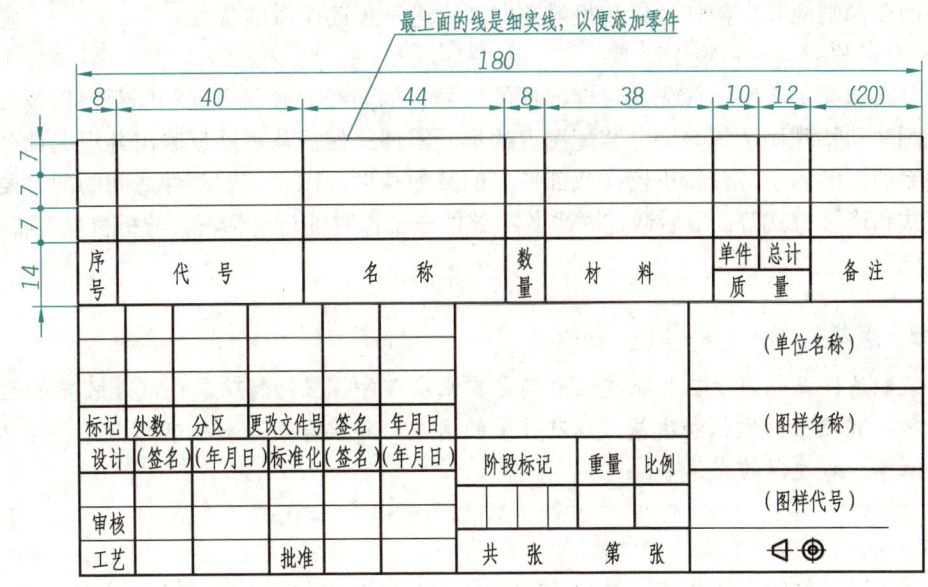

图 6-50 明细栏

 **点拨**

明细栏和标题栏的分界线是粗实线，明细栏表头上的线为粗实线，内部竖线均为粗实线，其余横线均为细实线。

五、装配图的识读与由装配图拆画零件图

在机器（或部件）的设计、装配、检验、使用、维修及技术交流时，都需要识读装配

图，有时还需要由装配图拆画零件图。因此，机械工程技术人员应具备识读装配图和由装配图拆画零件图的能力。

1. 装配图的识读

识读装配图时，一般可按照"概括了解"→"分析视图"→"分析装配关系和工作原理"→"分析主要零件的形状和结构"→"综合设想机器（或部件）的形状"→"分析尺寸和技术要求"的步骤进行，并应达到以下基本要求。

（1）了解机器（或部件）的名称、用途、性能、结构及工作原理。
（2）明确各组成部分之间的装配关系、相对位置及装拆顺序。
（3）清楚各主要零件的形状和结构及其在机器（或部件）中的作用。

识读装配图的具体步骤如下。

1）概括了解

首先读标题栏，由机器（或部件）的名称可大致了解其用途，然后对照明细栏中零部件的序号，在装配图中找到各零部件的大致位置，以了解机器（或部件）各组成部分的名称、数量、材料和规格等，初步判断机器（或部件）的复杂程度。

2）分析视图

了解各视图的类型，明确各视图之间的投影关系及其所要表示的主要内容。对于剖视图和断面图，则应找出剖切位置和投射方向，为进一步读图做准备。

3）分析装配关系和工作原理

在分析装配关系时，应先通过零部件的序号、剖面线的倾斜方向和间距，以及装配图的规定画法和特殊画法等来区分装配图上的不同零件；然后从最能反映出各组成部分之间装配关系的视图入手，分析机器（或部件）的装配基件，以及各零部件之间的配合要求、定位方式和连接方式等；最后通过联想各零部件在工作时的运动情况，分析机器（或部件）的工作原理。

> 装配基件是指用于在装配过程中确定其他零部件位置的特殊零件（或装配单元）。它通常具有较大的体积和质量，以及较多的承载面和接合面，如机床的床身、发动机的气缸体、减速器的壳体等。

4）分析主要零件的形状和结构

分析主要零件的形状和结构时，应先分析主视图中的主要零件，再分析其他主要零件。当所分析的零件在装配图中表示不完整时，可结合该零件的零件图来识读。

> 由于同一零件在各视图中剖面线的方向和间距均相同，利用这一特点，可以很方便地找出同一零件在各视图中的投影，以便综合设想其形状。

5）综合设想机器（或部件）的形状

分析出主要零件的形状和结构后，应结合机器（或部件）的工作原理、结构特点、装配关系等，综合设想出整个机器（或部件）的形状。

6）分析尺寸和技术要求

装配图中通常标注了规格（性能）尺寸、装配尺寸、安装尺寸、外形尺寸和其他重要尺寸，以及对机器（或部件）的安装、检验和使用等方面提出的技术要求等，对这些进行分析可进一步了解机器（或部件）的设计意图和装配工艺。

2. 由装配图拆画零件图

由装配图拆画零件图是机械设计过程中的一项重要工作，它需要在读懂装配图的基础上按零件图的要求画出，其方法和步骤如下。

1）拆解零件并设想形状

读懂装配图后，将要拆画的零件从装配图中拆解出来并设想其形状。例如，要拆画图 6-42 中的阀体 3，应先将阀体从装配图中拆解出来，然后设想其形状。对于阀体的内腔形状，虽然在阀的左视图和俯视图上没有表示出来，但可以通过主视图中 G1/2 螺纹孔上方的相贯线形状判断出阀体内腔为圆柱面，圆柱面的直径等于 G1/2 螺纹孔的直径，如图 6-51 所示。

图 6-51 三维模型

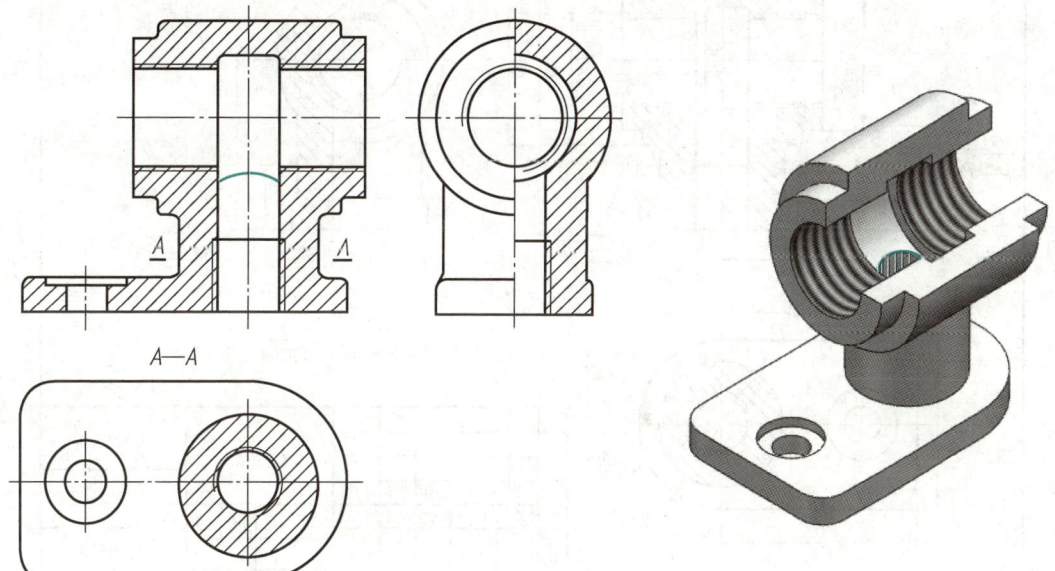

图 6-51 分离阀体零件

2）确定视图的表示方法

装配图中视图的选择是从整体来考虑的，往往无法满足每一个零件的表示需要。因此，拆画零件图时，视图应根据零件自身的结构特点重新选择，不能照搬装配图上的视图方案。

如图 6-51 所示，虽然阀体的主视图选择了与装配图主视图相同的投射方向，主视图和俯视图也采用了全剖视图，但左视图为了表示出阀体的内部形状而采用了半剖视图。

3）补画零件次要结构或工艺结构

装配图主要表示各零部件之间的装配关系，对零件的次要结构或工艺结构并不一定能够完全表示出来。因此，拆画零件图时，对装配图中省略的工艺结构，如倒角、退刀槽等，应在零件图中进行补画或补充标注。

4）标注尺寸

由于装配图中通常只标注规格（性能）尺寸、装配尺寸、安装尺寸、外形尺寸及其他重要尺寸等，因此在拆画零件图时需要补全其他尺寸。标注时，应注意以下事项。

（1）装配图上已标注的尺寸及公差带代号（或极限偏差值）在零件图上可直接标注。

（2）某些通过计算得到的尺寸（如齿轮啮合中心距）以及通过查阅标准而确定的尺寸（如键槽的尺寸），应按计算或查标准得到的数据进行标注，不得进行修约。

（3）零件上的一般结构尺寸可按比例从装配图中量取，并进行适当修约。

5）标注表面结构要求和几何公差，注写技术要求

根据零件各表面的作用及它们之间的关系，应用类比法参考同类产品的机械图样和有关资料来标注表面结构要求和几何公差，并注写技术要求。

如图 6-52 所示为由装配图拆画的阀体零件图。

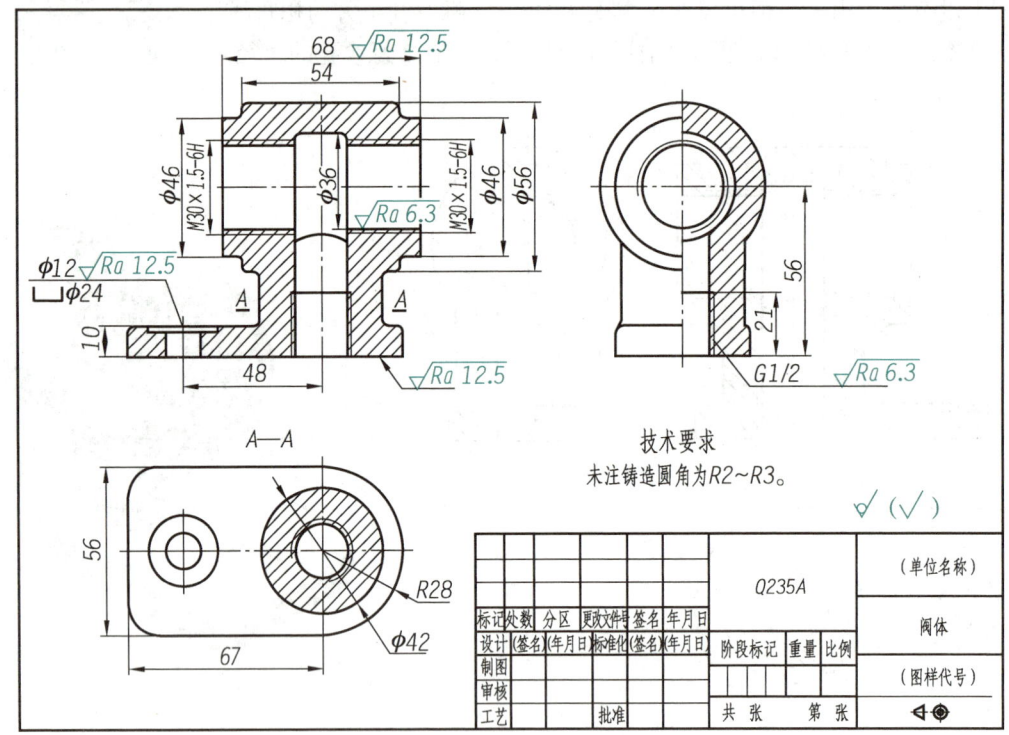

图 6-52　由装配图拆画的阀体零件图

项目六 零件图与装配图的画法和识读

任务实施——识读装配图

1. 概括了解

如图 6-42 所示，该部件为阀。从明细栏可知，该阀由 7 种零件组成，结构比较简单。其中，除弹簧可根据其参数直接采购外，其余零件均需要作出零件图。

2. 分析视图

由图 6-42 可知，阀的装配图采用了主视图、俯视图、左视图和 B 向局部视图来表示。其中，主视图和俯视图均采用了全剖视图。由主视图可知，阀的装配基件为阀体 3，阀通过阀体 3 上的 G1/2 螺纹孔、ϕ12 螺栓孔和管接头 6 上的 G3/4 螺纹孔装入机器中。

3. 分析装配关系和工作原理

对图 6-42 中各零件分别进行分析，可知它们的装配关系：装配阀时，将钢球和弹簧装入管接头 6 中，然后旋入旋塞 7，即可通过旋塞调整弹簧的压力；调整好弹簧的压力后，将管接头旋入阀体左侧的 M30×1.5 螺纹孔中，将杆 1 装入塞子 2 中，再将塞子 2 旋入阀体右侧的 M30×1.5 螺纹孔中，即可完成装配。

阀的装配关系分析完成后，可进一步分析出阀的工作原理，具体如下。

旋转塞子 2 向右移动，将杆 1 从管接头 6 的孔中退出，此时管路的通断将由从阀体 3 下端孔中流入的液体压力决定：当作用在钢珠 4 右端的液体压力大于弹簧的压力时，弹簧被压缩，管路被接通；当作用在钢珠右端的液体压力小于弹簧压力时，钢珠堵住管路，管路被阻断。此外，若依靠液体的压力不能将管路接通时，则可以手动将塞子 2 和杆 1 向左移动，从而接通管路。

4. 分析主要零件的形状和结构，综合设想阀的形状

在图 6-42 中，主视图中的主要零件是阀体，其零件图如图 6-52 所示。结合上述分析，可综合设想出整个阀的形状，如图 6-53 所示。

图 6-53 三维模型

图 6-53 综合设想阀的形状

5. 分析尺寸和技术要求

如图 6-42 所示，除俯视图中阀体的宽度尺寸 56 外，其余尺寸均分布在主视图中。为了保证阀的工作性能，杆 1 和塞子 2 之间注有装配尺寸 ϕ8H7/f6；阀中各零件在水平方向上主要靠螺纹连接，因此注有螺纹标记 M30×1.5—6H6g、M16×1—7H6f 等。

 **创想天地**

技术要求在装配图中占有重要地位,它直接影响机器(或部件)的装配质量和使用性能。正确制定技术要求,需要具备多种专业知识。请查阅有关资料,分析典型机器(或部件)的技术要求,讨论其所涉及专业知识的范围和门类。

随堂笔记

 **思想启迪**

精密机械的构建离不开精细的零件图和装配图。零件图全面记载了零件的尺寸、形状、材质等关键信息。识读与绘制零件图需要我们具备敏锐的细节捕捉能力,以确保每一处细节的精准度。这一过程提醒我们要重视细节,细节决定成败。装配图则揭示了各个零件是如何巧妙地装配成一个完整的系统或设备,这一过程需要我们具备系统化思维能力,以洞悉每一组件在整体中的角色及其与其他部分的相互联系。在面对问题时,我们既要聚焦局部视野,又要从宏观角度出发,全面而深入地分析全局形势,这样才能掌握成功的关键。

项目六 零件图与装配图的画法和识读

学习成果评价

指导教师对学生的实际学习成果进行评价,学生配合指导教师共同完成表 6-5。

表 6-5 学习成果评价表

班级			组号		日期	
姓名			学号		指导教师	
学习成果名称		零件图与装配图的画法和识读				
评价项目	评价内容			评价方式	满分/分	评分/分
知识 (40%)	零件图的内容与视图选择			理论测试	2	
	零件上常见工艺结构的表示方法				4	
	零件图的尺寸注法和技术要求				7	
	零件图的识读与零件测绘				7	
	装配图的内容和表示方法				4	
	装配图的尺寸注法和技术要求				5	
	装配图的零部件序号和明细栏				4	
	装配图的识读与由装配图拆画零件图				7	
技能 (40%)	识读零件图			实践检验	20	
	识读装配图				20	
素养 (20%)	积极参加教学活动,主动学习、思考、讨论			综合评判	6	
	认真负责,按时完成学习、实践任务				4	
	团结协作,与组员之间密切配合				4	
	服从指挥,遵守课堂和实训室纪律				4	
	守正创新,自信自强				2	
合计					100	
自我评价						
指导教师评价						

205

项目七 AutoCAD 的基本操作及应用

项目导读

随着信息技术的飞速发展和计算机技术在各领域的广泛应用，用计算机辅助设计软件来绘制机械图样在工程中已非常普遍。它不但可以提升工作效率、节省工作时间，而且所绘机械图样更为清晰、准确，便于保存和修改。

AutoCAD 是机械工程中应用较为广泛的计算机辅助设计软件之一。本项目主要介绍 AutoCAD 2022 的基本操作方法、基本绘图命令、辅助绘图工具、基本编辑命令、文字注法和尺寸注法，以及用其绘制平面图形和机械图样的基本方法。

知识目标

- ◆ 掌握 AutoCAD 2022 的基本操作方法。
- ◆ 掌握 AutoCAD 2022 的基本绘图命令的使用方法。
- ◆ 掌握 AutoCAD 2022 辅助绘图工具的使用方法。
- ◆ 掌握 AutoCAD 2022 的基本编辑命令的使用方法。
- ◆ 掌握 AutoCAD 2022 的文字注法和尺寸注法。

技能目标

- ◆ 能够正确使用 AutoCAD 2022 绘制平面图形。
- ◆ 能够正确使用 AutoCAD 2022 绘制机械图样。

素质目标

- ◆ 树立自立、自强、自信的信念。
- ◆ 培养齐心协力、互信互助的团队精神。

项目七 AutoCAD 的基本操作及应用

用 AutoCAD 2022 绘制平面图形

任务引入

计算机辅助设计（computer aided design, CAD）是指利用计算机技术辅助设计人员进行产品设计、工程绘图和数据管理的过程。用计算机辅助设计软件绘制机械图样和手工绘制机械图样都是以绘制平面图形为基础的，但两者的绘制方法差异很大。请使用 AutoCAD 2022 创建图形文件，绘制如图 7-1 所示的简单平面图形（要求设置图层、绘制中心线，但不标注尺寸）并保存所绘制的图形文件。

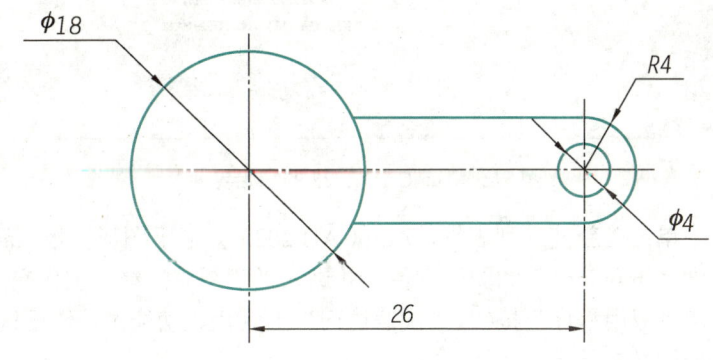

图 7-1 简单平面图形

本任务首先介绍 AutoCAD 2022 的基本操作，然后介绍 AutoCAD 2022 的基本绘图命令和辅助绘图工具，以及用 AutoCAD 2022 绘制平面图形的基本方法。

相关知识

一、AutoCAD 2022 的基本操作

1. AutoCAD 2022 的操作界面

安装 AutoCAD 2022 后，计算机桌面上会出现"AutoCAD 2022 - 简体中文（Simplified Chinese）"的图标 A，双击该图标即可打开 AutoCAD 2022。此外，单击桌面下方的"开始"按钮，然后在"所有应用"列表中选择"AutoCAD 2022 - 简体中文（Simplified Chinese）"→"AutoCAD 2022 - 简体中文（Simplified Chinese）"菜单项，也可打开 AutoCAD 2022。

打开 AutoCAD 2022 后可进入其初始界面，此时可通过单击左侧的列表框来打开或新

建图形文件，如图 7-2 所示。

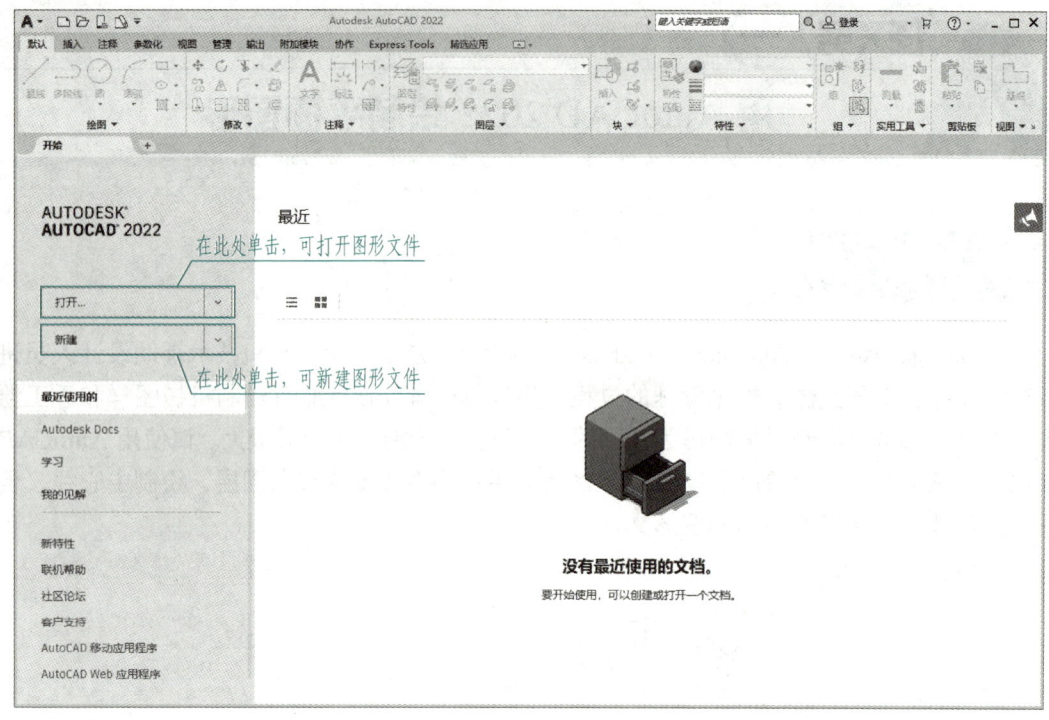

图 7-2　AutoCAD 2022 的初始界面

在初始界面中单击"新建"列表框，AutoCAD 2022 会基于图形样板"acadiso.dwt"自动新建一个名称为"Drawing1"的图形文件，并进入"草图与注释"工作空间的操作界面。该操作界面默认由"应用程序"按钮、"快速访问"工具栏、功能区、绘图区、命令窗口和状态栏等组成，如图 7-3 所示。

1)"应用程序"按钮

单击"应用程序"按钮，在下拉菜单中选择相应菜单项，不仅可以进行新建、打开、保存、另存为、输入、输出、发布、打印、关闭图形文件等操作，还可以打开"选项"对话框或退出 AutoCAD 2022。

 点拨

工作空间是指功能区中选项卡及面板、菜单和工具栏等的集合。AutoCAD 2022 默认的工作空间为"草图与注释"，用户可通过更改或创建新的工作空间来改变功能区的配置，以满足不同的绘图需要。

2)"快速访问"工具栏

"快速访问"工具栏用于显示经常使用的工具。单击该工具栏右侧的按钮，在弹出的下拉菜单中选择某个菜单项（最下方三个菜单项除外），可在该工具栏中添加或删除相应工具的按钮；在弹出的下拉菜单中选择"显示菜单栏"菜单项，可显示菜单栏。

项目七　AutoCAD 的基本操作及应用

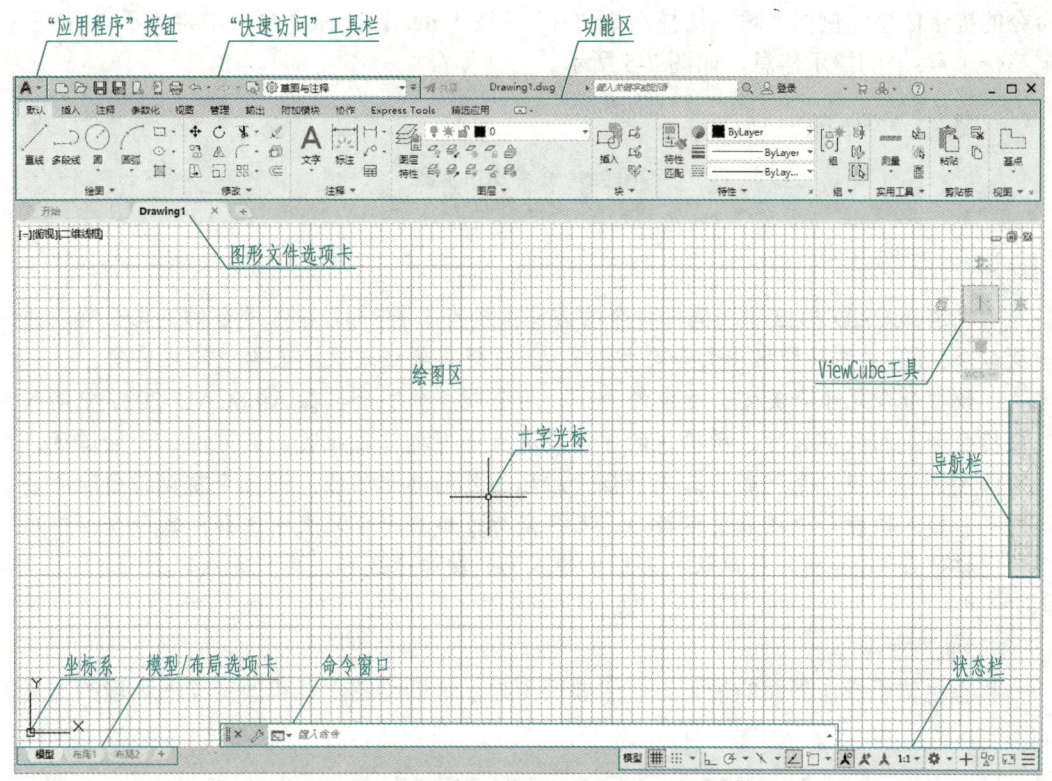

图 7-3　"草图与注释"工作空间的操作界面

3）功能区

功能区由"默认""插入""注释"等选项卡及其面板组成，AutoCAD 2022 中的大部分命令以按钮的形式分类显示在这些选项卡的面板中。如图 7-4 所示，单击"默认"选项卡后，其下方将显示"绘图""修改""注释""图层"等面板，命令按钮则按类别显示在各面板中。

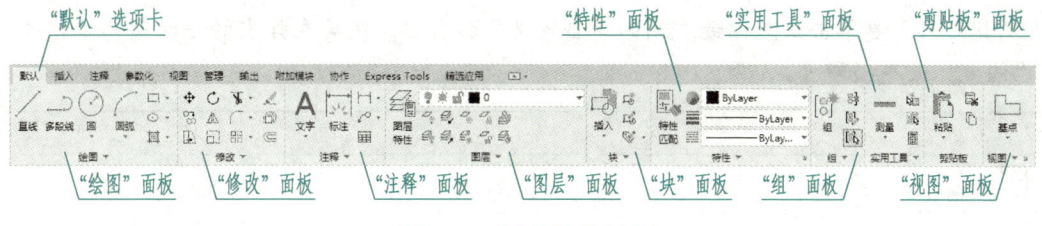

图 7-4　"默认"选项卡

4）绘图区

绘图区是用户绘图的工作区域，类似于手工绘图时使用的图纸。AutoCAD 2022 的绘图区无限大，用户可在其中绘制任意尺寸的图形。绘图区除显示图形外，其内部通常还显示坐标系、十字光标、ViewCube 工具和导航栏等。

5）命令窗口

命令窗口位于绘图区的底部，用于输入命令的名称和参数，以及显示当前正在执行的

209

命令的提示信息。例如，输入快捷命令"L"并按 Enter 键，命令窗口中将显示"LINE 指定第一个点："的提示信息，如图 7-5 所示。

图 7-5　命令窗口示例

 **点拨**

在 AutoCAD 2022 中，执行命令的方法主要有三种：① 输入命令的英文全称或快捷命令；② 单击功能区中的命令按钮；③ 选择菜单栏或快捷菜单中的菜单项。

快捷命令是命令英文全称中的一个、两个或多个字母。在 AutoCAD 2022 中输入快捷命令或相关参数时，所输入的字母没有大小写之分。此时，若光标位于绘图区，则绘图区将出现命令列表；若光标位于绘图区外的其他区域，则命令窗口将出现命令列表。输入快捷命令或相关参数后，可用鼠标左键在命令列表中选择所需命令，然后按空格键或 Enter 键进行确认，否则所输入的快捷命令或相关参数无效。

6）状态栏

状态栏位于操作界面的最下方，主要用于显示辅助绘图工具和改变绘图环境的工具，如图 7-6 所示。

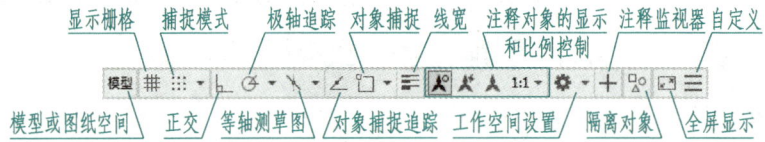

图 7-6　状态栏

 **点拨**

状态栏中显示的内容可自行设置。例如，若要显示绘制平面图形时常用的"线宽"工具，只需要单击状态栏最右侧的"自定义"按钮，然后在弹出的下拉菜单中单击"线宽"菜单项即可。

随堂笔记

项目七　AutoCAD 的基本操作及应用

2. 图形文件的基本操作

1）新建图形文件

进入 AutoCAD 2022 的初始界面后，除上述新建图形文件的方法外，用户还可通过以下三种方法新建图形文件。

（1）按快捷键"Ctrl+N"。

（2）单击"快速访问"工具栏中的"新建"按钮。

（3）单击"应用程序"按钮，在弹出的下拉菜单中选择"新建"菜单项。

按照上述三种方法中的任意一种操作后，系统都会打开"选择样板"对话框，如图 7-7 所示。在该对话框中选择所需要的图形样板并单击"打开"按钮，即可以该图形样板为模板新建一个图形文件。

> **点拨**
>
> 图形样板主要设置了图纸的输出布局、边框、标题栏，以及图形单位、图层、文字样式、尺寸标注样式等，用户可根据需要选择合适的样板文件。在绘制平面图时，若事先没有指定其他样板文件，一般可将 acadiso.dwt 文件作为样板文件。

2）打开图形文件

进入 AutoCAD 2022 的初始界面后，用户可通过以下三种方法打开图形文件。

（1）按快捷键"Ctrl+O"。

（2）单击"快速访问"工具栏中的"打开"按钮。

（3）单击"应用程序"按钮，在弹出的下拉菜单中选择"打开"→"图形"菜单项。

按照上述三种方法中的任意一种操作后，系统都会打开"选择文件"对话框，如图 7-8 所示。在该对话框中选择要打开的图形文件并单击"打开"按钮，即可打开所选图形文件。

图 7-7　"选择样板"对话框

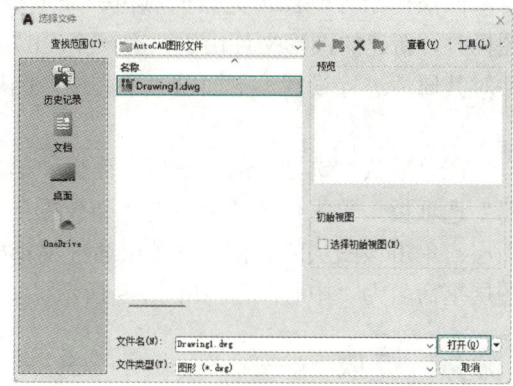

图 7-8　"选择文件"对话框

3）保存图形文件

为了避免因停电、死机等意外情况而造成数据丢失，用户应养成及时保存图形文件的习惯。保存图形文件的方法有以下三种。

（1）按快捷键"Ctrl+S"。

(2) 单击"快速访问"工具栏中的"保存"按钮 ■。
(3) 单击"应用程序"按钮 A▼, 在弹出的下拉菜单中选择"保存"菜单项。

> **点拨**
>
> 如果首次保存某个图形文件，则在执行上述操作后，系统会打开"图形另存为"对话框。在该对话框中，用户可以选择图形文件的存储位置并输入文件名。

4）关闭图形文件
关闭图形文件的方法有以下两种。
（1）单击图 7-3 所示功能区下方"图形文件选项卡"右侧的"关闭"按钮 × 。
（2）单击"应用程序"按钮 A▼, 在弹出的下拉菜单中选择"关闭"菜单项。

3．图面显示的控制

用 AutoCAD 2022 绘图时，经常需要放大、缩小及平移图面。此时，既可以用鼠标直接操作，也可以通过导航栏中的菜单项操作。

1）用鼠标直接操作

将光标移至绘图区，向前滚动鼠标滚轮，可放大图面；向后滚动鼠标滚轮，可缩小图面；按住鼠标滚轮并移动鼠标，可平移图面。

2）用导航栏进行操作

在绘图区右侧的导航栏中单击"范围缩放"按钮 下方的 按钮，然后在弹出的下拉菜单中选择相应的菜单项，可对图面进行不同程度的放大或缩小。在导航栏中单击"平移"按钮 ，光标将变为 ，此时按住鼠标左键并移动鼠标，可平移图面；按 Esc 键或 Enter 键，可结束图面的平移状态。

4．图层的设置

图层用于控制图形元素的颜色、线型等属性及显示状态。用 AutoCAD 2022 绘制机械图样时，新建的图形文件由于只有一个"0"图层，无法满足要求，因此需要创建其他图层并对其属性进行设置。下面以"中心线"图层的设置为例来介绍图层的设置方法。

1）创建图层

在"默认"选项卡的"图层"面板中单击"图层特性"按钮 ，打开"图层特性管理器"选项板。单击该选项板中的"新建图层"按钮 ，可创建一个名称为"图层 1"的新图层。单击该图层的名称，在图层名称编辑框中输入"中心线"并按 Enter 键，即可将该图层重命名为"中心线"，如图 7-9 所示。

> **点拨**
>
> 当某一图层不再需要时，可在"图层特性管理器"选项板中选择要删除的图层，然后按 Delete 键，即可删除该图层。需要注意的是，"0"图层是不能被重命名和删除的。

2）设置图层的颜色

单击"中心线"图层所在行的"■白"选项，即可打开"选择颜色"对话框，然后在该对话框的"索引颜色"选项卡中选择"红"，最后单击"确定"按钮，即可将该图层颜色

项目七　AutoCAD 的基本操作及应用

设置为红色，如图 7-10 所示。

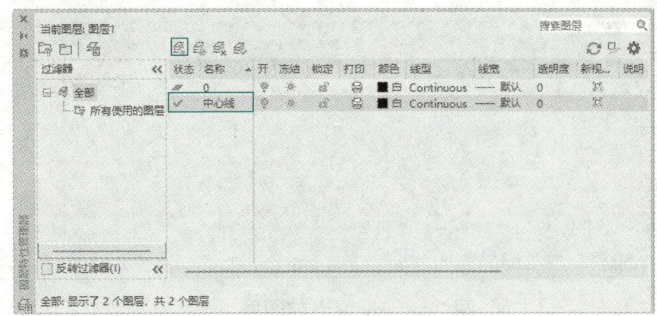

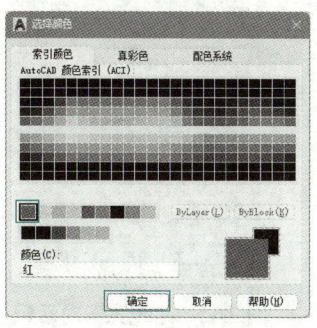

图 7-9　创建图层并重命名图层　　　　　　　　图 7-10　设置图层的颜色

3）设置图层的线型

选择"中心线"图层所在行的"Continuous"选项，打开"选择线型"对话框。默认情况下，"选择线型"对话框的线型列表中只有连续线型"Continuous"。此时，单击"选择线型"对话框中的"加载(L)…"按钮，在弹出的"加载或重载线型"对话框中选择线型"CENTER"并单击"确定"按钮，即可将该线型加载至"选择线型"对话框中，如图 7-11（a）所示；然后在"选择线型"对话框中的选择线型"CENTER"并单击"确定"按钮，即可完成"中心线"图层线型的设置，如图 7-11（b）所示。

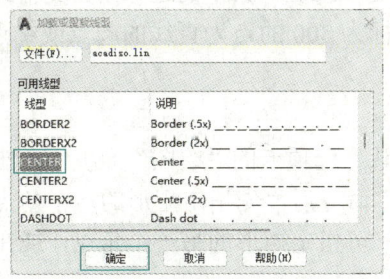
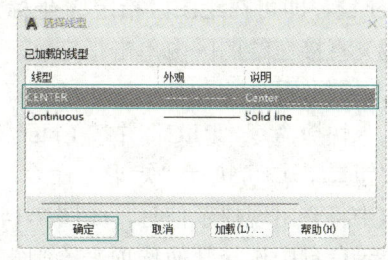

（a）"加载或重载线型"对话框　　　　　　　　（b）"选择线型"对话框

图 7-11　设置图层的线型

4）设置图层的线宽

在 AutoCAD 2022 中，新建的图层和"0"图层默认的线宽均为 0.25 mm，适用于细实线、虚线、细点画线、双点画线、波浪线和双折线等。若需要绘制粗实线、粗虚线和粗点画线，则可单击图层所在行的"———— 默认"选项，打开"线宽"对话框，然后从中选择"———— 0.5 mm"并单击"确定"按钮即可，如图 7-12 所示。

5）设置当前图层

在 AutoCAD 2022 中，所有绘图操作都是在当前图层中进行的。因此，要绘制中心线，首先要将"中心线"图层设置为当前图层。在"图层特性管理器"选项板中选择"中心线"图层，然后单击图 7-13 中的"置为当前"按钮，或双击"中心线"图层的名称，均可将"中心线"图层设置为当前图层。此时，"中心线"图层的名称前会显示 ✓ 标志。

213

机械制图与AutoCAD

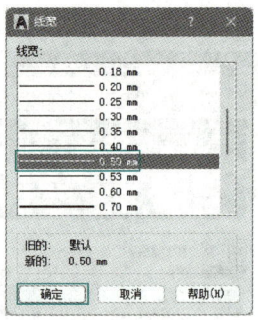

图 7-12 "线宽"对话框

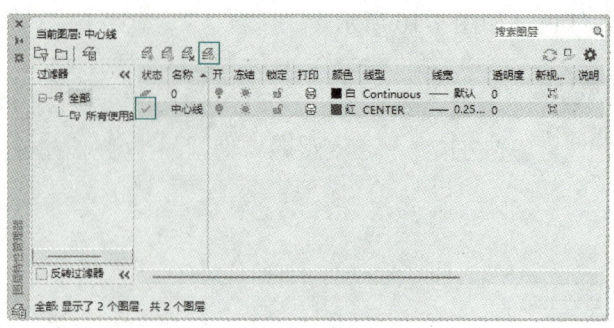

图 7-13 设置当前图层

二、AutoCAD 2022 的基本绘图命令

AutoCAD 2022 的基本绘图命令有绘制直线、绘制矩形、绘制正多边形、绘制圆、绘制圆弧、绘制椭圆、绘制椭圆弧和绘制样条曲线等。

1．绘制直线

输入快捷命令"L"并按 Enter 键，或在"默认"选项卡的"绘图"面板中单击"直线"按钮，均可执行"直线"命令。执行"直线"命令后，依次指定直线的起点和终点，即可完成直线的绘制。指定直线的起点和终点有以下两种方法。

（1）输入坐标并按 Enter 键。例如，输入坐标"200,300"（其中的逗号为英文格式）并按 Enter 键，即可在绘图区指定 X 坐标为 200、Y 坐标为 300 的点为直线的起点或终点。

（2）直接在绘图区内单击指定。

2．绘制矩形

输入快捷命令"REC"并按 Enter 键，或在"默认"选项卡的"绘图"面板中单击"矩形"按钮，均可执行"矩形"命令。执行"矩形"命令后，先指定矩形的一个角点，命令窗口中将会出现提示信息，如图 7-14 所示。此时，可指定矩形的另一个角点，或在命令窗口提示信息中选择其他选项来绘制矩形。

图 7-14 先指定矩形的一个角点后的命令窗口提示信息

例如，指定矩形的一个角点并在命令窗口提示信息中选择"尺寸(D)"选项后，依次输入矩形的长度和宽度，可绘制出指定尺寸的矩形，如图 7-15 所示。

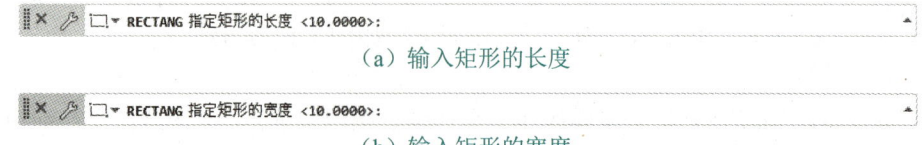

(a) 输入矩形的长度

(b) 输入矩形的宽度

图 7-15 选择"尺寸(D)"选项后绘制矩形的方法

3．绘制正多边形

输入快捷命令"POL"并按 Enter 键，或在"默认"选项卡的"绘图"面板中单击"矩

项目七　AutoCAD 的基本操作及应用

形"按钮 右侧的 按钮,在弹出的列表中选择"多边形"命令,均可执行"多边形"命令。

执行"多边形"命令后,先输入正多边形的边数,命令窗口中将会出现提示信息,如图 7-16 所示。此时,可指定正多边形的中心,然后在提示信息中选择"内接于圆(I)"或"外切于圆(C)"选项并输入外接圆或内切圆的半径来绘制正多边形;也可在提示信息中选择"边(E)"选项,然后依次指定正多边形一条边的两个端点来绘制正多边形。

图 7-16　输入正多边形边数后的提示信息

> **点拨**
>
> 在弹出列表中选择某项命令后,命令按钮将会随之变化,以便重复执行该命令时单击使用。

4. 绘制圆

绘制圆时,可在"默认"选项卡的"绘图"面板中的"圆"按钮 下方单击,在弹出的列表中选择所需命令,如图 7-17(a)所示。AutoCAD 2022 提供了 6 个绘制圆的命令,其操作方法如图 7-17(b)所示。

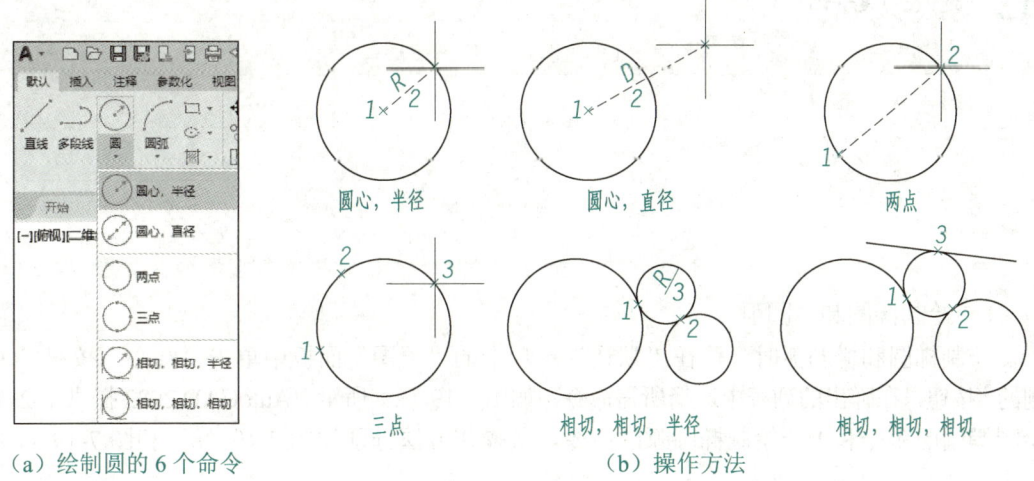

(a) 绘制圆的 6 个命令　　　　　　　　(b) 操作方法

图 7-17　绘制圆的 6 个命令及操作方法

5. 绘制圆弧

绘制圆弧时,可在"默认"选项卡的"绘图"面板中的"圆弧"按钮 下方单击,在弹出的列表中选择所需命令,如图 7-18(a)所示。AutoCAD 2022 提供了 11 个绘制圆弧的命令,其操作方法如图 7-18(b)所示。

> **点拨**
>
> 绘制圆弧时,圆弧是按逆时针方向生成的,该生成方向可通过按住 Ctrl 键进行切换。

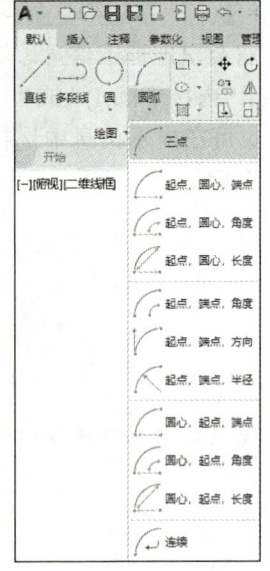 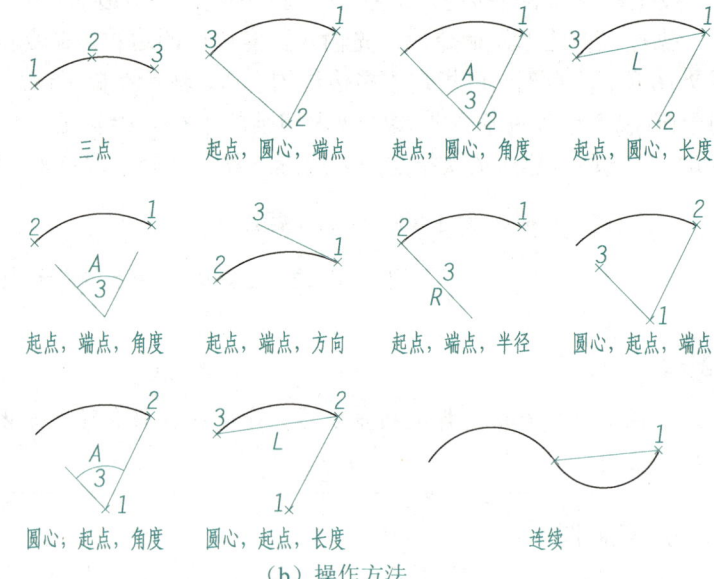

（a）绘制圆弧的 11 个命令　　　　　　　　　　　（b）操作方法

图 7-18　绘制圆弧的 11 个命令及操作方法

📋 随堂笔记

---

6. 绘制椭圆和椭圆弧

绘制椭圆和椭圆弧时，可在"默认"选项卡的"绘图"面板中单击"圆心"按钮右侧的 ▼ 按钮，在弹出的列表中选择所需命令，如图 7-19（a）所示。AutoCAD 2022 提供了 2 个绘制椭圆的命令和 1 个绘制椭圆弧的命令，其操作方法分别如图 7-19（b）和图 7-19（c）所示。

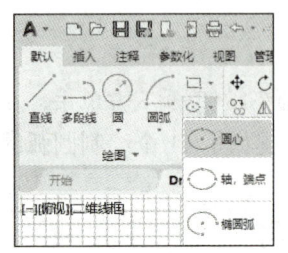 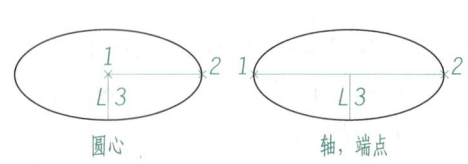 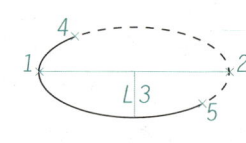

（a）绘制椭圆和椭圆弧的命令　　　　（b）绘制椭圆的操作方法　　　　（c）绘制椭圆弧的操作方法

图 7-19　绘制椭圆和椭圆弧的命令及操作方法

项目七　AutoCAD 的基本操作及应用

7. 绘制样条曲线

样条曲线是指经过或接近影响曲线形状的一系列点的平滑曲线，它的形状取决于所指定的一系列点的位置。绘制样条曲线时，可在"默认"选项卡的"绘图"面板中单击绘图▼按钮，然后在拓展面板中选择所需命令，如图 7-20（a）所示。AutoCAD 2022 提供了 2 个绘制样条曲线的命令，其操作方法如图 7-20（b）所示。

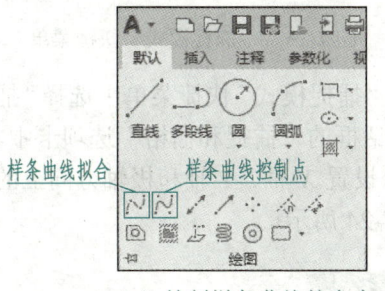

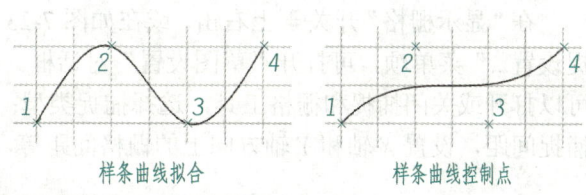

（a）绘制样条曲线的命令　　　　　　　　　　（b）操作方法

图 7-20　绘制样条曲线的命令及操作方法

三、AutoCAD 2022 的辅助绘图工具

AutoCAD 2022 提供了多种辅助绘图工具，如正交、捕捉和栅格、对象捕捉、极轴追踪、对象捕捉追踪等。利用辅助绘图工具，可以控制光标的移动距离，捕捉对象上的特征点或对其进行追踪，便于精确、快捷地绘制平面图形。

1. 正交

打开状态栏中的"正交"开关后，在绘制或编辑图形时，光标只能沿 X 轴和 Y 轴方向移动，如图 7-21 所示。此时，可以很方便地在这两个方向上创建和编辑对象。

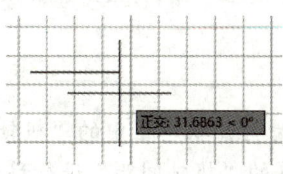

图 7-21　"正交"示例

2. 捕捉和栅格

捕捉可对光标的移动设定一个单位距离（即捕捉间距），它常与绘图区中的栅格配合使用。如图 7-22 所示，单击状态栏中的"显示栅格"开关，可控制是否显示栅格；单击状态栏中的"捕捉模式"开关，可打开或关闭捕捉工具。

打开捕捉工具后，单击"捕捉模式"开关右侧的按钮，可在如图 7-23 所示的"捕捉模式"快捷菜单中选择"栅格捕捉"或"极轴捕捉"菜单项。其中，选择"栅格捕捉"菜单项后可使光标在 X 轴和 Y 轴方向上按照所设置的捕捉间距进行移动，选择"极轴捕捉"菜单项后可使光标在极轴方向上按照所设置的捕捉间距进行移动。

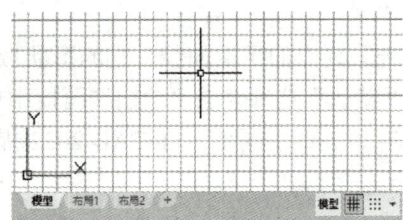
图 7-22 绘图区中的栅格

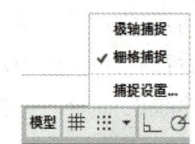
图 7-23 "捕捉模式"快捷菜单

在"显示栅格"开关 ⊞ 上右击，或在如图 7-23 所示的"捕捉模式"快捷菜单中选择"捕捉设置…"菜单项，可打开"草图设置"对话框。在该对话框的"捕捉和栅格"选项卡中，可以打开或关闭捕捉和栅格工具，选择捕捉类型；还可以设置 X 轴、Y 轴和极轴方向上的捕捉间距，设置 X 轴和 Y 轴方向上的栅格间距等，如图 7-24 所示。

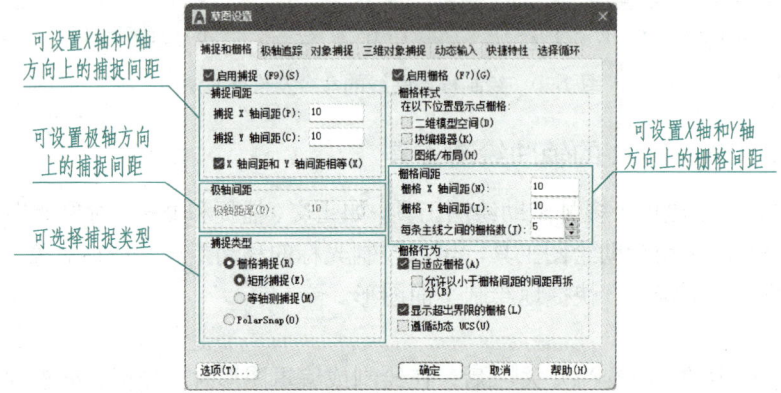

图 7-24 "草图设置"对话框的"捕捉和栅格"选项卡

点拨

使用极轴捕捉时，必须同时打开状态栏中的"极轴追踪"开关 ⌀，否则在执行绘图命令时光标将不能按照所设置的"极轴间距"进行移动。

随堂笔记

项目七　AutoCAD 的基本操作及应用

3．对象捕捉

打开状态栏中的"对象捕捉"开关，在绘制或编辑图形时可捕捉到对象的特征点，如端点、圆心和交点等。这些特征点可在"对象捕捉"开关上右击，然后在如图 7-25 所示的"对象捕捉"快捷菜单中选择；也可在"对象捕捉"快捷菜单中选择"对象捕捉设置…"菜单项，然后在"草图设置"对话框的"对象捕捉"选项卡中选择，如图 7-26 所示。

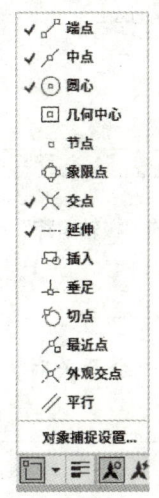

图 7-25　"对象捕捉"快捷菜单

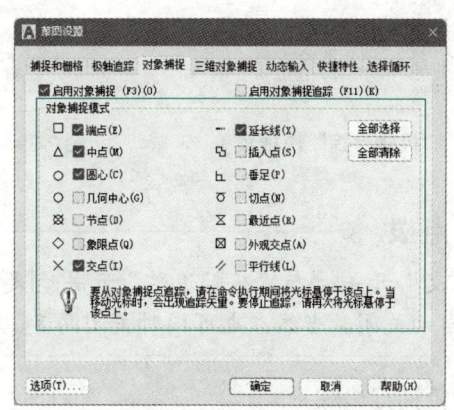

图 7-26　"草图设置"对话框的"对象捕捉"选项卡

4．极轴追踪

打开状态栏中的"极轴追踪"开关后，在绘制图形或编辑图形时，如果光标位于极轴上，则光标附近将出现一条极轴追踪线，以及距离和角度提示信息，如图 7-27 所示。

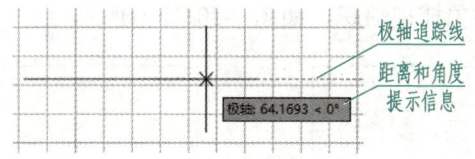

图 7-27　"极轴追踪"示例

执行绘图命令时，在状态栏中的"极轴追踪"开关上右击，或单击该开关右侧的按钮，然后在如图 7-28 所示的"极轴追踪"快捷菜单中选择所需极轴角，光标将只能沿所选极轴角方向移动。

若"极轴追踪"快捷菜单中没有所需要的极轴角，则可选择其中的"正在追踪设置…"菜单项，然后在"草图设置"对话框的"极轴追踪"选项卡中设置所需要的极轴角。此时，可在"极轴角设置"设置区中输入所需增量角，还可单击"新建"按钮，并在其左边的编辑框中添加所需要的附加角，如图 7-29 所示。

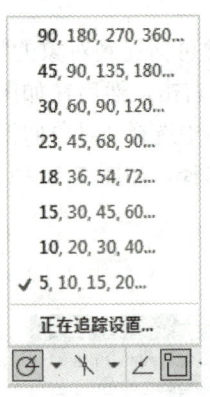 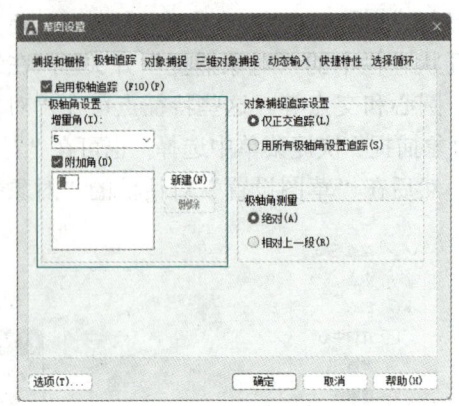

图 7-28 "极轴追踪"快捷菜单　　　　图 7-29 "草图设置"对话框的"极轴追踪"选项卡

> **点拨**
>
> "正交"开关 与"极轴追踪"开关是互斥的,打开其中一个开关时,另一个开关将自动关闭。当然,也可同时关闭两者。

5. 对象捕捉追踪

打开状态栏中的"对象捕捉追踪"开关,在绘制或编辑图形时,可在捕捉到对象上的特征点后,以该特征点为基点进行追踪。

对象捕捉追踪的模式取决于图 7-29 中"对象捕捉追踪设置"设置区中的设置。单击该设置区中的"仅正交追踪(L)"单选钮后,则只能在 X 轴和 Y 轴方向上进行对象捕捉追踪,如图 7-30(a)所示;单击该设置区中的"用所有极轴角设置追踪(S)"单选钮后,则可以在所有极轴方向上进行对象捕捉追踪,如图 7-30(b)所示。

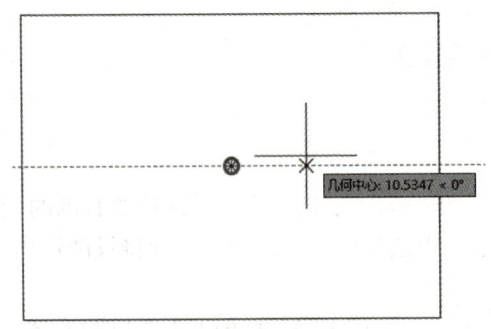 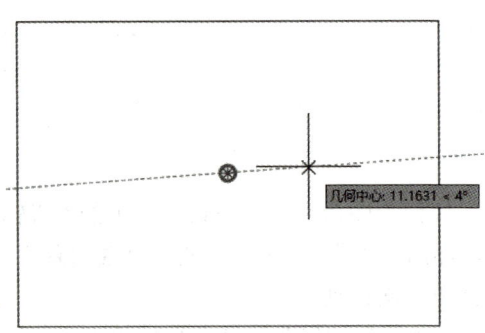

(a)在 X 轴方向上进行追踪　　　　　　(b)在极轴方向上进行追踪

图 7-30　不同的对象捕捉追踪模式示例

项目七 AutoCAD 的基本操作及应用

任务实施——用 AutoCAD 2022 绘制平面图形

1. 新建图形文件

打开 AutoCAD 2022，单击初始界面左侧的"新建"列表框，新建图形文件。

用 AutoCAD 2022 绘制平面图形

2. 设置图层

（1）分别创建名称为"中心线""粗实线"的新图层。
（2）将"中心线"图层的颜色设置为"红"，"粗实线"图层保持默认颜色"白"不变。
（3）将"中心线"图层的线型设置为"CENTER"，"粗实线"图层的线型保持不变。
（4）将"粗实线"图层的线宽设置为"0.50 mm"，"中心线"图层的线宽保持不变。
设置图层的结果如图 7-31 所示。

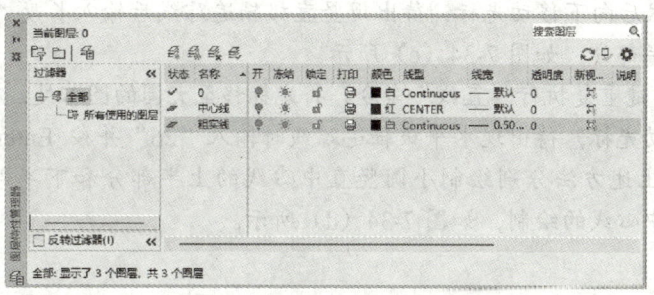

图 7-31 设置图层的结果

3. 设置辅助绘图工具

（1）关闭状态栏中的"显示栅格"开关和"捕捉模式"开关，打开"极轴追踪"开关、"对象捕捉追踪"开关、"对象捕捉"开关。
（2）右击"极轴追踪"开关，在弹出的快捷菜单中选择"90,180,270,360…"菜单项，如图 7-32 所示。
（3）右击"对象捕捉"开关，在弹出的快捷菜单中选择"端点""圆心""象限点""交点"菜单项，如图 7-33 所示。

图 7-32 选择极轴角　　图 7-33 选择对象捕捉的特征点

（4）打开状态栏中的"显示/隐藏线宽"开关 ≡。

4．绘制图形

1）绘制中心线

（1）将"中心线"设置为当前图层。

（2）输入快捷命令"L"并按 Enter 键，在绘图区的任意位置单击，然后向右移动光标，待出现如图 7-34（a）所示的水平极轴追踪线后输入长度"50"，以绘制水平中心线。利用鼠标或导航栏调整图面的大小和位置，以便观察图形。

（3）按 Enter 键重复执行"直线"命令，将光标移至水平中心线左端处，待出现"端点"提示信息后向右移动光标，待出现水平极轴追踪线时输入距离"14"，以指定大圆的圆心；接着沿竖直方向向上移动光标，待出现竖直极轴追踪线后输入长度"12"，以绘制大圆竖直中心线的上半部分，如图 7-34（b）所示。

（4）按 Enter 键重复执行"直线"命令，将光标移至大圆的圆心处，待出现"端点"提示信息后单击，然后向下移动光标，待出现竖直极轴追踪线后输入长度"12"，以绘制大圆竖直中心线的下半部分，如图 7-34（c）所示。

（5）按 Enter 键重复执行"直线"命令，将光标移至大圆的圆心处，待出现"端点"提示信息后向右移动光标，待出现水平极轴追踪线时输入"26"并按 Enter 键，以指定小圆的圆心；然后按上述方法分别绘制小圆竖直中心线的上半部分和下半部分（长度均输入"6"），即可完成中心线的绘制，如图 7-34（d）所示。

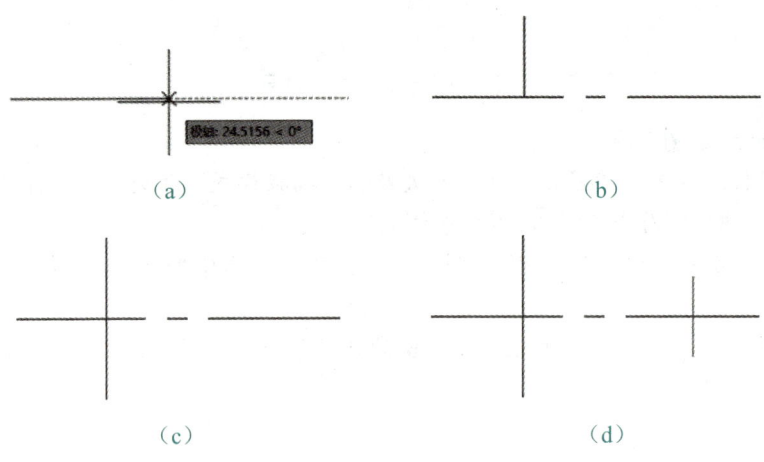

图 7-34　绘制中心线

2）绘制大圆和小圆

（1）将"粗实线"设置为当前图层。

（2）在"绘图"面板中的"圆"按钮 ⊙ 下方单击，在弹出的列表中选择"圆心，半径"命令。

（3）将光标移至大圆的圆心处，待出现"端点"提示信息后单击，然后输入半径"9"并按 Enter 键，即可完成大圆的绘制，如图 7-35（a）所示。

（4）按 Enter 键重复执行"圆心，半径"命令，将光标移至小圆的圆心处，待出现"端点"提示信息后单击，然后输入半径"2"并按 Enter 键，结果如图 7-35（b）所示。

项目七　AutoCAD 的基本操作及应用

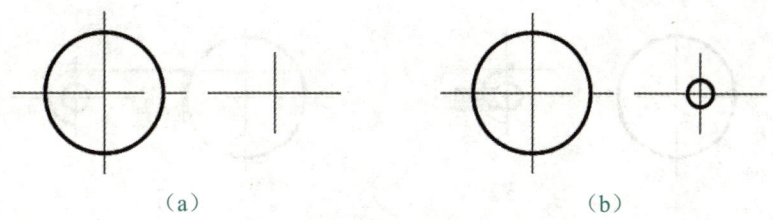

图 7-35　绘制大圆和小圆

3）绘制圆弧

（1）在"绘图"面板中的"圆弧"按钮下方单击，在弹出的列表中选择"圆心，起点，角度"命令。

（2）将光标移至小圆的圆心处，待出现如图 7-36（a）所示的"圆心"提示信息时单击，以指定圆弧的圆心。

（3）将光标从小圆的圆心处向下移动，待出现如图 7-36（b）所示的极轴追踪线时，输入半径"4"并按 Enter 键，然后输入角度"180"并按 Enter 键，结果如图 7-36（c）所示。

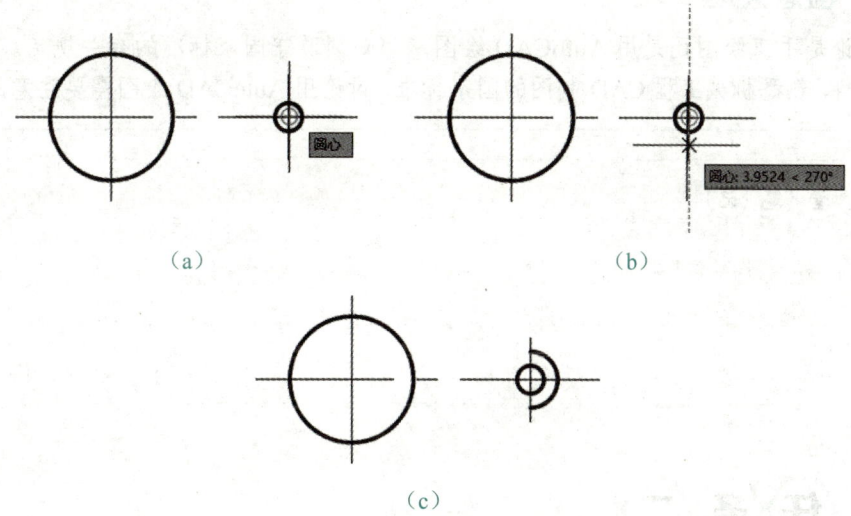

图 7-36　绘制圆弧

4）绘制大圆与小圆之间的直线

（1）输入快捷命令"L"并按 Enter 键，用光标捕捉如图 7-37（a）所示的"端点"并单击，然后沿水平极轴追踪线向左移动光标，待出现如图 7-37（b）所示的"交点"提示信息时单击，最后按 Enter 键结束命令，结果如图 7-37（c）所示。

（2）按 Enter 键重复执行"直线"命令，使用同样的方法依次捕捉并单击圆弧的下端点和水平极轴追踪线与大圆的交点，最后按 Enter 键结束命令，结果如图 7-37（d）所示。

5．保存图形

按快捷键"Ctrl+S"，在打开的"图形另存为"对话框中设置图形文件的存放位置，输入文件名，最后单击"保存(S)"按钮即可保存该图形文件。

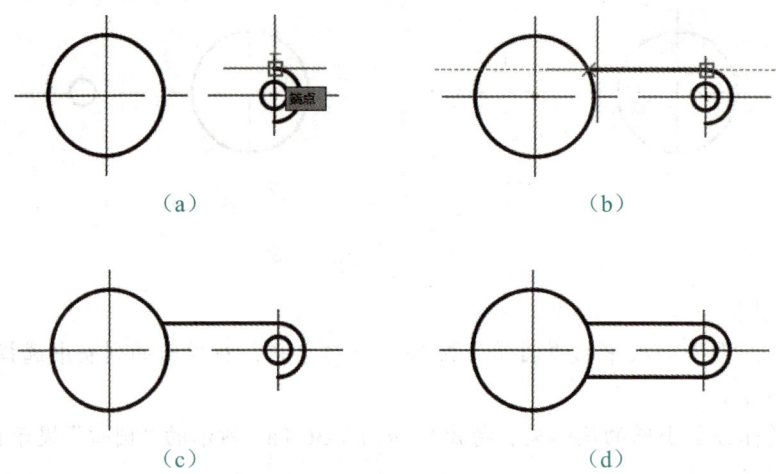

图 7-37 绘制大圆与小圆之间的直线

创想天地

无论是手工绘图还是用 AutoCAD 绘图,都必须遵守国家标准的有关规定。请查阅有关资料,熟悉机械工程 CAD 制图的国家标准,讨论用 AutoCAD 绘图需要注意的事项。

随堂笔记

用 AutoCAD 2022 绘制机械图样

任务引入

用 AutoCAD 2022 绘图时,仅用绘图命令只能完成一些简单图形的绘制,而机械图样的绘制还需要借助编辑、尺寸标注和文字注释的命令或工具才能完成。如图 7-38 所示,请用 AutoCAD 2022 绘制套筒零件的视图(要求标注尺寸和技术要求)。

项目七　AutoCAD 的基本操作及应用

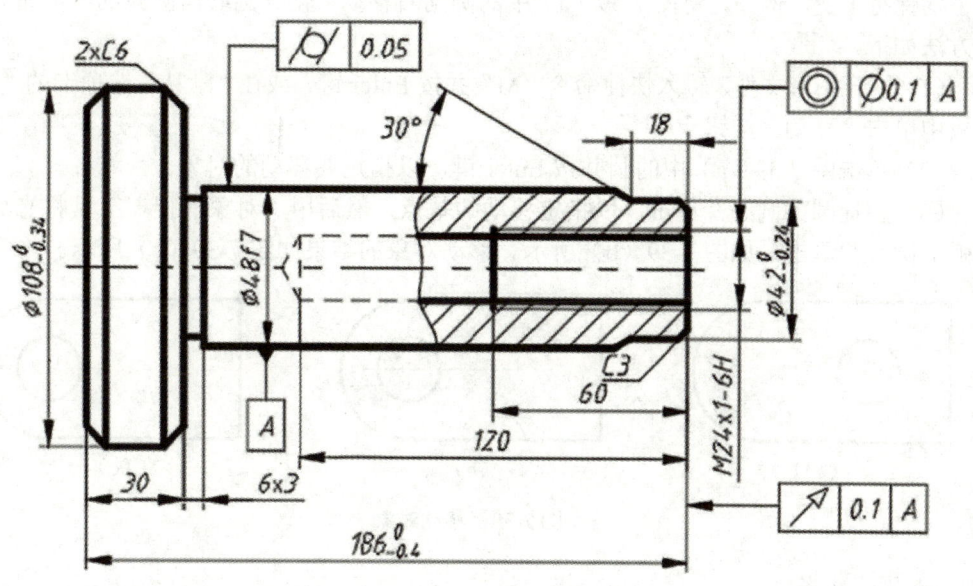

图 7-38　套筒零件的视图

本任务首先介绍 AutoCAD 2022 的基本编辑命令、文字注法和尺寸注法，然后介绍用 AutoCAD 2022 绘制机械图样的基本方法。

相关知识

一、AutoCAD 2022 的基本编辑命令

1. 选择与删除对象

1) 选择对象

AutoCAD 2022 中选择对象的方法很多，较常用的有单击、窗选和窗交三种。

（1）单击。将光标移到要选择的对象上后单击，可选择该对象。

（2）窗选。自左向右依次单击矩形框的两个对角点，则完全包含在该矩形框内的所有对象均被选择。

（3）窗交。自右向左依次单击矩形框的两个对角点，则完全包含在该矩形框内的对象和与该矩形区域相交的对象均被选择。

2) 删除对象

选择对象后，按 Delete 键可删除所选的对象。此时，也可在"默认"选项卡的"修改"面板中单击"删除"按钮，或输入快捷命令"E"并按 Enter 键来删除所选的对象。

2. 移动、旋转、修剪与延伸对象

1) 移动对象

使用"移动"命令可将所选对象从一个位置移动到另一个位置，并使该对象的方向和

大小均保持不变。例如，将图 7-39（a）中的圆向右移动，使其圆心与圆弧的圆心重合，操作方法如下。

（1）打开图形文件，输入快捷命令"M"并按 Enter 键，或在"默认"选项卡的"修改"面板中单击"移动"按钮✥。

（2）单击图 7-39（a）中的圆并按 Enter 键，以指定要移动的对象。

（3）捕捉圆的圆心并单击，以指定移动的基点，然后用"对象捕捉"工具将光标移至圆弧的圆心并单击，如图 7-39（b）所示。移动对象的结果如图 7-39（c）所示。

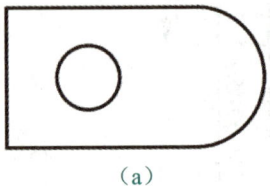 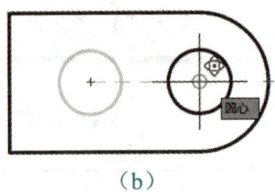 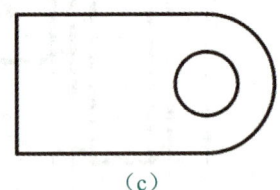

（a）　　　　　　　　　　（b）　　　　　　　　　　（c）

图 7-39　移动对象

2）旋转对象

使用"旋转"命令可将所选对象绕指定的点旋转一定角度，并可在旋转过程中根据需要选择是否保留源对象。例如，将图 7-40（a）中用窗交方式所选择的对象，绕同心圆的圆心按逆时针方向旋转 120°并进行复制，操作方法如下。

（1）打开图形文件，输入快捷命令"RO"并按 Enter 键，或在"默认"选项卡的"修改"面板中单击"旋转"按钮↻。

（2）采用窗交方式选择对象并按 Enter 键，以指定要旋转的对象，如图 7-40（a）所示；接着捕捉如图 7-40（b）所示的圆心并单击，以指定旋转的基点。

（3）选择命令窗口提示信息中的"复制(C)"选项，然后输入旋转角度"120"并按 Enter 键结束命令，结果如图 7-40（c）所示。

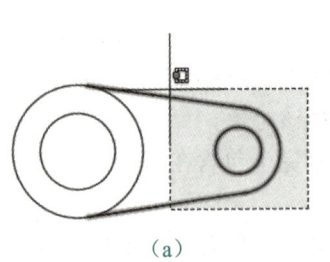 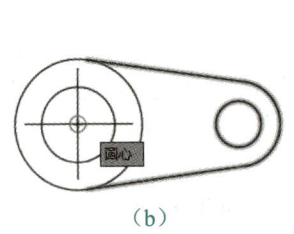 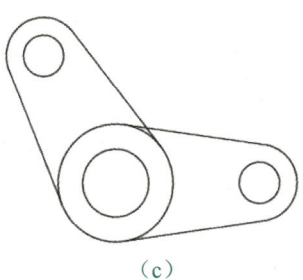

（a）　　　　　　　　　　（b）　　　　　　　　　　（c）

图 7-40　旋转并复制对象

3）修剪对象

使用"修剪"命令可修剪对象。例如，修剪图 7-41（a）中有"×"标记的 4 条线段，操作方法如下。

（1）打开图形文件，输入快捷命令"TR"并按 Enter 键，或在"默认"选项卡的"修改"面板中单击"修剪"按钮。

（2）分别选择图 7-41（a）中有"×"标记的 4 条线段，按 Enter 键结束命令，结果如

图 7-41（b）所示。

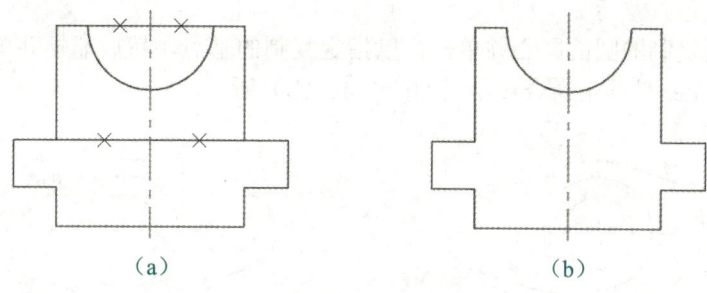

图 7-41 修剪对象

4）延伸对象

使用"延伸"命令可将直线、圆弧、椭圆弧和非闭合多段线延长至与指定边界相交的位置。例如，延伸图 7-42（a）中有"×"标记的两条虚线，使其与大圆的右半部分相交，操作方法如下。

（1）打开图形文件，输入快捷命令"EX"并按 Enter 键，或在"默认"选项卡的"修改"面板中单击"修剪"按钮右侧的·按钮，在弹出的列表中选择"延伸"命令。

（2）选择命令窗口提示信息中的"边界边(B)"选项，然后选择图 7-42（a）中的大圆并按 Enter 键，接着分别在要延伸的两条虚线的右侧部分单击，最后按 Enter 键结束命令，结果如图 7-42（b）所示。

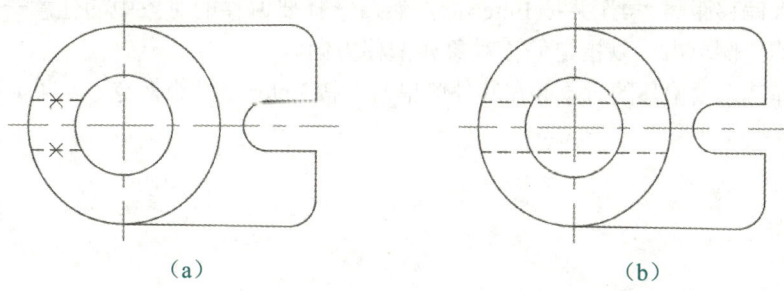

图 7-42 延伸对象

> **点拨**
>
> 采用单击、窗交等方式选择要延伸的对象时，其单击点的位置、窗交矩形框的位置都必须靠近延伸所指定边界的一侧。否则，系统将无法延伸对象或出现其他延伸结果。

3．复制、偏移、镜像与阵列对象

1）复制对象

使用"复制"命令可将一个或多个对象复制到指定位置。例如，复制图 7-43（a）中有"×"标记的圆及其竖直中心线，并使所复制的圆与右侧的圆弧同心，操作方法如下。

（1）打开图形文件，输入快捷命令"CO"或"CP"并按 Enter 键，或在"默认"选项卡的"修改"面板中单击"复制"按钮。

（2）选择图 7-43（a）中有"×"标记的圆及其竖直中心线并按 Enter 键，以指定要复制的对象。

（3）捕捉要复制的圆的圆心并单击，以指定复制的基点，然后捕捉并单击右侧圆弧的圆心，最后按 Enter 键结束命令，结果如图 7-43（b）所示。

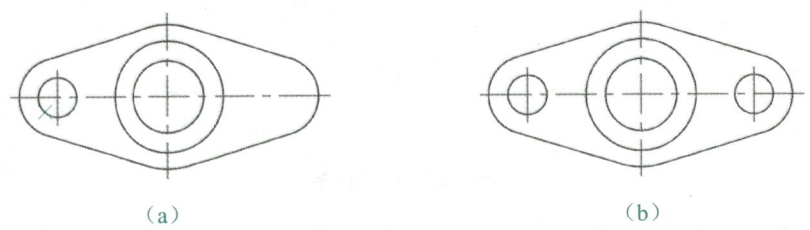

图 7-43　复制对象

2）偏移对象

使用"偏移"命令可创建与所选对象相似的对象，并使所创建的对象位于源对象的某一侧。在 AutoCAD 2022 中，可以被偏移的对象有直线、圆、圆弧、椭圆、椭圆弧、多边形、多段线、构造线、射线和样条曲线等，不能偏移的对象有点、块、文本和面域等。

例如，将图 7-44（a）中的外轮廓线向其外侧偏移 4 mm，操作方法如下。

（1）打开图形文件，输入快捷命令"O"并按 Enter 键，或在"默认"选项卡的"修改"面板中单击"偏移"按钮 。

（2）输入偏移距离"4"并按 Enter 键，然后选择要偏移的对象中的任意一个（圆弧或直线）并在其外侧单击，以指定偏移对象和偏移方向。

（3）选择其余要偏移的对象并在其外侧单击，按 Enter 键结束命令，结果如图 7-44（b）所示。

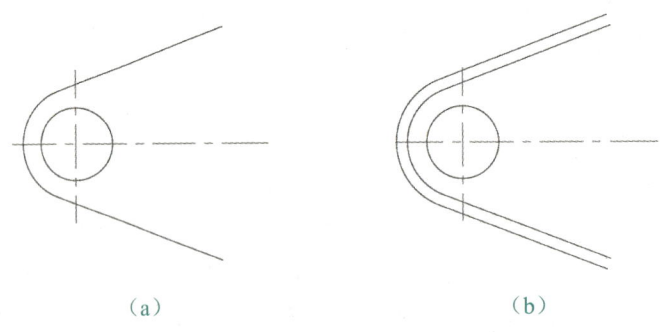

图 7-44　偏移对象

3）镜像对象

使用"镜像"命令可在由两点定义的镜像线的另一侧创建当前所选图形的对称图形。例如，将如图 7-45（a）所示的图形以长中心线为镜像线进行镜像，操作方法如下。

（1）打开图形文件，输入快捷命令"MI"并按 Enter 键，或在"默认"选项卡的"修改"面板中单击"镜像"按钮 。

（2）选择图 7-45（a）中长中心线左侧的所有对象并按 Enter 键，以指定要镜像的对象。

（3）依次捕捉并单击图 7-45（a）中长中心线的两个端点，以指定镜像线，然后选择命令窗口提示信息中的"否(N)"选项，结果如图 7-45（b）所示。

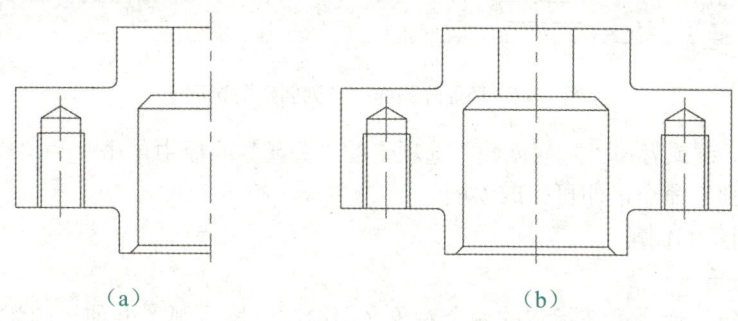

图 7-45 镜像对象

 点拨

镜像对象时，在指定要镜像的对象并指定镜像线后，若在命令窗口提示信息中选择"是(Y)"选项，则会删除源对象。

4）阵列对象

使用"阵列"命令可将所选对象按照指定排列方式和数量进行复制。AutoCAD 2022 提供了三个"阵列"命令，分别为"矩形阵列""环形阵列""路径阵列"。其中，绘制机械图样时常用的是"环形阵列"。

使用"环形阵列"命令可将要阵列的对象按照指定的中心点和数量以圆形或扇形的排列方式进行复制。例如，将图 7-46（a）绘制成图 7-46（b），操作方法如下。

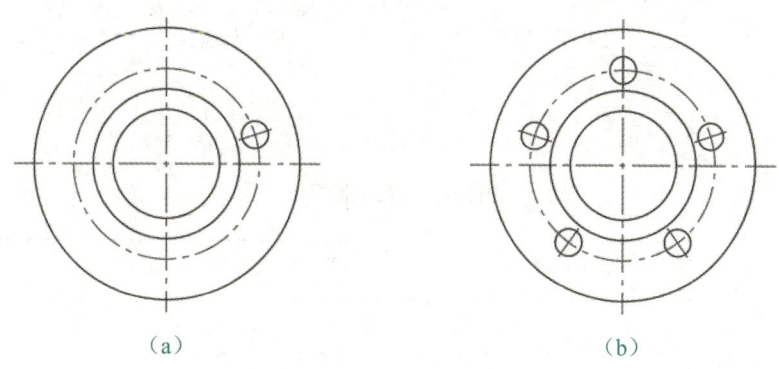

图 7-46 环形阵列

（1）打开图形文件，在"默认"选项卡的"修改"面板中单击"矩形阵列"按钮 右侧的 按钮，在弹出的列表中选择"环形阵列"命令。

（2）选择要阵列的小圆及其短中心线并按 Enter 键，以指定要阵列的对象。

（3）捕捉同心圆的圆心并单击，以指定阵列的中心点，然后在"阵列创建"选项卡"项目"面板的"项目数："和"填充："编辑框中输入数量和填充角度并依次按 Enter 键，如图 7-47 所示。

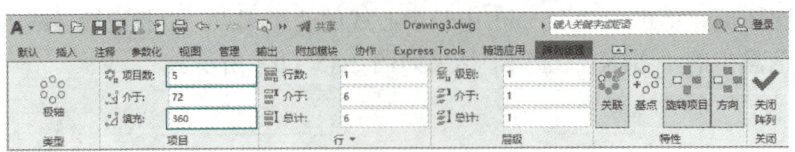

图 7-47　环形阵列的"阵列创建"选项卡

（4）按 Esc 键或者在"阵列创建"选项卡的"关闭"面板中单击"关闭阵列"按钮✓，结束"环形阵列"命令，即可完成绘图。

4．绘制圆角和倒角

1）绘制圆角

使用"圆角"命令可在指定的两个对象之间绘制一段圆弧，并使该圆弧与这两个对象相切。适用于"圆角"命令的对象有直线、圆、圆弧、椭圆弧、多段线、样条曲线等。例如，将图 7-48（a）中正方形的 4 个直角绘制成半径为 3 mm 的圆角，操作方法如下。

（1）打开图形文件，输入快捷命令"F"并按 Enter 键，或在"默认"选项卡的"修改"面板中单击"圆角"按钮⌒。

（2）选择命令窗口提示信息中的"半径(R)"选项，输入圆角半径"3"并按 Enter 键；接着选择命令窗口提示信息中的"多个(M)"选项，进入连续修圆角模式。

（3）依次选择图 7-48（a）中正方形相邻的两条边，相邻的两条边所夹直角将自动变为半径为 3 mm 的圆角，结果如图 7-48（b）所示。

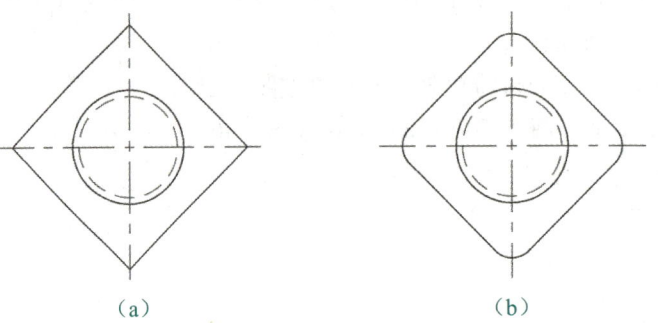

（a）　　　　　　　　　　　　　（b）

图 7-48　绘制圆角

2）绘制倒角

使用"倒角"命令可以在两条不平行的直线间绘制斜线，即用斜线连接两条不平行的直线。例如，将图 7-49（a）中矩形的 4 个直角绘制成倒角 C4，操作方法如下。

（1）打开图形文件，输入快捷命令"CHA"并按 Enter 键，或在"默认"选项卡的"修改"面板中单击"圆角"按钮⌒右侧的▼按钮，在弹出的列表中选择"倒角"命令。

项目七　AutoCAD 的基本操作及应用

（2）采用系统默认选择的修剪模式，选择命令窗口提示信息中的"距离(D)"选项，然后输入第一个倒角距离"4"并按 Enter 键，接着输入第二个倒角距离"4"并按 Enter 键，最后选择命令窗口提示信息中的"多个(M)"选项，进入连续修倒角状态。

（3）依次选择图 7-49（a）中矩形相邻的两条边，相邻的两条边所夹直角将自动变为倒角 C4，结果如图 7-49（b）所示。

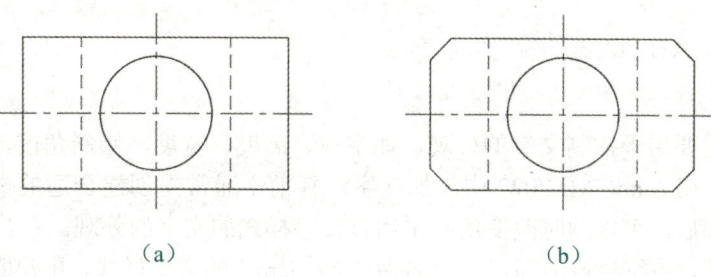

图 7-49　绘制倒角

5．绘制剖面线

AutoCAD 2022 中，剖面线通常采用"图案填充"命令来绘制。例如，在图 7-50（a）中的剖面区域内绘制如图 7-50（b）中所示剖面线，操作方法如下。

（1）打开图形文件，输入快捷命令"H"并按 Enter 键，或在"默认"选项卡的"绘图"面板中单击"图案填充"按钮▨，打开"图案填充创建"选项卡。

（2）在"图案填充创建"选项卡的"图案"面板中选择图案"ANSI31"，然后在"特性"面板的"角度"和"填充图案比例"编辑框中分别输入"0"和"1"，如图 7-50（c）所示。

（3）将光标移至图 7-50（a）中的剖面区域并单击，然后按 Enter 键结束"图案填充"命令，即可完成剖面线的绘制。

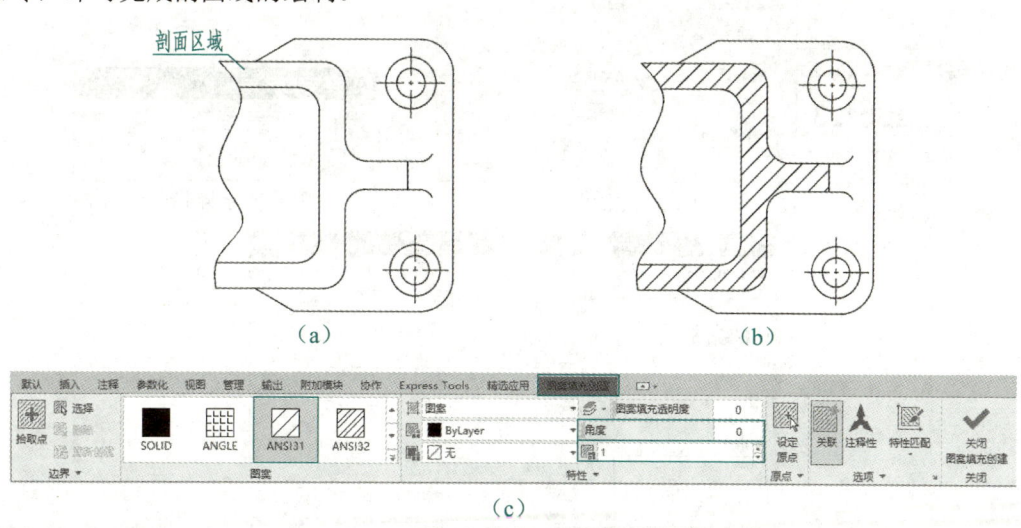

图 7-50　绘制剖面线

> **点拨**
>
> 在"图案填充创建"选项卡的"图案"面板中选择"ANSI31"图案后,在"特性"面板的"角度"和"填充图案比例"编辑框中输入不同数值,可绘制出不同倾斜角度和间距的剖面线。

二、AutoCAD 2022 的文字注法

1. 创建文字样式

文字样式主要用于控制文字的外观,如字体、高度、宽度、倾斜角度,以及文字是否颠倒、反向等。在 AutoCAD 2022 中添加文字注释前,通常先创建合适的文字样式,这样在修改文字样式后,可以同时改变所有采用该文字样式的文字的外观。

默认情况下,系统会自动创建一个名为"Standard"的文字样式,用户既可以对该文字样式进行修改,也可以新建文字样式。例如,新建一个用于注写数字和字母的文字样式(字体为 gbeitc.shx 和 gbcbig.shx,宽度因子为 1),操作方法如下。

(1)输入快捷命令"ST"并按 Enter 键,或单击"注释"选项卡中"文字"面板右下角的 按钮,打开"文字样式"对话框,如图 7-51(a)所示。

(2)单击"文字样式"对话框中的"新建(W)..."按钮,打开"新建文字样式"对话框,如图 7-51(b)所示。此时,可在该对话框中输入文字样式的名称,如输入"数字与字母",最后单击"确定"按钮,即可创建新的文字样式,如图 7-51(c)所示。

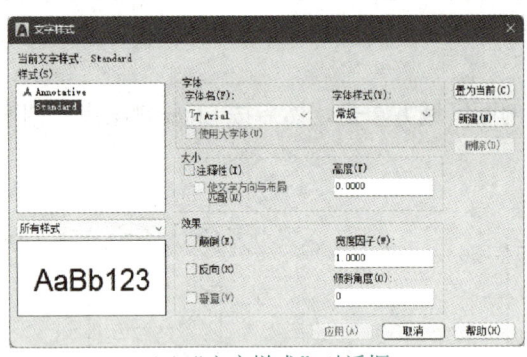

(a)"文字样式"对话框

(b)"新建文字样式"对话框

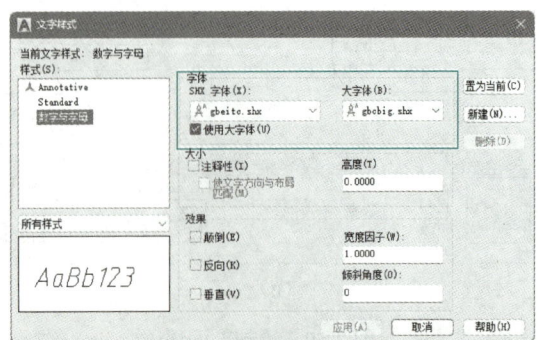

(c)设置字体样式

图 7-51 新建文字样式

（3）返回"文字样式"对话框，在"字体"选区的"字体名(F)："列表框中选择"gbeitc.shx"选项，以指定数字和字母的字体；然后勾选"使用大字体(U)"复选框，此时字体选区的"字体名(F)："将变为"SHX 字体(X)："，而"字体样式(Y)："将变为"大字体(B)："；在"大字体(B)："列表框中选择"gbcbig.shx"选项，以指定运算符的字体。

> **点拨**
>
> 使用 gbenor.shx 字体注写的数字和字母为正体，使用 gbetic.shx 字体注写的数字和字母为斜体。只有在"字体名(F)："列表框中选择 SHX 字体时，"使用大字体(U)"复选框才处于激活状态。

（4）依次单击"应用"和"关闭"按钮，完成文字样式的设置。此时，系统会将所创建的文字样式设为当前文字样式。

2. 添加文字注释

在 AutoCAD 2022 中，可使用"单行文字"和"多行文字"命令为图形添加文字注释。其中，"单行文字"命令通常用于注写简短的文字，如标题栏中的文字、对象的标记等；"多行文字"命令通常用于注写冗长的文字，如技术要求、工艺流程等。

"单行文字"和"多行文字"命令可在"注释"面板中"文字"按钮**A**的下方单击，在弹出的列表中选择，如图 7-52 所示。

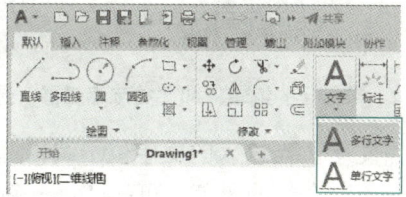

图 7-52 "单行文字"和"多行文字"命令的选择列表

1）单行文字

使用"单行文字"命令注写文字的操作方法如下。

（1）在如图 7-52 所示的选择列表中选择"单行文字"命令，命令窗口中将出现提示信息，如图 7-53 所示。如果需要设置文字的对正方式，可选择"对正(J)"选项，然后在出现的提示信息中选择即可。否则，在绘图区中的合适位置单击，以指定文字的起点。

（2）按照如图 7-53（b）和图 7-53（c）所示的命令窗口提示信息，分别输入文字的高度和旋转角度并按 Enter 键。若采用系统默认值，可不输入任何信息而直接按 Enter 键。

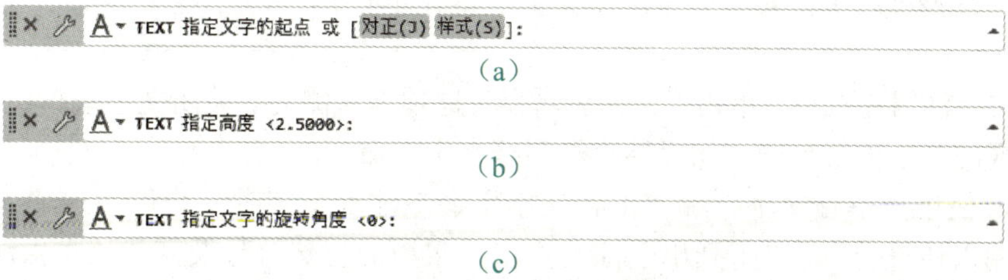

（a）

（b）

（c）

图 7-53 使用"单行文字"命令注写文字时的命令窗口提示信息

（3）在绘图区出现的编辑框中输入所需文字。若要输入下一行文字，可按 Enter 键后继续输入。否则，按两次 Enter 键结束命令。

> **点拨**
>
> 在使用"单行文字"命令注写的多行文字中，每一行文字都是一个独立的对象。

2）多行文字

使用"多行文字"命令注写文字的操作方法如下。

（1）在如图 7-52 所示的选择列表中选择"多行文字"命令，然后按照命令窗口提示信息指定编辑框的两个角点。此时，绘图区中会出现一个带标尺的编辑框，而且功能区中会显示"文字编辑器"选项卡，如图 7-54 所示。利用"文字编辑器"选项卡中的工具，可以设置文字的字体、颜色、宽度因子，以及段落的行距、对齐方式等。

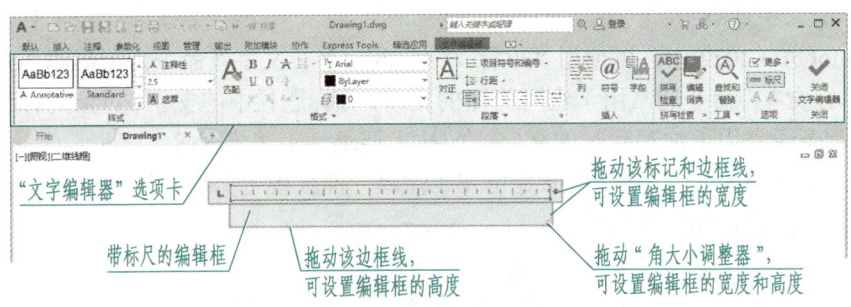

图 7-54 带标尺的编辑框和"文字编辑器"选项卡

（2）在编辑框内输入所需文字。当输入的文字位于编辑框的右边缘时，后续输入的文字将自动换行。若要在某处开始一个新的段落，可按 Enter 键；若要改变编辑框的宽度和高度，可按如图 7-54 所示的方法调整。

在编辑框内输入符号时，可在"文字编辑器"选项卡的"插入"面板中单击"符号"按钮@，然后在弹出的下拉列表中选择。若该下拉列表中没有所需符号，则可选择其中的"其他..."选项，然后在打开的"字符映射表"对话框中选择。

> **点拨**
>
> 在编辑框内输入分数和公差尺寸时，分别输入分子（或上极限偏差）和分母（或下极限偏差）的文字，其间使用"/""#""^"分隔，然后选择这一部分文字并在绘图区右击，在弹出的快捷菜单中选择"堆叠"菜单项即可。

（3）文字注写完成后，单击"文字编辑器"选项卡右侧的"关闭文字编辑器"按钮✓，或在绘图区的其他位置单击，均可结束"多行文字"命令。

此外，使用"单行文字"和"多行文字"命令注写文字时，均可通过输入所需符号的代码来输入该符号。表 7-1 列出了注写文字时常用的特殊符号及其代码，供注写文字时参考。

表 7-1 注写文字时常用的特殊符号及其代码

特殊符号	代码	特殊符号	代码
直径（φ）	%%C	几乎相等（≈）	\U+2248
正/负（±）	%%P	不相等（≠）	\U+2260
度数（°）	%%D	上标 2	\U+00B2
角度（∠）	\U+2220	下标 2	\U+2082

三、AutoCAD 2022 的尺寸注法

1. 创建标注样式

在 AutoCAD 2022 中标注尺寸时，应先创建标注样式，然后打开状态栏中的"对象捕捉"开关，使用"尺寸标注"命令标注尺寸。

标注样式用于控制尺寸的外观，它主要定义了尺寸线和尺寸界线的显示与隐藏状态、尺寸线终端的样式和大小，尺寸数字的大小、位置和对齐方式等。在创建标注样式时，应预先创建好尺寸标注的图层和文字样式，然后按照以下步骤进行操作。

（1）输入快捷命令"D"并按 Enter 键，或单击"注释"选项卡的"标注"面板右下角的 » 按钮，打开"标注样式管理器"对话框，如图 7-55 所示。

（2）单击"标注样式管理器"对话框中的"新建(N)…"按钮，打开"创建新标注样式"对话框，然后在该对话框中输入新样式名、选择基础样式及新样式的适用范围。例如，输入新样式名"GB-35"，基础样式及新样式的适用范围保持默认选项不变，如图 7-56 所示。

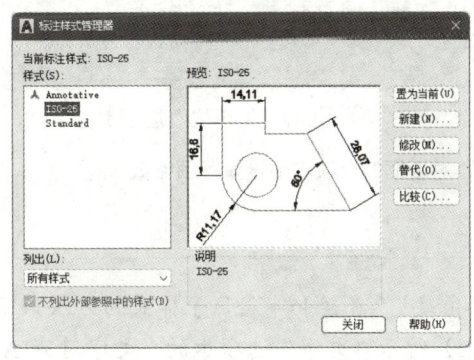

图 7-55 "标注样式管理器"对话框

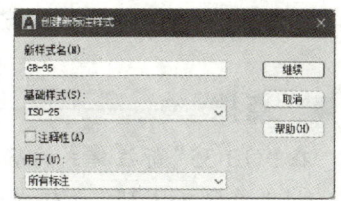

图 7-56 "创建新标注样式"对话框

（3）单击"创建新标注样式"对话框中的"继续"按钮，在弹出"新建标注样式：GB-35"对话框后，分别在"线""符号和箭头""文字""主单位"等选项卡中设置各项参数，如图 7-57 所示。

（4）依次单击"新建标注样式：GB-35"对话框中的"确定"按钮和"标注样式管理器"对话框中的"关闭"按钮，完成"GB-35"标注样式的创建。

（5）在"GB-35"标注样式的基础上，按上述方法分别创建"角度""直径和半径"等子样式，以满足国家标准对不同类型尺寸的标注要求。

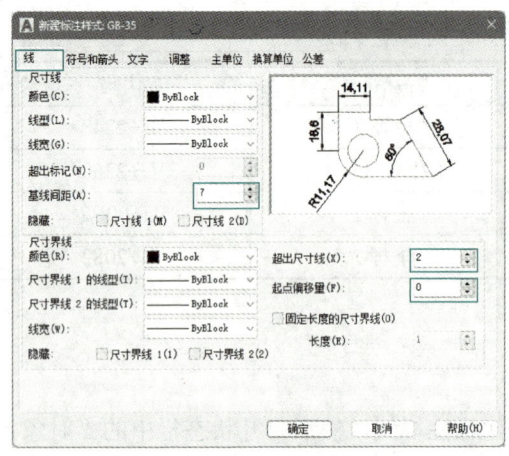

(a)"线"选项卡 　　　　　　　　(b)"符号和箭头"选项卡

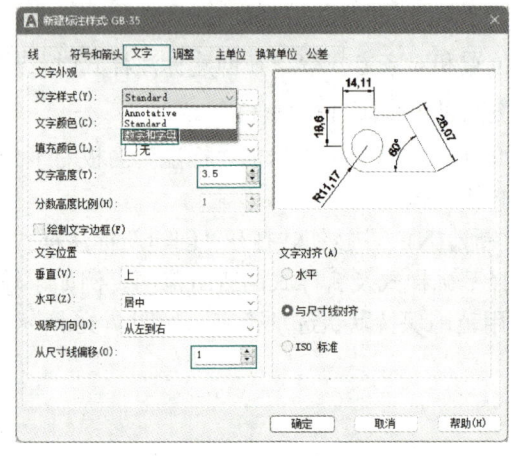 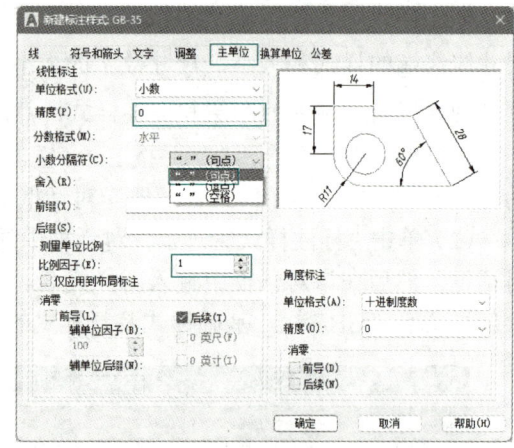

(c)"文字"选项卡 　　　　　　　　(d)"主单位"选项卡

图 7-57　在"新建标注样式：GB-35"对话框的选项卡中设置各项参数

> **点拨**
>
> 在"GB-35"标注样式的基础上，创建"角度""直径和半径"子样式的方法如下。
> ① "角度 GB-35"子样式：在图 7-57（c）所示"文字"选项卡的"文字对齐(A)"选项区中选择"水平"选项，并在"文字位置"选项区的"垂直(V)："选项栏中选择"外部"选项。
> ② "直径和半径 GB-35"子样式：在图 7-57（c）所示"文字"选项卡的"文字对齐(A)"选项区中选择"ISO 标准"选项，并在"调整"选项卡的"调整选项"选项区中选择"文字"选项。

2. 常用的尺寸标注命令

在"注释"选项卡的"标注"面板中单击"线性"按钮右侧的按钮，可在如图 7-58 所示的弹出列表中选择各尺寸标注命令，其功能和标注方法如表 7-2 所示。

项目七 AutoCAD 的基本操作及应用

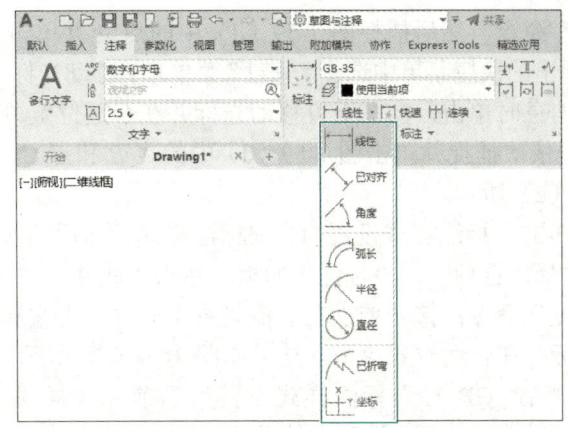

图 7-58 尺寸标注命令的弹出列表

表 7-2 尺寸标注命令的功能和标注方法

命令	功能	标注方法
线性	标注两点之间水平或竖直方向上的距离	依次单击尺寸界线的起点、终点和尺寸数字的位置
已对齐	标注两点之间的直线距离，且所标注的尺寸线始终与标注点之间的连线平行	
角度	标注圆弧的角度、两条直线间的角度和三点间的夹角	选择可作为尺寸界限的两个对象，然后指定尺寸数字的位置
弧长	标注圆弧的长度，其中尺寸数字包含一个弧长符号，以便与其他标注区分开来	选择要标注的对象，然后指定尺寸数字的位置
半径	标注圆弧和圆的半径尺寸	
直径	标注圆弧和圆的直径尺寸	
已折弯	标注半径过大或圆心位于图纸（或布局）之外的圆弧的半径尺寸	选择标注对象，然后依次指定圆心的替代位置和两个折弯位置
坐标	基于当前坐标系标注任意点的 X 坐标或 Y 坐标	指定要标注的点，然后向 X 轴方向或 Y 轴方向移动光标并单击

下面以图 7-59（a）所示平面图形的尺寸标注为例，介绍尺寸标注命令的操作方法。

（1）打开图形文件，将"尺寸标注"图层设置为当前图层，将"GB-35"标注样式设置为当前标注样式。输入快捷命令"DLI"并按 Enter 键，或在"注释"选项卡的"标注"面板中单击"线性"按钮，依次捕捉并单击各线性尺寸界线的起点和终点，然后移动光标并在合适位置单击，以确定标注水平方向尺寸或竖直方向尺寸，结果如图 7-59（b）所示。

> **点拨**
>
> 选择线性尺寸后，单击线性尺寸数字上的夹点（选定对象后，在选定对象上显示的标记），在出现的快捷菜单中选择"随引线移动"菜单项，接着移动光标并单击，可将尺寸数字平移到合适的位置，如图 7-59（c）中的线性尺寸"6"。

（2）在"注释"选项卡的"标注"面板中单击"线性"按钮右侧的 按钮，在弹出的

237

列表中选择"已对齐"命令,然后捕捉图 7-59(d)中的点 A 并单击,按住 Ctrl 键或 Shift 键在绘图区右击,在弹出的快捷菜单中选择"垂直"菜单项;移动光标,待出现如图 7-59(d)所示的"垂足"提示信息时单击,向左下方移动光标并在合适位置单击;按 Enter 键重复执行"已对齐"命令,依次捕捉并单击图 7-59(d)中的点 B 和点 C,使用同样的方法标注尺寸,结果如图 7-59(e)所示。

(3)将"角度 GB-35"标注样式设置为当前标注样式,然后输入快捷命令"DAN"并按 Enter 键,或在"注释"选项卡的"标注"面板中单击"线性"按钮右侧的 按钮,在弹出的列表中选择"角度"命令;接着依次在右侧竖直中心线的上端和倾斜中心线的右端单击,向右上方移动光标并在合适位置单击,结果如图 7-59(f)所示。

(4)将"直径和半径 GB-35"标注样式设置为当前标注样式,然后输入快捷命令"DRA"并按 Enter 键,或在"注释"选项卡的"标注"面板中单击"线性"按钮右侧的 按钮,在弹出的列表中选择"半径"命令;接着在要标注半径的圆或圆弧上单击,移动光标并在合适位置单击,结果如图 7-59(g)所示。

(5)输入快捷命令"DDI"并按 Enter 键,或在"注释"选项卡的"标注"面板中单击"线性"按钮右侧的 按钮,在弹出的列表中选择"直径"命令;接着在要标注直径的圆或圆弧上单击,移动光标并在合适位置单击,结果如图 7-59(h)所示。

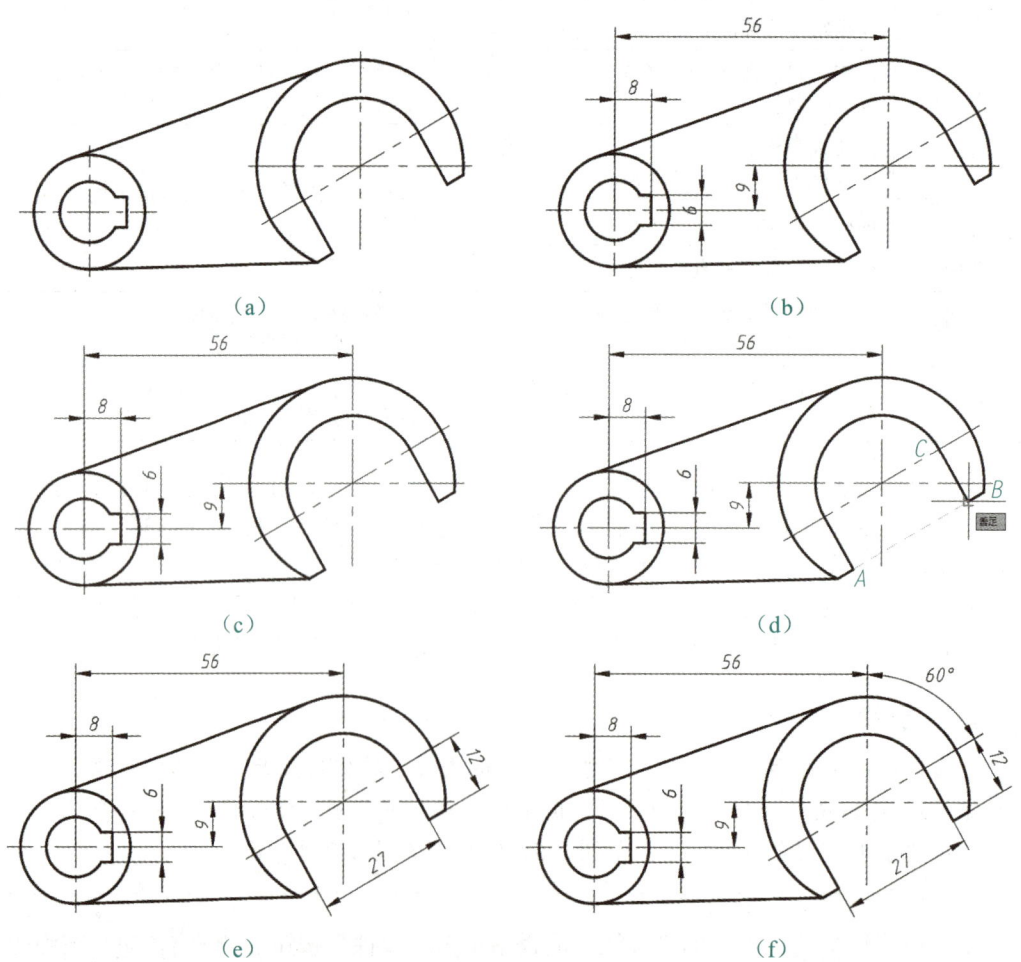

项目七　AutoCAD 的基本操作及应用

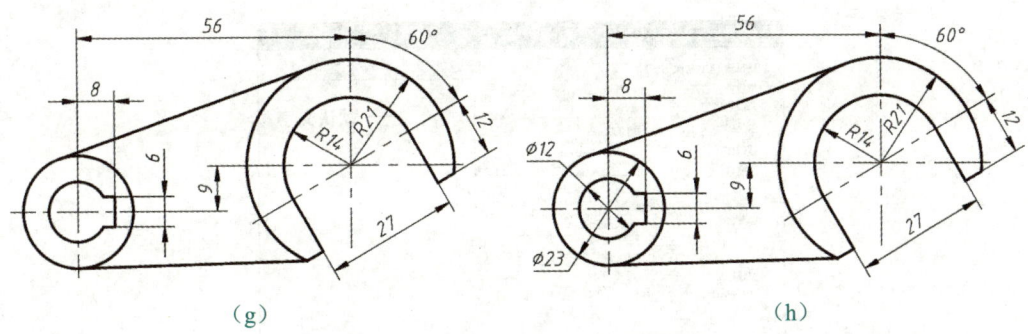

(g)　　　　　　　　　　　　　　　(h)

图 7-59　平面图形的尺寸注法

 点拨

若要标注带有公差的线性尺寸，可在标注完成该线性尺寸后双击该线性尺寸的尺寸数字，在尺寸数字后输入公差带号；或在出现的编辑框内分别输入上极限偏差和下极限偏差，其间用"^"分隔，然后选择这一部分文字并在绘图区右击，在弹出的快捷菜单中选择"堆叠"菜单项即可。

3．几何公差的标注

1）创建多重引线样式

在 AutoCAD 2022 中，标注几何公差、图形的倒角尺寸、装配图中各零件的序号等所用到的引线通常采用"多重引线"命令来绘制。在标注多重引线前，应根据需要创建合适的多重引线样式。例如，创建标注几何公差所用引线的多重引线样式，操作方法如下。

(1) 单击"注释"选项卡中"引线"面板右下角的 按钮，打开如图 7-60（a）所示的"多重引线样式管理器"对话框。在该对话框中点击"新建(N)…"按钮，打开如图 7-60（b）所示的"创建新多重引线样式"对话框并输入新样式名，如输入"几何公差标注"；保持"基础样式"为默认选项不变，然后单击"继续"按钮，即可打开"修改多重引线样式：几何公差标注"对话框，如图 7-61 所示。

(2) 分别在"修改多重引线样式：几何公差标注"对话框中的"引线格式""引线结构""内容"选项卡中设置多重引线样式的各项参数，如图 7-62 所示。

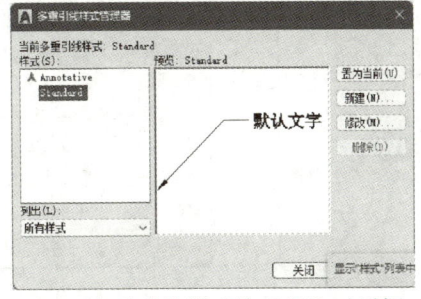　　　　　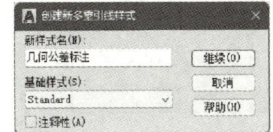

(a)"多重引线样式管理器"对话框　　　　(b)"创建新多重引线样式"对话框

图 7-60　创建新的多重引线样式

239

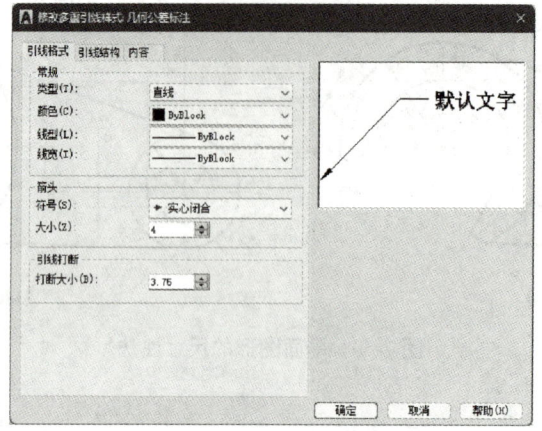

图 7-61 "修改多重引线样式：几何公差标注"对话框

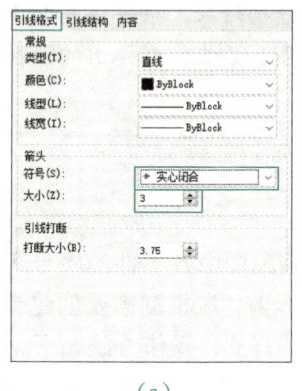
（a）

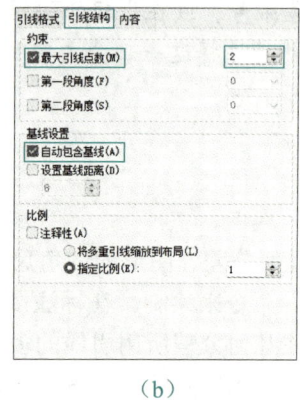
（b）

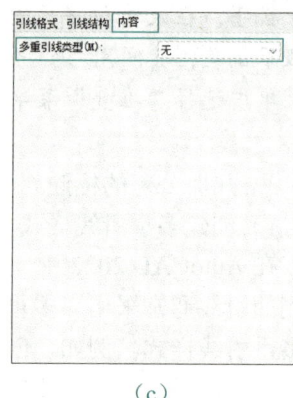
（c）

图 7-62 设置名为"几何公差标注"的多重引线样式的各项参数

（3）按上述方法创建名为"尺寸基准"的多重引线样式，并按图 7-63 设置多重引线样式的各项参数。

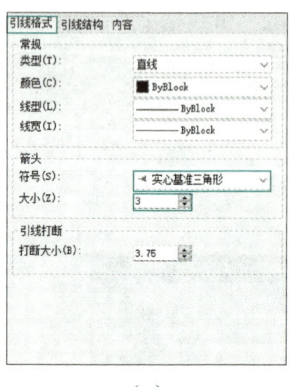
（a）

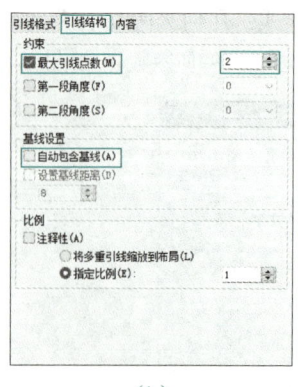
（b）

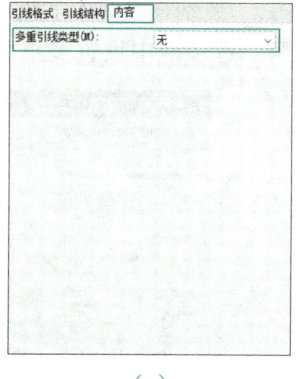
（c）

图 7-63 设置名为"尺寸基准"的多重引线样式的各项参数

> **点拨**
>
> "引线格式"选项卡中箭头的符号还有"圆点"和"无箭头"等选项,"内容"选项卡的多重引线类型还有"多行文字"和"块"选项,可在设置其他类型的多重引线样式时选择。

2) 标注几何公差

下面以如图 7-64 所示图形的几何公差为例,来介绍标注几何公差的方法。

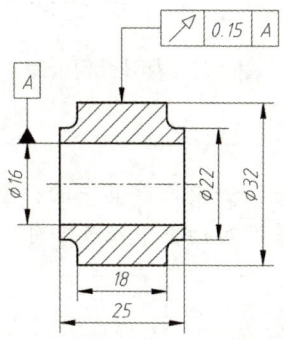

图 7-64 标注几何公差的图形

(1) 打开图形文件,按上述方法创建"几何公差标注"和"尺寸基准"多重引线样式。

(2) 分别按图 7-64 绘制尺寸基准引线和几何公差框格引线,如图 7-65(a)所示。

(3) 展开"注释"选项卡中的"标注"面板,然后单击其中的"公差"按钮,打开"形位公差"对话框,在该对话框中选择几何公差的几何特征符号,并输入公差值及基准代号字母,如图 7-65(b)所示;接着单击"形位公差"对话框中的"确定"按钮,捕捉图 7-65(a)中带箭头引线的末端并单击,结果如图 7-65(c)所示。

(4) 再次打开"形位公差"对话框,在"基准标识符"编辑框中输入基准代号字母"A",如图 7-65(d)所示;然后单击"形位公差"对话框中的"确定"按钮,在绘图区的空白处单击,接着用"移动"命令将基准符号框格调整至图 7-64 中相应的位置,即可完成几何公差的标注。

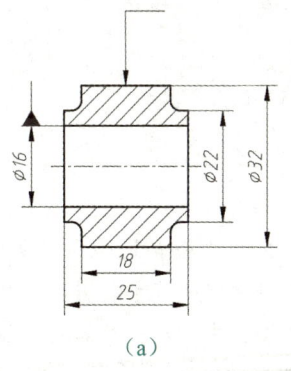

(a)

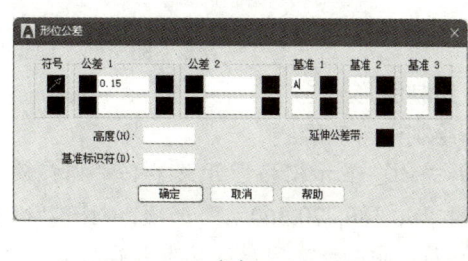

(b)

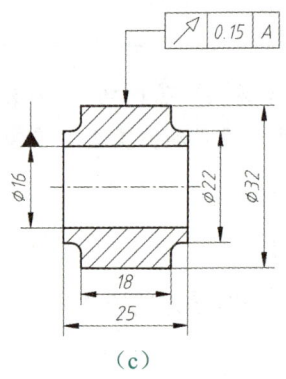
（c）

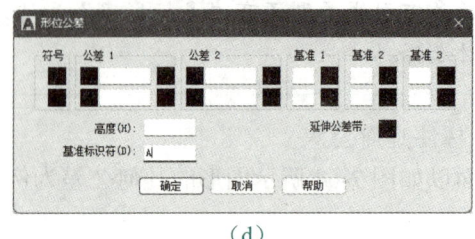
（d）

图 7-65　标注几何公差

> **点拨**
>
> 对于已经标注好的几何公差，若要修改其中的公差符号或公差值，可双击该几何公差，然后在打开的"形位公差"对话框中修改即可。

任务实施——用 AutoCAD 2022 绘制机械图样

1．新建图形文件

打开 AutoCAD 2022，新建图形文件。

2．创建并设置图层

分别创建"粗实线""中心线""虚线""剖面线""尺寸标注"图层，并按图 7-66 设置各图层。

用 AutoCAD 2022
绘制机械图样

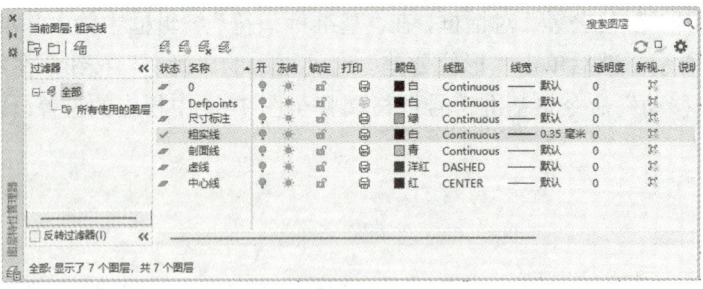

图 7-66　创建并设置图层

3．绘制图形

1）绘制图形轮廓线

（1）关闭"显示栅格"开关 和"捕捉模式"开关 ，打开"极轴追踪"开关 并选择极轴角"90,180,270,360…"选项，打开"对象捕捉追踪"开关 、"对象捕捉"开关 。

（2）将"中心线"图层设置为当前图层，用"直线"命令绘制中心线；然后将"粗实线"图层设置为当前图层，选择"矩形"和"直线"命令，绘制图形轮廓线，结果如图 7-67（a）所示。

(3)将"粗实线"图层设置为当前图层,选择极轴角"30,60,90,120…"选项,选择"直线"和"修剪"命令绘制和编辑套筒右端的图线,结果如图7-67(b)所示。

(a)   (b)

图 7-67   绘制图形轮廓线

2)绘制图形细节

(1)选择"倒角"命令,分别绘制倒角 $C6$ 和倒角 $C3$;选择"直线"命令,绘制倒角 $C6$ 的棱线、剖面区域的螺纹小径和螺纹终止线;将"0"图层设置为当前图层,选择"直线"命令绘制剖面区域的螺纹大径;选择"样条曲线"命令,绘制局部剖视图的分界线;将"虚线"图层设置为当前图层,选择"直线"命令,绘制未剖切部分的盲孔及其锥角,结果如图7-68(a)所示。

(2)选择"图案填充"命令,绘制剖面区域的剖面线,即可完成该图形的绘制,如图7-68(b)所示。

(a)   (b)

图 7-68   绘制图形细节

4. 标注尺寸和技术要求

1)创建标注样式和多重引线样式

创建"线性尺寸"标注样式,并在"线性尺寸"标注样式的基础上创建"角度"子样式。分别创建"倒角""基准""几何公差"多重引线样式。

2)标注尺寸和公差

将"尺寸标注"图层设置为当前图层、"线性尺寸"标注样式设置为当前标注样式,标注图中各线性尺寸和公差;然后将"角度"标注样式设为当前标注样式,标注图中的角度尺寸;最后将"倒角"多重引线样式设置为当前多重引线样式,选择"多重引线"命令,分别标注倒角 $C6$ 和 $C3$,结果如图7-69(a)所示。

3)标注几何公差

(1)将"几何公差"多重引线样式设置为当前多重引线样式,选择"多重引线"命令,在图中相应位置绘制几何公差的引线;然后选择"公差"命令,选择、输入几何公差框格中的内容;最后将几何公差框格置于相应引线的末端。按此方法分别标注各几何公差,结果如图7-69(b)所示。

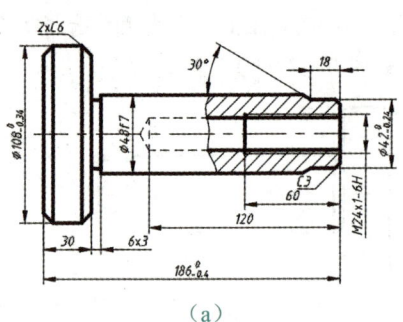
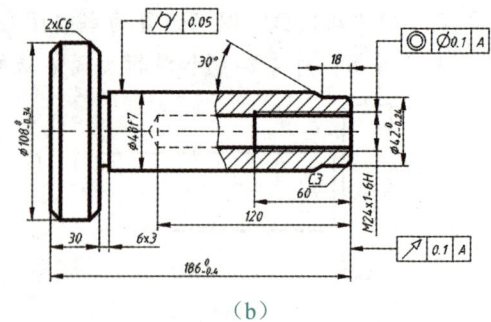

图 7-69　标注尺寸和技术要求

（2）将"基准"多重引线样式设置为当前多重引线样式，选择"多重引线"命令，在图中相应位置绘制基准框格的引线；然后选择"公差"命令，输入基准代号；最后将基准符号框格置于相应引线的末端，即可完成作图。

5. 保存图形文件

按快捷键"Ctrl+Shift+S"，然后将该文件以"套筒零件的视图"为名进行保存。

创想天地

目前，计算机辅助设计软件已广泛应用于多个工程领域。请查阅有关资料，了解机械制图中常用的计算机辅助设计软件有哪些，并熟悉它们各自的特点。

随堂笔记

思想启迪

工业软件作为软件技术进步的产物，不仅将工业技术、工艺经验、制造方法显性化、数字化、系统化，而且成为工业生产提质增效的"利器"。当前，我国工业化与信息化深度融合的步伐不断加快，产业加工深度与技术密集度持续提升，产业结构转型升级势头强劲，自主创新的理念日益深入人心。我国紧抓新一轮科技革命的历史机遇，推动了云计算、大数据、人工智能等新一代信息技术的蓬勃发展。我们坚信，在国家政策的有力支持下，广大科技工作者与产业界同仁携手并进、不畏艰难、持之以恒，我国工业软件必将实现高水平自主自强，谱写辉煌新篇章。

项目七 AutoCAD 的基本操作及应用

学习成果评价

指导教师对学生的实际学习成果进行评价，学生配合指导教师共同完成表 7-3。

表 7-3　学习成果评价表

班级		组号		日期	
姓名		学号		指导教师	
学习成果名称		AutoCAD 的基本操作及应用			
评价项目	评价内容		评价方式	满分/分	评分/分
知识 （40%）	AutoCAD 2022 的基本操作		理论测试	4	
	AutoCAD 2022 的基本绘图命令			10	
	AutoCAD 2022 的辅助绘图工具			8	
	AutoCAD 2022 的基本编辑命令			8	
	AutoCAD 2022 的文字注法			5	
	AutoCAD 2022 的尺寸注法			5	
技能 （40%）	用 AutoCAD 2022 绘制平面图形		实践检验	20	
	用 AutoCAD 2022 绘制机械图样			20	
素养 （20%）	积极参加教学活动，主动学习、思考、讨论		综合评判	6	
	认真负责，按时完成学习、实践任务			4	
	团结协作，与组员之间密切配合			4	
	服从指挥，遵守课堂和实训室纪律			4	
	守正创新，自信自强			2	
合计				100	
自我评价					
指导教师评价					

245

附　录

附表 I　普通螺纹直径、螺距（摘自 GB/T 192—2003、GB/T 193—2003、GB/T 196—2003）　单位：mm

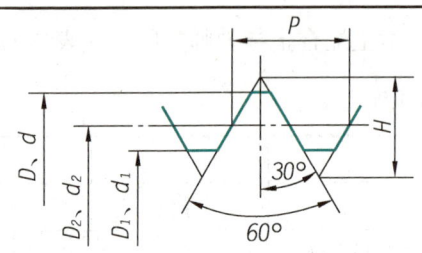

图中：
D——内螺纹大径（公称直径）；
d——外螺纹大径（公称直径）；
D_2——内螺纹的基本中径；
d_2——外螺纹的基本中径；
D_1——内螺纹的基本小径；
d_1——外螺纹的基本小径；
P——螺距；
H——原始三角形高度。

标记示例：
M16-6e（粗牙普通外螺纹、公称直径 d = M16、螺距 P = 2mm、中径及大径公差带均为6e、中等旋合长度、右旋）
M20×2-6G-LH（细牙普通内螺纹、公称直径 D = M20、螺距 P = 2mm、中径及小径公差带均为6G、中等旋合长度、左旋）

公称直径（D、d）			螺距（P）	
第一系列	第二系列	第三系列	粗牙	细牙
4	—	—	0.7	0.5
—	4.5	—	0.75	
5	—	—	0.8	
—	—	5.5	—	
6	—	—	1	0.75
—	7	—		
8	—	—	1.25	1、0.75
—	—	9		
10	—	—	1.5	1.25、1、0.75
—	—	11		1.5、1、0.75
12	—	—	1.75	1.25、1
—	14	—	2	1.5、1.25、1
—	—	15	—	
16	—	—	2	1.5、1
—	—	17	—	
—	18	—		
20	—	—	2.5	
—	22	—		2、1.5、1
24	—	—	3	
—	—	25	—	
—	—	26	—	1.5
—	27	—	3	2、1.5、1
—	—	28	—	
30	—	—	3.5	(3)、2、1.5、1
—	—	32	—	2、1.5
—	33	—	3.5	(3)、2、1.5
—	—	35	—	1.5
36	—	—	4	3、2、1.5
—	—	38	—	1.5
—	39	—	4	3、2、1.5

注：优先选用第一系列，其次是第二系列，第三系列尽可能不用；括号内的尽可能不用。

附表Ⅱ 普通螺纹公差带（摘自 GB/T 197—2018） 单位：mm

螺纹种类	精度	外螺纹的推荐公差带			内螺纹的推荐公差带		
		S	N	L	S	N	L
普通螺纹	精密	(3h4h) 4h	(4g) (5h4h)	(5g4g) (5h4h)	4H	5H	6H
	中等	(5g6g) (5h6h)	*6e *6f *6g *6h	(7e6e) (7g6g) (7h6h)	(5G) *5H	*6G *6H	(7G) *7H
	粗糙	—	(8e) 8g	(9e8e) (9g8g)	(7G) 7H	(8G) 8H	

注：1. 大量生产的紧固件螺纹，推荐采用带方框的公差带；带*的公差带优先选用，括号内的公差带尽可能不用。
　　2. 精密用于精密螺纹，中等用于一般用途的螺纹，粗糙用于制造螺纹有困难的场合。

附表Ⅲ 六角头螺栓（摘自 GB/T 5780—2016、GB/T 5781—2016） 单位：mm

六角头螺栓 C级（摘自 GB/T 5780—2016）

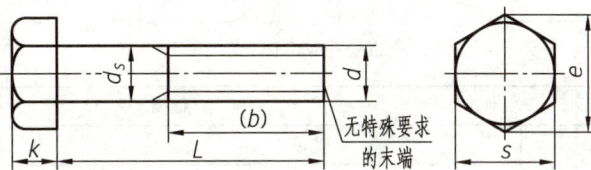

标记示例：
螺栓　GB/T 5780　M20×100
（螺纹规格为 M20、公称长度 l = 100、性能等级为 4.8 级、表面不经处理、产品等级为 C 级的六角头螺栓）

六角头螺栓 全螺纹 C级（摘自 GB/T 5781—2016）

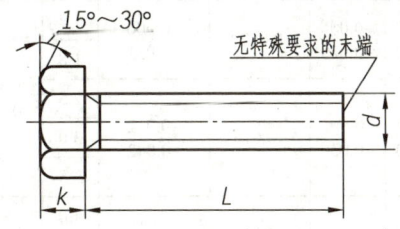 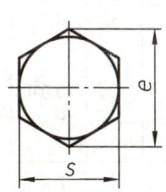

标记示例：
螺栓　GB/T 5781　M12×80
（螺纹规格为 M12、公称长度 l = 80、性能等级为 4.8 级、表面不经处理、产品等级为 C 级的六角头螺栓）

螺纹规格 d		M5	M6	M8	M10	M12	M16	M20	M24	M30	M36	M42	M48
$b_{参考}$	$l_{公称} \leqslant 125$	16	18	22	26	30	38	46	54	66	—	—	—
	$125 < l_{公称} \leqslant 200$	22	24	28	32	36	44	52	60	72	84	96	108
	$l_{公称} > 200$	35	37	41	45	49	57	65	73	85	97	109	121
$k_{公称}$		3.5	4.0	5.3	6.4	7.5	10	12.5	15	18.7	22.5	26	30
s_{max}		8	10	13	16	18	24	30	36	46	55	65	75
e_{min}		8.63	10.89	14.2	17.59	19.85	26.17	32.95	39.55	50.85	60.79	71.3	82.6
$d_{s\,max}$		5.48	6.48	8.58	10.58	12.7	16.7	20.84	24.84	30.84	37	43	49
l 范围	GB/T 5780—2016	25~50	30~60	40~80	45~100	55~120	65~160	80~200	100~240	120~300	140~360	180~420	200~480
	GB/T 5781—2016	10~50	12~60	16~80	20~100	25~120	30~160	40~200	50~240	60~300	70~360	80~420	100~480
l 系列		10、12、16、20~70（5进位）、80~150（10进位）、160~500（20进位）											

附表Ⅳ 普通型平键和键槽的尺寸（摘自 GB/T 1095—2003、GB/T 1096—2003） 单位：mm

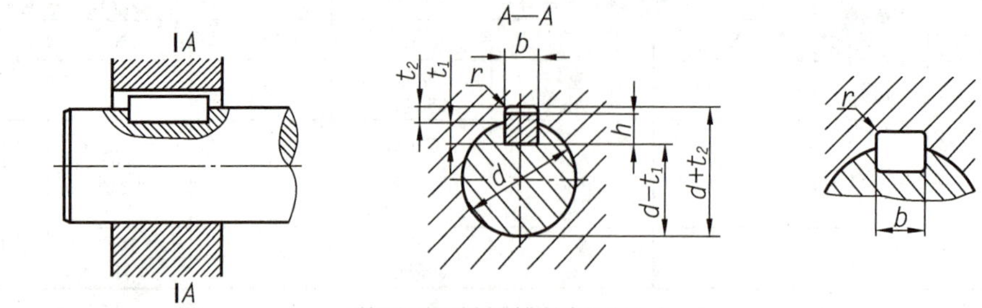

普通型平键键槽的剖面尺寸

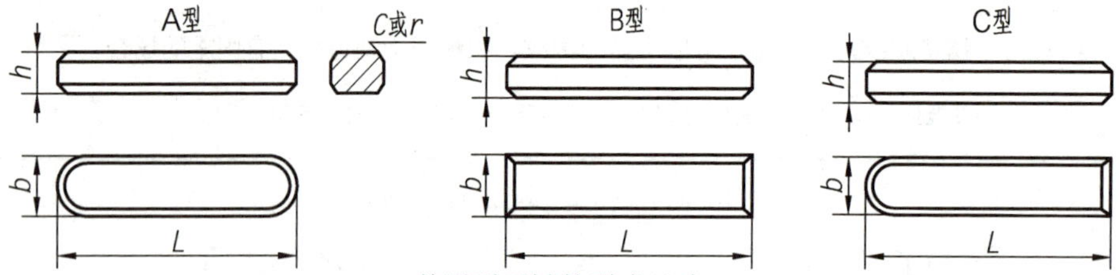

普通型平键的型式尺寸

轴径 d	键的尺寸			键槽									
	b	h	L	宽度 b					深度				半径 r
				基本尺寸	极限偏差				轴 t_1		毂 t_2		
					松连接	正常连接		紧密连接	基本尺寸	极限偏差	基本尺寸	极限偏差	
					轴 H9	毂 D10	轴 N9	毂 JS9	轴和毂 P9					min	max
6～8	2	2	6～20	2	+0.025 0	+0.060 +0.020	−0.004 −0.029	±0.012 5	−0.006 −0.031	1.2	+0.1 0	1.0	+0.1 0	0.08	0.16
>8～10	3	3	6～36	3						1.8		1.4			
>10～12	4	4	8～45	4	+0.030 0	+0.078 +0.030	0 −0.030	±0.015	−0.012 −0.042	2.5		1.8			
>12～17	5	5	10～56	5						3.0		2.3			
>17～22	6	6	14～70	6						3.5		2.8		0.16	0.25
>22～30	8	7	18～90	8	+0.036 0	+0.098 +0.040	0 −0.036	±0.018	−0.015 −0.051	4.0		3.3			
>30～38	10	8	22～110	10						5.0		3.3			
>38～44	12	8	28～140	12	+0.043 0	+0.120 +0.050	0 −0.043	±0.021 5	−0.018 −0.061	5.0	+0.2 0	3.3	+0.2 0	0.25	0.40
>44～50	14	9	36～160	14						5.5		3.8			
>50～58	16	10	45～180	16						6.0		4.3			
>58～65	18	11	50～200	18						7.0		4.4			
L 系列	6、8、10、12、14、16、18、20、22、25、28、32、36、40、45、50、56、63、70、80、90、100、110、125、140、160、180、200														

附表Ⅴ 滚动轴承（摘自 GB/T 276—2013、GB/T 297—2015、GB/T 301—2015） 单位：mm

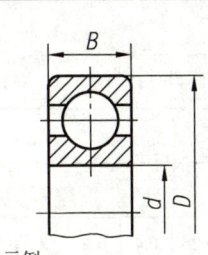

标记示例：
滚动轴承 6310 GB/T 276—2013
（深沟球轴承、内径 $d = 50$mm、直径系列代号为3）

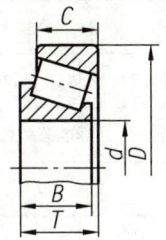

标记示例：
滚动轴承 30212 GB/T 297—2015
（圆锥滚子轴承、内径 $d = 60$mm、宽度系列代号为0、直径系列代号为2）

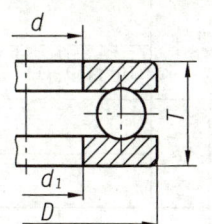

标记示例：
滚动轴承 51305 GB/T 301—2015
（推力球轴承、内径 $d = 25$mm、高度系列代号为1、直径系列代号为3）

尺寸系列	轴承型号	尺寸			尺寸系列	轴承型号	尺寸					尺寸系列	轴承型号	尺寸			
		d	D	B			d	D	B	C	T			d	D	T	d_1
02	6202	15	35	11	02	30203	17	40	12	11	13.25	12	51202	15	32	12	17
	6203	17	40	12		30204	20	47	14	12	15.25		51203	17	35	12	19
	6204	20	47	14		30205	25	52	15	13	16.25		51204	20	40	14	22
	6205	25	52	15		30206	30	62	16	14	17.25		51205	25	47	15	27
	6206	30	62	16		30207	35	72	17	15	18.25		51206	30	52	16	32
	6207	35	72	17		30208	40	80	18	16	19.75		51207	35	62	18	37
	6208	40	80	18		30209	45	85	19	16	20.75		51208	40	68	19	42
	6209	45	85	19		30210	50	90	20	17	21.75		51209	45	73	20	47
	6210	50	90	20		30211	55	100	21	18	22.75		51210	50	78	22	52
	6211	55	100	21		30212	60	110	22	19	23.75		51211	55	90	25	57
	6212	60	110	22		30213	65	120	23	20	24.75		51212	60	95	26	62
03	6302	15	42	13	03	30302	15	42	13	11	14.25	13	51304	20	47	18	22
	6303	17	47	14		30303	17	47	14	12	15.25		51305	25	52	18	27
	6304	20	52	15		30304	20	52	15	13	16.25		51306	30	60	21	32
	6305	25	62	17		30305	25	62	17	15	18.25		51307	35	68	24	37
	6306	30	72	19		30306	30	72	19	16	20.75		51308	40	78	26	42
	6307	35	80	21		30307	35	80	21	18	22.75		51309	45	85	28	47
	6308	40	90	23		30308	40	90	23	20	25.25		51310	50	95	31	52
	6309	45	100	25		30309	45	100	25	22	27.25		51311	55	105	35	57
	6310	50	110	27		30310	50	110	27	23	29.25		51312	60	110	35	62
	6311	55	120	29		30311	55	120	29	25	31.50		51313	65	115	36	67
	6312	60	130	31		30312	60	130	31	26	33.50		51314	70	125	40	72
04	6403	17	62	17	13	31305	25	62	17	13	18.25	14	51405	25	60	24	27
	6404	20	72	19		31306	30	72	19	14	20.75		51406	30	70	28	32
	6405	25	80	21		31307	35	80	21	15	22.75		51407	35	80	32	37
	6406	30	90	23		31308	40	90	23	17	25.25		51408	40	90	36	42
	6407	35	100	25		31309	45	100	25	18	27.25		51409	45	100	39	47
	6408	40	110	27		31310	50	110	27	19	29.25		51410	50	110	43	52
	6409	45	120	29		31311	55	120	29	21	31.50		51411	55	120	48	57
	6410	50	130	31		31312	60	130	31	22	33.50		51412	60	130	51	62
	6411	55	140	33		31313	65	140	33	23	36.00		51413	65	140	56	68
	6412	60	150	35		31314	70	150	35	25	38.00		51414	70	150	60	73
	6413	65	160	37		31315	75	160	37	26	40.00		51415	75	160	65	78

附表Ⅵ 标准公差数值（摘自 GB/T 1800.1—2020） 单位：mm

公称尺寸		标准公差等级																		
		IT01	IT0	IT1	IT2	IT3	IT4	IT5	IT6	IT7	IT8	IT9	IT10	IT11	IT12	IT13	IT14	IT15	IT16	IT17	IT18
大于	至	标准公差数值																		
		μm												mm						
—	3	0.3	0.5	0.8	1.2	2	3	4	6	10	14	25	40	60	0.1	0.14	0.25	0.4	0.6	1	1.4
3	6	0.4	0.6	1	1.5	2.5	4	5	8	12	18	30	48	75	0.12	0.18	0.3	0.48	0.75	1.2	1.8
6	10	0.4	0.6	1	1.5	2.5	4	6	9	15	22	36	58	90	0.15	0.22	0.36	0.58	0.9	1.5	2.2
10	18	0.5	0.8	1.2	2	3	5	8	11	18	27	43	70	110	0.18	0.27	0.43	0.7	1.1	1.8	2.7
18	30	0.6	1	1.5	2.5	4	6	9	13	21	33	52	84	130	0.21	0.33	0.52	0.84	1.3	2.1	3.3
30	50	0.6	1	1.5	2.5	4	7	11	16	25	39	62	100	160	0.25	0.39	0.62	1	1.6	2.5	3.9
50	80	0.8	1.2	2	3	5	8	13	19	30	46	74	120	190	0.3	0.46	0.74	1.2	1.9	3	4.6
80	120	1	1.5	2.5	4	6	10	15	22	35	54	87	140	220	0.35	0.54	0.87	1.4	2.2	3.5	5.4
120	180	1.2	2	3.5	5	8	12	18	25	40	63	100	160	250	0.4	0.63	1	1.6	2.5	4	6.3
180	250	2	3	4.5	7	10	14	20	29	46	72	115	185	290	0.46	0.72	1.15	1.85	2.9	4.6	7.2
250	315	2.5	4	6	8	12	16	23	32	52	81	130	210	320	0.52	0.81	1.3	2.1	3.2	5.2	8.1
315	400	3	5	7	9	13	18	25	36	57	89	140	230	360	0.57	0.89	1.4	2.3	3.6	5.7	8.9
400	500	4	6	8	10	15	20	27	40	63	97	155	250	400	0.63	0.97	1.55	2.5	4	6.3	9.7
500	630	—	—	9	11	16	22	32	44	70	110	175	280	440	0.7	1.1	1.75	2.8	4.4	7	11
630	800	—	—	10	13	18	25	36	50	80	125	200	320	500	0.8	1.25	2	3.2	5	8	12.5
800	1 000	—	—	11	15	21	28	40	56	90	140	230	360	560	0.9	1.4	2.3	3.6	5.6	9	14
1 000	1 250	—	—	13	18	24	33	47	66	105	165	260	420	660	1.05	1.65	2.6	4.2	6.6	10.5	16.5
1 250	1 600	—	—	15	21	29	39	55	78	125	195	310	500	780	1.25	1.95	3.1	5	7.8	12.5	19.5
1 600	2 000	—	—	18	25	35	46	65	92	150	230	370	600	920	1.5	2.3	3.7	6	9.2	15	23
2 000	2 500	—	—	22	30	41	55	78	110	175	280	440	700	1 100	1.75	2.8	4.4	7	11	17.5	28
2 500	3 150	—	—	26	36	50	68	96	135	210	330	540	860	1 350	2.1	3.3	5.4	8.6	13.5	21	33

附表Ⅶ 孔的极限偏差（摘自 GB/T 1800.2—2020） 单位：μm

公称尺寸/mm	A	B	C	D		E		F		G		H					
	\multicolumn{17}{c}{公差等级}
	11	11	12	11	9	10	8	9	8	9	6	7	6	7	8	9	10	11	12
>0~3	+330 +270	+200 +140	+240 +140	+120 +60	+45 +20	+60 +20	+28 +14	+39 +14	+20 +6	+31 +6	+8 +2	+12 +2	+6 0	+10 0	+14 0	+25 0	+40 0	+60 0	+100 0
>3~6	+345 +270	+215 +140	+260 +140	+145 +70	+60 +30	+78 +30	+38 +20	+50 +20	+28 +10	+40 +10	+12 +4	+16 +4	+8 0	+12 0	+18 0	+30 0	+48 0	+75 0	+120 0
>6~10	+370 +280	+240 +150	+300 +150	+170 +80	+76 +40	+98 +40	+47 +25	+61 +25	+35 +13	+49 +13	+14 +5	+20 +5	+9 0	+15 0	+22 0	+36 0	+58 0	+90 0	+150 0
>10~18	+400 +290	+260 +150	+330 +150	+205 +95	+93 +50	+120 +50	+59 +32	+75 +32	+43 +16	+59 +16	+17 +6	+24 +6	+11 0	+18 0	+27 0	+43 0	+70 0	+110 0	+180 0
>18~24	+430 +300	+290 +160	+370 +160	+240 +110	+117 +65	+149 +65	+73 +40	+92 +40	+53 +20	+72 +20	+20 +7	+28 +7	+13 0	+21 0	+33 0	+52 0	+84 0	+130 0	+210 0
>24~30																			
>30~40	+470 +310	+330 +170	+420 +170	+280 +120	+142 +80	+180 +80	+89 +50	+112 +50	+64 +25	+87 +25	+25 +9	+34 +9	+16 0	+25 0	+39 0	+62 0	+100 0	+160 0	+250 0
>40~50	+480 +320	+340 +180	+430 +180	+290 +130															
>50~65	+530 +340	+380 +190	+490 +190	+330 +140	+174 +100	+220 +100	+106 +60	+134 +60	+76 +30	+104 +30	+29 +10	+40 +10	+19 0	+30 0	+46 0	+74 0	+120 0	+190 0	+300 0
>65~80	+550 +360	+390 +200	+500 +200	+340 +150															
>80~100	+600 +380	+440 +220	+570 +220	+390 +170	+207 +120	+260 +120	+126 +72	+159 +72	+90 +36	+123 +36	+34 +12	+47 +12	+22 0	+35 0	+54 0	+87 0	+140 0	+220 0	+350 0
>100~120	+630 +410	+460 +240	+590 +240	+400 +180															
>120~140	+710 +460	+510 +260	+660 +260	+450 +200	+245 +145	+305 +145	+148 +85	+185 +85	+106 +43	+143 +43	+39 +14	+54 +14	+25 0	+40 0	+63 0	+100 0	+160 0	+250 0	+400 0
>140~160	+770 +520	+530 +280	+680 +280	+460 +210															
>160~180	+830 +580	+560 +310	+710 +310	+480 +230															
>180~200	+950 +660	+630 +340	+800 +340	+530 +240	+285 +170	+355 +170	+172 +100	+215 +100	+122 +50	+165 +50	+44 +15	+61 +15	+29 0	+46 0	+72 0	+115 0	+185 0	+290 0	+460 0
>200~225	+1 030 +740	+670 +380	+840 +380	+550 +260															
>225~250	+1 110 +820	+710 +420	+880 +420	+570 +280															
>250~280	+1 240 +920	+800 +480	+1 000 +480	+620 +300	+320 +190	+400 +190	+191 +110	+240 +110	+137 +56	+186 +56	+49 +17	+69 +17	+32 0	+52 0	+81 0	+130 0	+210 0	+320 0	+520 0
>280~315	+1 370 +1 050	+860 +540	+1 060 +540	+650 +330															
>315~355	+1 560 +1 200	+960 +600	+1 170 +600	+720 +360	+350 +210	+440 +210	+214 +125	+265 +125	+151 +62	+202 +62	+54 +18	+75 +18	+36 0	+57 0	+89 0	+140 0	+230 0	+360 0	+570 0
>355~400	+1 710 +1 350	+1 040 +680	+1 250 +680	+760 +400															
>400~450	+1 900 +1 500	+1 160 +760	+1 390 +760	+840 +440	+385 +230	+480 +230	+232 +135	+290 +135	+165 +68	+223 +68	+60 +20	+83 +20	+40 0	+63 0	+97 0	+155 0	+250 0	+400 0	+630 0
>450~500	+2 050 +1 650	+1 240 +840	+1 470 +840	+880 +480															

续表

公称尺寸/mm	JS		K		M		N		P		R		S		T		U
									公差等级								
	7	8	6	7	7	8	6	7	6	7	6	7	6	7	6	7	7
>0~3	±5	±7	0 −6	0 −10	−2 −12	−2 −16	−4 −10	−4 −14	−6 −12	−6 −16	−10 −16	−10 −20	−14 −20	−14 −24	—	—	−18 −28
>3~6	±6	±9	+2 −6	+3 −9	0 −12	+2 −16	−5 −13	−4 −16	−9 −17	−8 −20	−12 −20	−11 −23	−16 −24	−15 −27	—	—	−19 −31
>6~10	±7.5	±11	+2 −7	+5 −10	0 −15	+1 −21	−7 −16	−4 −19	−12 −21	−9 −24	−16 −25	−13 −28	−20 −29	−17 −32	—	—	−22 −37
>10~18	±9	±13.5	+2 −9	+6 −12	0 −18	+2 −25	−9 −20	−5 −23	−15 −26	−11 −29	−20 −31	−16 −34	−25 −36	−21 −39	—	—	−26 −44
>18~24	±10.5	±16.5	+2 −11	+6 −15	0 −21	+4 −29	−11 −24	−7 −28	−18 −31	−14 −35	−24 −37	−20 −41	−31 −44	−27 −48	—	—	−33 −54
>24~30															−37 −50	−33 −54	−40 −61
>30~40	±12.5	±19.5	+3 −13	+7 −18	0 −25	+5 −34	−12 −28	−8 −33	−21 −37	−17 −42	−29 −45	−25 −50	−38 −54	−34 −59	−43 −59	−39 −64	−51 −76
>40~50															−49 −65	−45 −70	−61 −86
>50~65	±15	±23	+4 −15	+9 −21	0 −30	+5 −41	−14 −33	−9 −39	−26 −45	−21 −51	−35 −54	−30 −60	−47 −66	−42 −72	−60 −79	−55 −85	−76 −106
>65~80													−37 −56	−32 −62	−53 −72	−48 −78	−69 −88	−64 −94	−91 −121
>80~100	±17.5	±27	+4 −18	+10 −25	0 −35	+6 −48	−16 −38	−10 −45	−30 −52	−24 −59	−44 −66	−38 −73	−64 −86	−58 −93	−84 −106	−78 −113	−111 −146
>100~120													−47 −69	−41 −76	−72 −94	−66 −101	−97 −119	−91 −126	−131 −166
>120~140	±20	±31.5	+4 −21	+12 −28	0 −40	+8 −55	−20 −45	−12 −52	−36 −61	−28 −68	−56 −81	−48 −88	−85 −110	−77 −117	−115 −140	−107 −147	−155 −195
>140~160													−58 −83	−50 −90	−93 −118	−85 −125	−127 −152	−119 −159	−175 −215
>160~180													−61 −86	−53 −93	−101 −126	−93 −133	−139 −164	−131 −171	−195 −235
>180~200	±23	±36	+5 −24	+13 −33	0 −46	+9 −63	−22 −51	−14 −60	−41 −70	−33 −79	−68 −97	−60 −106	−113 −142	−105 −151	−157 −186	−149 −195	−219 −265
>200~225													−71 −100	−63 −109	−121 −150	−113 −159	−171 −200	−163 −209	−241 −287
>225~250													−75 −104	−67 −113	−131 −160	−123 −169	−187 −216	−179 −225	−267 −313
>250~280	±26	±40.5	+5 −27	+16 −36	0 −52	+9 −72	−25 −57	−14 −66	−47 −79	−36 −88	−85 −117	−74 −126	−149 −181	−138 −190	−209 −241	−198 −250	−295 −347
>280~315													−89 −121	−78 −130	−161 −193	−150 −202	−231 −263	−220 −272	−330 −382
>315~355	±28.5	±44.5	+7 −29	+17 −40	0 −57	+11 −78	−26 −62	−16 −73	−51 −87	−41 −98	−97 −133	−87 −144	−179 −215	−169 −226	−257 −293	−247 −304	−369 −426
>355~400													−103 −139	−93 −150	−197 −233	−187 −244	−283 −319	−273 −330	−414 −471
>400~450	±31.5	±48.5	+8 −32	+18 −45	0 −63	+11 −86	−27 −67	−17 −80	−55 −95	−45 −108	−113 −153	−103 −166	−219 −259	−209 −272	−317 −357	−307 −370	−467 −530
>450~500													−119 −159	−109 −172	−239 −279	−229 −292	−347 −387	−337 −400	−517 −580

附表 Ⅷ　轴的极限偏差（摘自 GB/T 1800.2—2020）　　　　　　　　　　单位：μm

公称尺寸/mm	a	b	c	d	e		f		g		h							js	k	
											公差等级									
	11	11	11	9	7	8	7	8	6	7	5	6	7	8	9	10	11	6	6	7
>0~3	−270 −330	−140 −200	−60 −120	−20 −45	−14 −24	−14 −28	−6 −16	−6 −20	−2 −8	−2 −12	0 −4	0 −6	0 −10	0 −14	0 −25	0 −40	0 −60	±3	+6 0	+10 0
>3~6	−270 −345	−140 −215	−70 −145	−30 −60	−20 −32	−20 −38	−10 −22	−10 −28	−4 −12	−4 −16	0 −5	0 −8	0 −12	0 −18	0 −30	0 −48	0 −75	±4	+9 +1	+13 +1
>6~10	−280 −370	−150 −240	−80 −170	−40 −76	−25 −40	−25 −47	−13 −28	−13 −35	−5 −14	−5 −20	0 −6	0 −9	0 −15	0 −22	0 −36	0 −58	0 −90	±4.5	+10 +1	+16 +1
>10~14	−290 −400	−150 −260	−95 −205	−50 −93	−32 −50	−32 −59	−16 −34	−16 −43	−6 −17	−6 −24	0 −8	0 −11	0 −18	0 −27	0 −43	0 −70	0 −110	±5.5	+12 +1	+19 +1
>14~18																				
>18~24	−300 −430	−160 −290	−110 −240	−65 −117	−40 −61	−40 −73	−20 −41	−20 −53	−7 −20	−7 −28	0 −9	0 −13	0 −21	0 −33	0 −52	0 −84	0 −130	±6.5	+15 +2	+23 +2
>24~30																				
>30~40	−310 −470	−170 −330	−120 −280	−80 −142	−50 −75	−50 −89	−25 −50	−25 −64	−9 −25	−9 −34	0 −11	0 −16	0 −25	0 −39	0 −62	0 −100	0 −160	±8	+18 +2	+27 +2
>40~50	−320 −480	−180 −340	−130 −290																	
>50~65	−340 −530	−190 −380	−140 −330	−100 −174	−60 −90	−60 −106	−30 −60	−30 −76	−10 −29	−10 −40	0 −13	0 −19	0 −30	0 −46	0 −74	0 −120	0 −190	±9.5	+21 +2	+32 +2
>65~80	−360 −550	−200 −390	−150 −340																	
>80~100	−380 −600	−220 −440	−170 −390	−120 −207	−72 −107	−72 −126	−36 −71	−36 −90	−12 −34	−12 −47	0 −15	0 −22	0 −35	0 −54	0 −87	0 −140	0 −220	±11	+25 +3	+38 +3
>100~120	−410 −630	−240 −460	−180 −400																	
>120~140	−460 −710	−260 −510	−200 −450	−145 −245	−85 −125	−85 −148	−43 −83	−43 −106	−14 −39	−14 −54	0 −18	0 −25	0 −40	0 −63	0 −100	0 −160	0 −250	±12.5	+28 +3	+43 +3
>140~160	−520 −770	−280 −530	−210 −460																	
>160~180	−580 −830	−310 −560	−230 −480																	
>180~200	−660 −950	−340 −630	−240 −530	−170 −285	−100 −146	−100 −172	−50 −96	−50 −122	−15 −44	−15 −61	0 −20	0 −29	0 −46	0 −72	0 −115	0 −185	0 −290	±14.5	+33 +4	+50 +4
>200~225	−740 −1 030	−380 −670	−260 −550																	
>225~250	−820 −1 110	−420 −710	−280 −570																	
>250~280	−920 −1 240	−480 −800	−300 −620	−190 −320	−110 −162	−110 −191	−56 −108	−56 −137	−17 −49	−17 −69	0 −23	0 −32	0 −52	0 −81	0 −130	0 −210	0 −320	±16	+36 +4	+56 +4
>280~315	−1 050 −1 370	−540 −860	−330 −650																	
>315~355	−1 200 −1 560	−600 −960	−360 −720	−210 −350	−125 −182	−125 −214	−62 −119	−62 −151	−18 −54	−18 −75	0 −25	0 −36	0 −57	0 −89	0 −140	0 −230	0 −360	±18	+40 +4	+61 +4
>355~400	−1 350 −1 710	−680 −1 040	−400 −760																	
>400~450	−1 500 −1 900	−760 −1 160	−440 −840	−230 −385	−135 −198	−135 −232	−68 −131	−68 −165	−20 −60	−20 −83	0 −27	0 −40	0 −63	0 −97	0 −155	0 −250	0 −400	±20	+45 +5	+68 +5
>450~500	−1 650 −2 050	−840 −1 240	−480 −880																	

253

续表

公称尺寸/mm	m		n		p		r		s		t		u		v	x	y	z
									公差等级									
	6	7	5	6	6	7	6	7	5	6	6	7	6	6	6	6	6
>0~3	+8 +2	+12 +2	+8 +4	+10 +4	+12 +6	+16 +6	+16 +10	+20 +10	+18 +14	+20 +14	—	—	+24 +18	—	+26 +20	—	+32 +26
>3~6	+12 +4	+16 +4	+13 +8	+16 +8	+20 +12	+24 +12	+23 +15	+27 +15	+24 +19	+27 +19	—	—	+31 +23	—	+36 +28	—	+43 +35
>6~10	+15 +6	+21 +6	+16 +10	+19 +10	+24 +15	+30 +15	+28 +19	+34 +19	+29 +23	+32 +23	—	—	+37 +28	—	+43 +34	—	+51 +42
>10~14	+18 +7	+25 +7	+20 +12	+23 +12	+29 +18	+36 +18	+34 +23	+41 +23	+36 +28	+39 +28	—	—	+44 +33	—	+51 +40	—	+61 +50
>14~18														+50 +39	+56 +45	—	+71 +60
>18~24	+21 +8	+29 +8	+24 +15	+28 +15	+35 +22	+43 +22	+41 +28	+49 +28	+44 +35	+48 +35	—	—	+54 +41	+60 +47	+67 +54	+76 +63	+86 +73
>24~30											+54 +41	+62 +41	+61 +48	+68 +55	+77 +64	+88 +75	+101 +88
>30~40	+25 +9	+34 +9	+28 +17	+33 +17	+42 +26	+51 +26	+50 +34	+59 +34	+54 +43	+59 +43	+64 +48	+73 +48	+76 +60	+84 +68	+96 +80	+110 +94	+128 +112
>40~50											+70 +54	+79 +54	+86 +70	+97 +81	+113 +97	+130 +114	+152 +136
>50~65	+30 +11	+41 +11	+33 +20	+39 +20	+51 +32	+62 +32	+60 +41	+71 +41	+66 +53	+72 +53	+85 +66	+96 +66	+106 +87	+121 +102	+141 +122	+163 +144	+191 +172
>65~80									+62 +43	+73 +43	+72 +59	+78 +59	+94 +75	+105 +75	+121 +102	+139 +120	+165 +146	+193 +174	+229 +210
>80~100	+35 +13	+48 +13	+38 +23	+45 +23	+59 +37	+72 +37	+73 +51	+86 +51	+86 +71	+93 +71	+113 +91	+126 +91	+146 +124	+168 +146	+200 +178	+236 +214	+280 +258
>100~120									+76 +54	+89 +54	+94 +79	+101 +79	+126 +104	+139 +104	+166 +144	+194 +172	+232 +210	+276 +254	+332 +310
>120~140	+40 +15	+55 +15	+45 +27	+52 +27	+68 +43	+83 +43	+88 +63	+103 +63	+110 +92	+117 +92	+147 +122	+162 +122	+195 +170	+227 +202	+273 +248	+325 +300	+390 +365
>140~160									+90 +65	+105 +65	+118 +100	+125 +100	+159 +134	+174 +134	+215 +190	+253 +228	+305 +280	+365 +340	+440 +415
>160~180									+93 +68	+108 +68	+126 +108	+133 +108	+171 +146	+186 +146	+235 +210	+277 +252	+335 +310	+405 +380	+490 +465
>180~200	+46 +17	+63 +17	+51 +31	+60 +31	+79 +50	+96 +50	+106 +77	+123 +77	+142 +122	+151 +122	+195 +166	+212 +166	+265 +236	+313 +284	+379 +350	+454 +425	+549 +520
>200~225									+109 +80	+126 +80	+150 +130	+159 +130	+209 +180	+226 +180	+287 +258	+339 +310	+414 +385	+499 +470	+604 +575
>225~250									+113 +84	+130 +84	+160 +140	+169 +140	+225 +196	+242 +196	+313 +284	+369 +340	+454 +425	+549 +520	+669 +640
>250~280	+52 +20	+72 +20	+57 +34	+66 +34	+88 +56	+108 +56	+126 +94	+146 +94	+181 +158	+190 +158	+250 +218	+270 +218	+347 +315	+417 +385	+507 +475	+612 +580	+742 +710
>280~315									+130 +98	+150 +98	+193 +170	+202 +170	+272 +240	+292 +240	+382 +350	+457 +425	+557 +525	+682 +650	+822 +790
>315~355	+57 +21	+78 +21	+62 +37	+73 +37	+98 +62	+119 +62	+144 +108	+165 +108	+215 +190	+226 +190	+304 +268	+325 +268	+426 +390	+511 +475	+626 +590	+766 +730	+936 +900
>355~400									+150 +114	+171 +114	+233 +208	+244 +208	+330 +294	+351 +294	+471 +435	+566 +530	+696 +660	+856 +820	+1 036 +1 000
>400~450	+63 +23	+86 +23	+67 +40	+80 +40	+108 +68	+131 +68	+166 +126	+189 +126	+259 +232	+272 +232	+370 +330	+393 +330	+530 +490	+635 +595	+780 +740	+960 +920	+1 140 +1 100
>450~500									+172 +132	+195 +132	+279 +252	+292 +252	+400 +360	+423 +360	+580 +540	+700 +660	+860 +820	+1 040 +1 000	+1 290 +1 250

参考文献

[1] 焦永和，张彤，张昊. 机械制图手册［M］. 6版. 北京：机械工业出版社，2022.
[2] 熊莎莎，苗秋玲. 机械制图与CAD［M］. 2版. 北京：中国铁道出版社，2022.
[3] 黄洁. 机械制图与CAD［M］. 4版. 北京：科学出版社，2021.
[4] 王军红，战忠秋. 机械制图与CAD［M］. 2版. 北京：机械工业出版社，2022.
[5] 戴丽娟. 机械制图与CAD［M］. 2版. 西安：西安电子科技大学出版社，2022.